アーサー・ケストラー

ARTHUR KOESTLER

ホロン革命

JANUS

部分と全体のダイナミクス

田中三彦＋吉岡佳子――訳

工作舎

ダフネに捧ぐ——

日本語版への序

人間の精神の進化、創造性、病理が、本書の主題である。
本書はまた、人類が絶望を超えてとるべき道を、
試みに提案するものである。

一九八三年一月、ロンドンにて　アーサー・ケストラー

A. Koestler

ホロン革命　目次

第一部 システムとは何か

第二部 創造的精神

第三部 創造的進化

第四部
新しい地平

*――本文脇のアラビア数字は参考文献番号に対応しています。

謝辞

『エンサイクロペディア・ブリタニカ』（一九七四年、第一五版）の編集部から、わたしがそれに書いた「ユーモアとウィット」の解説文を借用する許可をいただいたことを、まず記しておきたい。

また、『マインド・イン・ネーチャー』（副題、「科学と哲学の共通問題」）の編集部ならびにJ・B・コップ・Jr.、D・R・グリフィン両氏には、その本に掲載したわたしの論文「自由意志のヒエラルキー的解釈」の引用を許可していただいたことに対し、感謝したい。

さらに、つぎの方々には、その著作からの引用をお許しいただき、厚く御礼を申しあげる。エーテボリ大学ホルガー・ハイデン教授（『精神のコントロール』）、スタンリー・ミルグラム教授（『権威への服従』、『対話』）、ルイス・トマス博士（『細胞から大宇宙へ』）。

アーサー・ケストラー

ホロン革命

部分と全体のダイナミクス

本書はわたしが政治的な小説や評論を書くのをやめ、筆先を生命の科学、すなわち人間の精神の進化、創造性、病理に向けて以来、過去二五年のあいだに出版された著作の要約であり、補足である。

こうした要約には、困難がつきまとう。科学論文の最後に、あるいは書物の最後に要約を添える場合は、その内容がまだ読者の心に新鮮な形で残っていると仮定して筆を走らせることもできる。しかし、今回はそういうわけにはいかない。なにしろ、たとえ読んでくれているとしても、何年も前に読者が手にしたような本を、一挙に要約しようというわけだからである。したがってわたしは読者にとってどこまでが当然か確信をもてなかったので、ある程度、昔の文章をそのまま反復せざるをえなかった。そのため読者は、わたしが過去の著作からそのまま借用してきた数行の文(ときとして全パラグラフのこともある)を目にしたとき、ことによると「既視感《デジャ・ヴ》」を催すかもしれない。

わたしが望んでいるのは、過去の著作が合体し、それが唯物主義を拒否し人間の条件に何がしか新しい光を投げかけるひとつの包括的な理論になってくれることである。もしかすると、これはあまりに野心的な印象を与えるかもしれない。そこで『創造活動の理論』の「前書き」からの引用を添えておきたい。

> わたしは、ここで提唱している理論の前途に関して、何ら幻想は抱いていない。新しい知識によって、理論の細部に多くの誤りがあることが立証されるのは、ことの必然であろう。わたしが望んでいるのは、それがおぼろげながらも真理の原型を含んでいることがわかってもらえれば、ということである。

プロローグ
新しい暦

1――ポスト・ヒロシマの課題

有史、先史を通じ、人類にとってもっとも重大な日はいつかと問われれば、わたしは躊躇なく一九四五年八月六日と答える。理由は簡単だ。意識の夜明けからその日まで、人間は「個としての死」を予感しながら生きてきた。しかし、人類史上初の原子爆弾が広島上空で太陽をしのぐ閃光を放って以来、人類は「種としての絶滅」を予感しながら生きていかねばならなくなった。

人間一個の存在ははかない、そうわれわれは教えられそれを受け入れてきた。が、他方では、人類は不滅であると当然のごとく信じてきた。しかし、いまやこの信念に根拠はない。われわれは基本的前提を改めねばならない。

それは容易なことではない。新しい思想が人の心をとらえるには時間がかかる。宇宙における人間の地位を根本から下落させたコペルニクスの学説。それがヨーロッパ人の心のうちに浸透するまで、一世紀近くを要している。まして人類は滅びる運命にあるなどと、その地位をさらに下落させる話はいっそう受け入れがたい。

事実この見解はじゅうぶん理解されぬまま、すでに色あせてしまった感さえある。ボストン茶会事件にも似て、ヒロシマの名ははやくも陳腐な歴史用語になりさがり、世の中は正常に戻ったかに見える。原子核というパンドラの箱を開けて以来、人類は借りものの時間を生きている。だがほんのひと握りの人間しか、この事実に気づいていない。

いつの時代にも危機感をあおるカサンドラはいる。しかし人類は、かれらの不吉な予言をこれまでどうにか切り抜けてきた。だが、もはやそんな気安めは通らない。過去に一部族が、あるいは一国家が、この惑星を不毛の地にかえるほどの装置を手にしたことは一度たりともなかった。せいぜい敵に局部的な損害を加えるぐらいのことだった。事実、機会さえあればそうしてきた。しかしいまや全生物圏を人質にし、身代金を要求することさえできる。実際ヒトラーのような人物が二〇年遅くこの世に現われていたら、原子の神々を目覚めさせ、それを実行していたにちがいない。

困ったことに、いったん発明されたものは無に帰すことができない。いまや核兵器はすっかり定着し、人間の条件の一部になった。人類は永久に核兵器をかかえて生きていかねばならない。つぎの大戦危機をやりすごせばよいというのではない。つぎの一〇年、つぎの一〇〇年という問題でもない。人類が生存するかぎり「永久に」である。もっとも現状からみて、その永久はさほど長いものとはおもえないが……。

こう結論するにはふたつ理由がある。ひとつは技術的な問題だ。核兵器が強力になり製造も容易になるにつれ、尊大なる老国家へはもちろん、未熟な新興国へも必然的に核は拡散し、いきおい核兵器製造の全地球的管理は実行不可能になる。近い将来、人類やイデオロギーを問わず、地球上いたるところで核は大量に製造、貯蔵されるにちがいない。となれば、遅かれ早かれ、故意にしろ偶然にしろ、連鎖反応に火がともる可能性は増大し、ついには不可避となる。この状況は可燃性物質を積みあげた室に不良少年の一団を閉じ込め、使ってはならぬなどとまことしやかなことを言いつつ、かれらにマッチを与えるのに似ている。

ヒロシマ以後の人類の余命を減少させている第二の理由。それは、過去の記録によってあばきだされた人類の妄想傾向である。文明の進んだ惑星から公平な観察者がやってきて、クロマニヨン人からアウシュヴィッツまで人間の歴史を一望すれば、人類はいくつかの点で優れてはいるが、概してひどく病的な生物で、それが生き残れるかどうかを考えるとき、その病の持つ意味は文化的成果など比べものにならないほど重大である、と結論するにちがいない。人間の歴史を通じて間断なくとどろく音は、戦いを告げる太鼓の響きだ。部族の戦い、宗教戦争、市民戦争、王家の争い、国家間の戦い、革命戦争、植民地戦争、征服のための、自由のための戦争。そして戦争を終わらせるための戦争。過去をふりかえれば、戦争が鎖のごとく連なっている。そしてどう見ても、その鎖は未来へと伸びている。ペンタゴンの記録によれば、ポスト・ヒロシマ（ＰＨ）時代の最初の二〇年間、つまりＰＨ元年からＰＨ

二〇年（時代遅れの暦でいえば、一九四六年から一九六六年）の間に通常兵器による戦争が四〇回おきている。このうち少なくとも二回、つまり一九五〇年のベルリン、一九六二年のキューバ危機は、あわや核戦争突入というものだった。希望的観測という慰めを捨てれば、以後も戦争の危機をはらんだ地域が天気図の上の高気圧帯のように、地球上を移動していくと考えざるをえない。局地戦争が全面戦争に拡大するのを阻止する唯一の安全装置が相互抑止力だが、それは完全無欠とは言いがたい指導者や狂信的政体の自制心に依存し、はなはだ頼りない。しょせんロシアン・ルーレットのようなゲームは、長くはつづかない。

驚くばかりの人類の技術的偉業。そしてそれに劣らぬ社会運営の無能ぶり。この落差こそ、人類の病のいちじるしい特徴である。はるかかなたの惑星のまわりに人工衛星を打ち上げることはできても、北アイルランドの政情はどうすることもできない。地球を脱出し月に降りたつことはできても、東ベルリンから西ベルリンへ足を運ぶことはできない。顔に狂った笑みを浮かべ、手に未開人のトーテム・シンボルをかざしつつ、プロメテウスは星に手をさしのべる……。

2——借りものの時間のなかの虚構

わたしは生化学戦争の恐怖について、何もふれなかった。人口爆発、公害についてもふれなかった。それらはたしかに脅威ではある。しかしそうした問題ゆえに、社会の意識はひとつの重大な事実から不当にそらされてきたといってよい。その事実とは？　一九四五年以降、人類は自らを絶滅させる悪魔の力を身につけてきた。そして過去の事実から判断するかぎり、そう遠くない将来、ある危機のなかでその力を行使する可能性は大きい。そうなれば、宇宙船地球号は死に絶えた乗組員を乗せて星間を漂流する幽霊船と化すにちがいない。

もしこれが将来の見通しであるなら、いったいなぜわれわれはパンダ救済や河川汚濁防止のためにこつこつ努力するのか。なぜ子孫のために備えるのか？　そしてなぜこの本を書きつづけるのか？　これはシラけきった若者が吐く不毛な問いではない。これには少なくともふたつの答えがある。

そのうちのひとつは、ハンス・ファイヒンガーが哲学として体系化し一時期流行した〈かのようにの哲学〉の中心言語「かのように」のなかにある。〈かのようにの哲学〉●221とは、簡単に言えば、人間は「虚構」によって生きる以外に術はないとする考え方である。たとえば、感覚という幻想世界が究極のリアリティを表わしている「かのように」とか、己れの行動に責任をもたらす自由意志がある「かのように」とか、有徳の行為に報いる神が存在する「かのように」、などと言う。同様な言い方をすれば、人は死の宣告を受けていない「かのように」生きねばならないし、人類は寿命にかぎりがない「かのように」その将来を計画していかねばならない。そしてひたすらこうした虚構のおかげで、人類は居住に適した世界をつくりあげ、それに意味を与えたのである。

ふたつめの答えは、つぎの単純な事実にある。今日人類は、いわば一〇年を単位として借りものの時間を生き、しかも情況が刻一刻と最終的破局にむかっているにもかかわらず、われわれは依然として、それは可能性であって確定ではないと考えている事実だ。たしかにおもいがけないこと、予想もしえないことは起こる。しかしPH元年以来、人類は首のまわりに時限爆弾を巻きつけて生きてきた。そして今後も、それが爆発するか、首尾よく取り除かれるまで、あるときは高く、またあるときは低く、カチカチと音を立てて時を刻む時限装置に耳を傾けていかねばならない。時間は刻一刻なくなっている。歴史は急勾配の指数関数曲線にそって速度を増していく。冷静に考えて、「時すでに遅し」となる前に、首尾よく時限装置を取りはずせる見込みはほとんどない。われわれにできることと言えば、ただひとつ。時限装置とりはずし作業の時間がまだある「かのように」ふるまうことだ。

しかしこの作業をするには、国連の決議や軍縮会議、あるいは優しき理性人へのアピールなどよりもっと根本的な方法をとる必要がある。いったいこうしたアピールは、ヘブライの預言者の時代から聞き入れられたためしがない。理由は単純だ。ホモ・サピエンスは理性的な生きものではないのである。もし理性的なら人類の歴史を血でぬるようなことはしなかったはずだ。それに今日理性的生きものに変わりつつあるという兆候も見えない。

3――ホモ・サピエンスの四つの病状

可能な治療へむけての第一歩は、人類がどこでどう道を誤ったかを正しく診断することだ。そうした診断は、有史以来無数に試みられてきた。アダムとイヴの原罪、フロイトの〈死の願望〉、現代行動生物学の〈なわばり〉、等々。しかし、いずれも説得力に欠ける。なぜなら、どれひとつとしてホモ・サピエンスは進化論に適合しない病に冒された異常な生物種で、他のあらゆる動物から遊離しているという仮定にたっていない。それは言語、科学、芸術が、肯定的な意味で、人間を特殊な種にしていることと同じだ。この不愉快な仮定こそ、まさに本書の出発点である。

進化は多くの過ちを犯してきた。ジュリアン・ハクスリーは、進化を停滞や絶滅へ導く無数の袋小路にたとえた。今日存在している種ひとつひとつの背後で、過去何百という種が滅びてきた。化石は創造主に見放された種のあわれな姿である。人類の過去の記録をみても、また現代の脳科学からいっても、ホモ・サピエンスが最後の爆発段階に達したある時点で何かに狂いが生じたことは、そしてもともと人間の体には（もっと具体的に言えば、神経回路には）致命的な工学上の欠陥が誤って組み込まれ、それがために人類の妄想傾向が歴史を通して脈々と流れていることは、否定すべくもない。これは恐ろしくも当然の仮定であり、人間の条件を真摯に追究しようとすれば、これから目をそらすことはできない。詩人は直観力をもったもっとも優れた医者だ。かれらは機会あるごとに言いつづけてきた。人間は狂っている、人間は狂いつづけてきた、と。しかし人類学者も、精神科医も、進化論者も、詩人の警鐘に耳を借さず、明白な証拠を無視しつづけてきた。現実に目を向けぬこと自体、よからぬ症状である。狂人は自分の狂気に気づかないと反論する者もいるだろう。が、それはちがう。気づくはずだ。狂人はつねに狂気の状態にあるわけではない。精神病患者は、病状がやわらいだとき、おのれの病状について驚くほど明解な報告をする。

さてここで勇を奮い、悲惨な歴史にあらわれた人類の病状のうちとくに目立つものをいくつか列挙し、その病因を考えてみたい。わたしはかつて、症状をつぎの四つに分類した。

(1)旧約聖書『創世紀』の初めの方に、これまで多くの絵画の題材になってきた挿話がある。アブラハムが神への純な愛から息子をたきぎに縛りつけ、その喉をかき切って火あぶりにしようという場面だ。人類は歴史の初めからある顕著な現象と相対してきたが、人類学者はまったくといってよいほどそれに注意を払ってこなかった。怒れる神を鎮め喜ばせるため、子供、処女、王、英雄をいけにえにする悪夢のような儀式である。こうした儀式は世界中いたるところで、時期的には先史の夜明けからマヤ文明の最盛期まで、いや、場所によっては今世紀のはじめまで、連綿とつづけられた。南海諸島からスカンジナビアの沼地の住民、エトルリア人からアズテカ人まで、さまざまな文化圏でこうした風習がまったく独自に発生したのである。それは、今日なお人間の心に潜む妄想傾向のあらわれといってよい。この問題を従来のごとくただ過去の邪悪な習慣として片づけることは、現象の普遍性を無視することにつながる。そこには、人間の精神にある妄想的要素がいったいどのようなもので、またそれが人類究極の苦悩とどう結びついているかを解く鍵がかくされている。

(2)ホモ・サピエンスは「同じ種に属するものは殺さない」という本能が欠如している点で、動物界でもきわめて特異な存在だ。「ジャングルの掟」は殺すことの正当な動機として捕食の衝動だけを許し、しかもそこには捕食者とえじきはたがいに別の種に属すという前提がある。同一種内の一対一の戦い、グループ間の抗争は、象徴的な威嚇か一方が敗走または降伏の意志を示す儀式で決着し、相手に致命的な傷を負わせることはほとんどない。同族を殺したり致命傷を負わせたりするのを抑制する力(本能的タブー)は、食欲、性欲、恐れといった衝動と同じように、霊長類を含むほとんどの動物に強く作用している。ネズミやアリに見られる現象は意見の分かれるところだが、これは別として、個体または集団の規模で自然発生的に、あるいは計画的に、種内殺戮を犯すのは人間しかいない。そこには性的な嫉妬から形而上学の議論にいたるまで、さまざまな動機がある。永遠にくりかえされる種内戦争こそ人間の条件の中心的特徴であり、はりつけから電気椅子までさまざまな形の拷問によってそれは彩られている。

（3）第三の症状は、先のふたつの症状と密接に関係している。理性と情動、あるいは合理的な思考と感情に縛られた不合理な信念。その間の精神分裂症まがいの慢性的分離がそれである。

（4）最後は、すでに指摘した科学技術と倫理の成長曲線のいちじるしい差である。言いかえれば、環境支配のために向けられた人間の知力と、家族、国家、種全体の調和関係を維持する能力のアンバランスだ。およそ二五〇〇年前の紀元前六世紀、ギリシア人は科学の冒険に乗り出し、それがついには人間を月に送り込むまでになった。そこには驚くべき成長曲線がある。だが同じ紀元前六世紀にはタオイズム、儒教、仏教が起きている。にもかかわらず二〇世紀はナチズム、スターリン主義、毛沢東思想である。そこには成長曲線のかけらもない。ベルタランフィは、これをつぎのように言う。

いわゆる人類の進歩とは、純粋に知的な事柄にかぎられる。……倫理的側面にはあまり進歩は認められない。はたしてネアンデルタール人が敵の頭蓋骨を割るために使った石より、現代の戦闘方法の方が好ましいと言えるのだろうか。だが、老子や荘子が説いた倫理基準が、現代

> のわれわれのものに劣らないことだけははっきりしている。人間の大脳皮質にはおよそ数百億もの神経細胞があり、それが石斧から飛行機や原子爆弾を、あるいは原始的な神話から量子論を発展させてきた。しかしこれと呼応し、自らの行為を改善していこうという本能的側面での発展はない。そのため、宗教の創始者や人類の偉大な指導者たちが何世紀にもわたって説きつづけてきた倫理的な訓戒は、効を奏したためしがない。●011

症状の項目をもっとふやすことはできる。しかしわたしは、これまで述べたことで人類の苦悩の本質は要約されていると考える。もちろん、これらは相互依存的である。たとえばいけにえは、理性と情動の精神分裂症的分離というサブ・カテゴリーで扱えるし、科学技術と倫理の成長曲線の差も、そのさらなる帰結とみることができる。

4――ワニとウマとヒトが同居する人間の脳の矛盾

ここまでは、歴史的記録や人類学者の先史時代の研究ですでに立証ずみのことがらをもとに話を進めてきた。しかし視点を「症状」から「原因」へ転じようとすれば、いくつか多少推論的な仮説にたよらざるをえない。それらはやはり相互に関連をもっているが、学問的には神経生理学、人類学、心理学と、べつべつの領域に属している。

神経生理学上の仮説は、三〇年におよぶ実験に裏打ちされたペイプス＝マクリーンの情動理論を根拠にしている。それについては『機械の中の幽霊』で詳しく述べたので、ここでは細部に立ち入るのはやめ、要点を述べるにとどめよう。

この理論はつぎの事実をもとにしている。それは、人類が爬虫類や下等哺乳動物と共有している原始的な構造の脳は、進化がもたらした人類特有の新皮質と解剖学的にも、機能的にも、根本から相違しているという事実だ。進化によって、両者の関係がうまく調整されたという保証はない。この「進化の手ぬかり」のために両者は不安定に共存し、本能的、情動的行為と関係する先祖伝来の脳構造と、人間に言語、論理、象徴的思考をもたらした新皮質とがしばしば鋭く対立し、爆発する。マクリーンは、専門的な論文のなかで、そうしたものには珍しいほどいきいきとした書きぶりで、その情況をつぎのように要約している。

> 人類は苦悩している。自然は人類に三つの脳を授けたが、それらは構造がひどく異なるにもかかわらず共に機能し、たがいに通じ合わなければならないという代物だ。この三つの脳のうち最古のものは基本的に爬虫類の脳であり、二番目が下等哺乳類から受け継いだ脳である。そして三番目は後期哺乳類から発達した脳で、それが人類を異様に「人類的」にしてきたのである。一個の脳のなかに三つの脳が共存する状態を寓話風に説くなら、つぎのようになろうか。精神医が患者に診察台に横になるよう命じる。じつはかれは患者にワニやウマと並んで寝ろと要求しているのだ。[●147]

患者を人類全体に、精神医の診察台を歴史の舞台にそれぞれ置き換えてみれば、そこにグロテスクだが真の人類の姿が浮きぼりになる。

マクリーンは、神経生理学に関するその後の講演で、つぎのような比喩もあげている。

> 今ふうの言葉で言えば、これらの三つの脳は、それぞれに独特な主観、知性、時間、空間の感覚、記憶、運動神経などを備えた「生物学的コンピュータ」と考えてよい。[148]

「爬虫類型」の脳と「古代哺乳類型」の脳は、ともにいわゆる辺縁系を構成しているが、それは、新皮質という人類特有の〈思考の帽子〉に対し、単純に〈古い脳〉とも表現できる。さて、人間の脳の中核にあって、本能、激情、生物的衝動をコントロールしているこの古い脳構造が、ほとんど進化の手の影響を受けていないのに対し、ヒト科の新皮質は、過去五〇万年に、進化史上例を見ない爆発的スピードで発達をとげた。実際、解剖学者のなかには、その急成長ぶりを腫瘍の成長にたとえるものさえいる。

洪積世後期におこったこの脳の爆発は、今日人口爆発や情報爆発などですっかり有名になった指数関数の曲線形態をたどったようだ（さまざまな分野、領域での歴史的加速現象がこうした曲線で表わされるのも、単なる表面的な類似ではないかもしれない）。しかし、爆発的成長から調和のとれた結果は生まれない。急速に発達していく思考の帽子は人間に論理的な力を与えはしたが、情動専門の古い脳構造と適切に統合、調整されることなく、先例のないスピードで古い脳の上に覆いかぶさっていった。古い構造の中脳と新皮質をつなぐ神経径路は、どうみても不十分だ。

かくして脳の爆発的成長は、古い脳と新しい脳、情動と知性、信念と理性とが相剋する精神的にアンバランスな種を誕生させた。一方で青白き合理的、論理的思考がいまにも切れそうな細糸にぶらさがり、一方で感情に縛られた不合理な信念が、過去と今日の大虐殺の歴史のなかに狂気となってくっきりと姿を映している。

もし神経生理学上の証拠によってこの対照が明らかにされていなかったら、われわれは原始的な脳が徐々に高度な器官へと変化する進化過程を考えていたにちがいない。ちょうどエラが肺に、爬虫類の前脚が鳥の翼、鯨の前ビレ、人間の手へと変化したように。ところが進化は古い脳を新しい脳に変えるかわりに、部分的に古い脳と機能が重複した、それでいて古い脳を完全には支配できない複雑な構造の脳を、古い脳の上に覆いかぶせたのである。

単純に表現すれば、進化は新皮質と視床下部の間のねじを二、三締め忘れたことになる。マクリーンは人間の神経系にある人類特有の欠陥に対して、〈生理機能分裂〉(schizophysiology)なる語をあみだした。かれはそれをつぎのように言う。

……系統発生論による新、旧両皮質。両者の機能上の断絶こそ、情動的行動と知的行動の差を説明するものかもしれない。われわれの知的作業は、脳のなかでもっとも新しく、もっとも高度に発達した部分で営まれているが、感情的な行動は、ネズミから人間まで、進化の全過程でその基本的なパターンがほとんど変化しなかった古い脳構造にずっと支配されている[145]。

生理機能分裂は人類の遺伝形質の一部でヒト科に奥深く組み込まれているという仮説は、すでに列挙した病の症状のうちのいくつかを説明するのに、おおいに力を発揮する。合理的思考と不合理な信念の慢性的対立、人類史をつらぬく妄想傾向、科学と倫理の成長曲線の差。これらの意味がついには理解しうるものとなり、それを生理学的な言葉で表現することも可能となろう。生理学的な言葉で表現できる情況なら、いかなるものも最終的に治療可能だ。が、この問題は後で議論するとして、当面つぎのことに留意しておこう。生理機能分裂を人類にもたらした「進化の手ぬかり」。どうやらその発端は、新皮質が急速かつ粗暴に先祖伝来の旧構造の脳に覆いかぶさった結果、両者の間に不調和を生じ、前者が後者を不適当に支配したことにありそうだ。

この節を終えるにあたって、つぎの点を再度強調しておきたい。人間が生来有している器官は他のどんな動物の器官よりも優れているが、神経系というもっとも重要で精巧な器官の回路構成には重大な欠陥があるという考え方は、進化論の立場からみて何ら不適当ではない。生物学者が「進化の手ぬかり」を口にする場合、それは進化が何らかの理論的理想状態に到達できなかったことを非難しているのではなく、人類が自然の工学的効率から明らかに逸脱したという単純かつ正確な事実を指している。そうした事態が起これば、器官は機能を奪われる。いまや絶滅したアイルランド・ヘラジカの巨大な枝角がその例だ。海ガメやカブト虫はそれぞれにヨロイを着てうまく身を保護しているが、それは頭でっかちなため、戦いの最中、あるいは何かのはずみでいったん仰向けになったら最後、二度と起きあがれず、飢え死にする。この奇妙きてれつな構造欠陥を、カフカは人間の苦悩を象徴するものとみなした。

だが進化はさまざまなタイプの脳の進化過程で、きわめて重大な失敗を犯している。無脊椎動物の脳は消化管の周囲に発達した。ために、万一神経系が進化、拡大でもしたら、消化管はどんどん圧迫される（実際、こうした事態がクモやサソリに起こり、そのため液体しか食道を通らなくなり、吸血化してしまった）。ガスケルは『脊椎動物の起源』で、つぎのように述べている。

> 脊椎動物がこの世に姿を現わした頃、節足動物の進化は、その脳が食道で貫かれていたためにとんでもないジレンマに向かっていた。食物を捕獲する知能をもつかわりに食物を取り込むための空間を残しておくか、食物を捕獲する知能を獲得し消化能力を失うか、というジレンマである。●058

もうひとり、偉大な生物学者ウッド・ジョーンズは言う。

ここで無脊椎動物の進化は終わる。食道の周囲に脳を形成しはじめた時点で、無脊椎動物は致命的失敗をおかしたのである。大きい脳をつくる試みは、失敗に終わり、再出発の必要が生じた[●245]。

再出発は脊椎動物によって受け継がれた。しかし主要な脊椎動物のひとつ、オーストラリアの有袋類（われわれ有胎盤類とちがい赤ん坊を袋に入れている）が、ふたたび袋小路に迷いこんだ。有袋類の脳は脳梁という重要な器官を欠いている。脳梁は、有胎盤類で言えば、左右の大脳半球をつなぐ神経系だ。そして近年の研究でふたつの半球はそれぞれ別の機能をもち、たがいに陰と陽のように補いあっていることが明らかにされている。動物や人間がその潜在能力をいかんなく発揮するには、明らかにふたつの半球が協調して機能することが要求される。つまり脳梁の欠落は二個の半球の不調和を意味する。進化の過程で有胎盤類にいちじるしく類似した多数の種を産みおとした有袋類が、結局はコアラ・ベアの段階で進化の階段を登るのをやめてしまった大きな理由がここにある。

有袋類についてのこの興味深い話はまた後でとりあげるが、ここで述べた有袋類や節足類の例は警告的な話として役立つだろうし、またそれによりわれわれ人類も欠陥脳設計の犠牲者らしいということがよりはっきりするとおもう。人間には、左右の半球を水平方向に統合する堅固な脳梁がある。しかし垂直方向は、思考の座（新皮質）から本能と情動のぶよぶよした深み（古い脳）まで、万事がうまくいっているわけではない。生理学の実験事実、歴史上の悲惨な記録、そして日常行動のなかの些細な異変。そのどれをとっても同じ結論が待ちうけてはいないか。

5――人間の悲劇を生む過剰な献身

人類の苦悩に対するべつの側面からのアプローチ。それは、人間の子供が他のどんな動物の子よりも長期間無力であり、その間全面的に親に頼らざるをえないという事実から出発する。ゆりかごはカンガルーの袋より拘束がきつい。そしてこの幼児期の依存の体験は生涯その痕跡を残す。われわれ人間が個人や集団に統御された権威にすすんで服従するのも、教義や道徳規範に盲従するのも、少なくとも部分的にはこうしたことが原因になっていると考えてよいだろう。洗脳はゆりかごからはじまるのだ。

「わたしの言うことを素直に聞いて下さい」

これは催眠術師が被験者にかける最初の暗示だ。被験者は暗示にかかりやすくなるように暗示をかけられる。無力な赤ん坊も同様な過程におかれ、既成の思想を進んで受け入れる人間にしたてられていく。全歴史を通じ、大多数の人間にとって、生死をかけて自ら受け入れた思想の体系も、じつは自身で創りだしたものでも、自身が選択したものでもなかった。誕生という偶然により、鵜呑みにさせられたものだ。コウノトリがたまたま赤ん坊を落す祖国がどこであっても、「わが祖国のために死もいとわず」ということになる。信仰、倫理規範、社会観を受け入れる過程で、あるいは熱烈なる十字軍兵士やイスラム教徒になる過程で、あるいはまた円頂党員や王党員になる過程で、たとえ批判的精神が働いたとしても、それは二次的な役割しか演じない。人類史にみる連綿たる惨状は、たとえ主義・主張が道理に反し、個人の利益に欠け、自己保存の主張を危うくするものであっても、部族、国家、教派、大義に身を投じ、その信条を無批判かつ熱狂的に受け入れてしまう人類の過大な度量と衝動におもに起因している。

以上から、人類の苦悩はその過剰な〈攻撃性〉にあるのではなく、そのなみはずれた狂信的〈献身〉にあるという、あまり耳慣れない結論に到達する。歴史にざっと目を通せばわかることだが、人間の悲劇のなかでも動機が利己的な個人規模の犯罪など、部族、国家、王朝、教派、政治的イデオロギーへの没我的忠誠心のなかで虐殺された人びとに比べれば、きわめてささいだ。問題は〈没我的〉だ。ごく少数の金めあての傭兵やサディストを除けば、戦争は個人の利益からではなく、王、国家、大義への忠誠心と献身からおきている。個人的な動機の殺人は、われわれ西洋文化圏を含めどんな文化圏においても、統計上例が少ない。己れの生命をかけた没我的動機の殺人こそ、歴史を支配する現象だ。

ここで、ふたつの議論を簡単に紹介しておこう。まずフロイトは、戦争は抑圧された闘争本能がはけ口を求めてひきおこされると主張した。かれはこの主張に関して一片の歴史的、心理学的証拠も示さなかったが、人びとは身に覚えのあることとしてその見解を信じる傾向にあった。兵隊として戦争を体験したものなら、戦闘行為という味気ない動作のくりかえしのなかでは、敵に対する闘争心などほとんど無用であることを証言できるだろう。兵隊たちは怯え、退屈し、セックスに飢え、ホームシックにかかっている。他にどうすることもできないから、あきらめて闘う。もちろん王や国、宗教、大義名分への情熱で闘うこともあるが、その場合の動機は憎悪ではなく、「忠誠心」だ。くりかえして言えば、人間の悲劇は過剰な攻撃性にあるのではなく、過剰な献身にある。

もうひとつの議論は、近年人類学者の間で流行した理論で、戦争の原因は自分の土地や水のなわばりを死守しようとする、ある種の動物がもつ本能的衝動（なわばりの至上命令）に見出せるというもの。これもフロイトの学説同様、説得力がない。多少の例外はあるにせよ、わずかばかりの空間を個人的に所有するために戦争はおこっていない。戦《いくさ》に出向く兵士は自分が守るべき家を去り、はるか望郷の地で銃をにぎる。兵士にそうさせるものは、農地や牧場を個人的に守ろうという生物的衝動などではなく、部族的信条、神聖なる戒律、あるいは政治的スローガンへの献身である。なわばりのためにではなく、「言葉」ゆえに戦うのだ。

6――もっとも恐るべき兵器「言語」

そこで、人類の苦悩の原因と目されるつぎの項目へ話を移そう。人類のもっとも恐るべき兵器は「言語」である。人間は伝染病にかかりやすいが、スローガンの催眠にもかかりやすい。疫病が発生すれば、集団意識が頭をもたげる。それは独自の規則に従うもので、個人的な行動の規則とは異なる。個人が集団を同一視すると、理性は減退し、激情はある種の情動的共鳴によって高められる。個々の人間は殺人者ではない。が、集団はそうだ。つまり個人は集団を同一視すると、殺し屋に変貌する。これこそ、戦争と迫害と大虐殺の人類史にくっきり姿を現わしている悪魔の弁証法だ。変貌の際の主たる触媒は、言語がもつ催眠的な力だ。ヒトラーの言葉は、当時のもっとも強力な破壊促進剤だった。印刷機が発明されるはるか以前は、アラーに選ばれた預言者の言葉が情動的連鎖反応をひきおこしながら、中央アジアから大西洋岸までの世界をゆるがした。言葉がなければ詩もない。だが戦争もない。言語は人間が動物より優れていることを示す主要な要素だが、それが情動の爆発を引きおこすことを考えれば、人類の生存にとって不断の脅威でもある。

この明白なパラドックスは、ニホンザルの野外観察の結果によく表われている。野外観察で明らかになったことは、同じ種でも「族」が異なると習性に驚くほどの差が見られる（それを「異文化」と呼んでもさしつかえない）ことだ。イモを食べる前にそれを川で洗うサル族もいるし、洗わないのもいる。そして時おり、イモを洗うサルの集団が、移動中にイモを洗わないサルの集団と出くわしたりする。そんなとき両者は、相手の不可解な行動をただじっと見つめている。卵はどっちの端を割るべきかで戦をはじめた『ガリバー旅行記』リリパット国の住人とはちがい、イモを洗うか洗わないかで、サルは戦をはじめたりはしない。なぜならこの「哀れな」動物は言語をもたないから、イモを洗うことが神聖なおきてで、洗わないイモを食べることははなはだしく異端である、などと宣言しようにも宣言できないからだ。

戦争を廃絶するもっとも手っとり早い方法は、言語を廃絶することだ。キリストは「汝らはただ、しかり、しかり、否、否、とだけ言え。それ以上は悪魔の言葉なり」（マタイ伝5章37節）と言ったが、どうやらキリストもそれに気づいていたらしい。もし種全体に通じる伝達手段を「言語」というのであれば、ある意味で人類ははるか以前に言語を放棄した。バベルの塔が、その永遠の象徴である。人間以外の動物には、単一の伝達手段がある。合図とか鳴き声、あるいは臭いの分泌、などによるもので、種全体がその意味を理解している。どんなに外見が違おうと、セントバーナード犬とプードル犬は、通訳なしで理解しあえる。ところがホモ・サピエンスとなると、三〇〇〇もの言語集団に分かれている。そして方言も含め、それぞれの言語は同一集団を統合する力として、あるいはまた集団と集団を分離する力として作用する。人類の歴史において、分裂の力が統合の力をはるかに上まわっている理由のひとつがここにある。人工的に造りだされたものを除けば、肉体的外観や習性において、人類は他のいかなる動物より多様である。しかし言語はこの多様性に橋わたしをするのではなく、ますます壁を築き、差異を拡大していく。地球上の全人類にメッセージが送れる通信衛星はあっても、それを全地球に理解させる共通言語《リンガ・フランカ》はない。勇敢なる少数のエスペランティスト以外は、ユネスコも他のいかなる国際機関も、万人共通の言語をもつことが相互理解のもっとも単純な方策であることに、いまだお気づきでないようだ。

7――死の発見と死の拒絶

バートランド・ラッセルは、その著『評判のよくないエッセイ』で、示唆に富んだ逸話をとりあげている。

F・W・H・マイヤーは唯心論がもとで来世を信じるようになった人物だが、かれはあるとき娘を亡くして間もない母親に、娘の魂はどうなったとおもうかとたずねた。母親は答えた。

「そうね、娘は、いまごろ永遠の至福を楽しんでるんじゃなくって。でも、そんな不愉快なこと、話題にしてほしくないわ。」[181]

人類の病を説明するものとして、わたしがとりあげる最後のものは〈死の発見〉である。いや、むしろ「知性による死の発見」と「本能と情動による死の拒絶」というべきかもしれない。これもまた人間の分裂した精神の表われのひとつであって、「信念と理性が分離した家」を永続させているものだ。理性から見ると、信念は年上で力も強い。そこで両者が対立すると、理性はこの年長者が抱く「無に対する恐怖」を和らげるべく、止むをえず、苦心の合理的弁明をはかる。だが「永遠の至福」（罪人にとっては永遠の責め苦）といった素朴な考えも、もっとこみいった超心理学の後世の論理も、明らかに人類の推理能力を超えた問題を提起する。この地球より何百万年も古く、死などもはや問題でないという惑星が、宇宙には何百万とあるかもしれない。しかし、コンピュータ用語を使って言えば、われわれ人類はその問題を解くようにはプログラムされていない。プログラムされていない問題に直面すれば、コンピュータは沈黙するか混乱するしかない。この後者の状態が、きわめて多様な文化のなかで、みじめにもくりかえされてきたようにおもう。生前の無から現われ、死後の暗闇に没していく意識。この手に負えないパラドックスに直面し、人の心は混乱した。そして人類は大気中に死者の霊、神、天使、悪魔を住まわせ、それを目に見えぬ物怪《もののけ》で埋めつくした。それらは、好意的に見れば、気まぐれで予測しがたい存在とも言えるが、たいていは敵意と復讐心に満ちたものだった。だから、いけにえ、聖戦、異教徒の火あぶりなど手のこんだ儀式でそれらを崇め、おだて、なだめる必要があった。

およそ二〇〇〇年間、他の点では知性的とも言える何百万の人間が、かれらと信仰や儀式を分かち合わない人間は慈悲深い神の意志により永遠に炎で焼きつくされていくと信じていた。この悪夢のごとき幻想をあらゆる文明がそれぞれに抱いたわけで、人類の妄想傾向があまねく存在することの証である。

しかし、そこにはまた別の側面がある。死という終局を拒絶するがゆえに砂漠にピラミッドが建ち、一連の倫理観、芸術的創造に対するインスピレーションが生まれたのである。もしわれわれの語彙に「死」がなかったら、偉大な文学作品は存在しなかったろう。人類の病と創造力は、同じ「進化の造幣局」でつくられたコインの裏表である。

8――人間の創造性と病は動物に還元できない

要約しよう。ホモ・サピエンスは進化が犯した無数の過ちのうちのひとつの犠牲になった――この事実をとり入れない診断はすべて無益である。それは人類の悲惨な歴史を見ればおのずと明らかだ。またとりわけ節足類や有袋類の例は、そうした過ちが現実に起こるということを、そしてそれが脳の進化に逆作用をおよぼしかねないことを如実に物語っている。

わたしは人類特有の精神の病に関し、その顕著な症状をいくつか列挙してきた。(a)先史時代いたるところで行なわれたいけにえの儀式(b)以前はごく限られた損害しかもたらさなかったが、今や地球全体を危険にさらすまでになった種内戦争への執着(c)合理的な思考と不合理な信念の妄想的分離(d)人類が自然征服で見せる非凡な能力と自身の問題を処理するときの無能ぶりの対照(月面の新開地とヨーロッパ国境沿いの地雷敷設がこれを象徴する)。

ここでふたたび、こうした病的現象は人類特有のもので、他のいかなる種にも見られないことを強調しておこう。となれば、他の動物には見られないホモ・サピエンス特有の属性に話を集中させることが、唯一理論的と言えよう。さてこの結論はいかにも当然であるようにも見えるが、いま流行の還元主義的傾向とは真向から対立するものだ。〈還元主義〉とは、人間の行動はすべてパブロフのイヌ、スキナーのネズミやハト、ローレンツのハイイロガン、モリスの裸のサルのように下等動物の行動反応に「還元」して説明でき、しかもその反応は無生物界を支配する物理法則にまで還元しうるという哲学的な信念だ。たしかにパブロフもローレンツも、人間の本質に新しい見方を与えた。しかしそれはどちらかというと基本的なことで、とくに人間だけのものではなく、イヌ、ネコ、ガンにも見られる。われわれ人類の特異性を定義するものは、それとはまったくべつのところにある。そしてその特異性が人間の創造性と病の双方に表われているとなれば、還元主義を信奉する科学者は芸術評論家であると同時に有能な診断医でなければならないが、かれらにはそのどちらの資格もない。今日の科学界が哀れにも人類の苦悩を確定できないでいる理由もそこにある。もし人間がほんとうにただの機械人間なら、胸に聴診器をあてる意味はない。

くりかえそう。もしわれわれ人類の病の症状が「種に特有」、つまり「ひたすら人類的」であるなら、それに対する説明も「ひたすら人類のレベル」で求めねばならない。この結論は人間のおごりからではなく、歴史的事実からくるものだ。すでにわたしが概略を述べた診察の手がかりとは、(a)人類新皮質の爆発的成長、ならびに古い脳に対する新皮質の不完全な支配 (b)新生児の長期的無力状態と、そこから生じる権威への無批判な服従 (c)民衆扇動と人種間の壁づくりに手を貸す二重悪的言語(d)最後は、死の発見と精神を二分する死の恐怖、の四つだった。このひとつひとつについては、後でさらに詳しく論じたい。

こうした病的傾向に歯止めをかけることは、不可能な作業ではない。医学はある種の精神分裂症や躁うつ病の治療法を見出している。となれば、医学によってある種の酵素化合物が発見され、それを使えば新皮質が古い脳の愚行に対し拒否権をもつようになり、進化のひどい過ちが修正され、情動は理性と和解し、狂人はみごとに人間になる、そんな考えも、もはやユートピア的ではあるまい。まだ他の手段も開発されるのを待ちうけているだろうし、それが間一髪人類を救済してくれるかもしれない。ただし、世の中に「新しい暦」から生まれた危機感が存在し、しかも生命科学への「新しいアプローチ」をもとに人類の情況が正しく診断されると仮定してのことだが……。

以下の各章は、近年、還元主義という不毛の砂漠から現われはじめたこの「新しいアプローチ」を述べたものである。ここで人類の病から離れ、生物的秩序そして精神の創造性という問題に目を転じよう。これまでに提起された問題のいくつかは、今後話を進めるなかで、ふたたび取り上げていきたい。そして最後には、それらが首尾一貫した形におさまればと、願っている。

第一部

システムとは何か

「部分」は「それだけでは自律的存在とは言えない断片的で不完全なもの」を暗示する。
一方「全体」は「それ自体完全でそれ以上説明を要さないもの」と考えられる。
しかし深く根をおろしたこうした思考習慣に反し、
絶対的な意味での「部分」や「全体」は生物の領域にも、社会組織にも、
あるいは宇宙全体にも、まったく存在しない。

第一章

ホロンがつくる開かれたシステム

1——還元主義は疲れた旅人を救わない

「還元主義を超えて——生命科学の新しい展望」。これは一九六八年わたしがとりまとめを引き受け、その後多くの反響を呼んだシンポジウム(開催地にちなんで、アルプバッハ・シンポジウムと呼ばれている)の主題である。参加者のひとりヴィクトル・フランクルは、当時の書物、雑誌から引用した精神医学における還元主義の例をいくつか披露し、議事を賑した。たとえば、

画家は自由気ままに筆を動かすことで、厳しい排便訓練を克服しようと絵を塗りたくる。だがこうした解釈に腹を立て、精神医にあいそをつかした画家は多い……。

いまや、ゲーテの作品は「前性器期的」固着の結果にすぎないと信じざるをえない。ゲーテ

の苦悩は理想や美や価値に対するものではなく、早漏というやっかいな問題の克服にむけられたものである。[052]

性的な動機が、いやときには糞便に関することでさえ、芸術作品に入り込む可能性は大いにある。しかし、芸術は目標が阻害された性的行為に「すぎない」などと主張するのはばかげている。そうした議論は、ゲーテの作品が他の早漏芸術家の作品とちがってなぜ天才的なのかという問題に答えていない。芸術的創造力を性ホルモンの働きで説明しようという試みは、無益としか言いようがない。たしかにその働きは生物学的には重要だが、芸術作品の審美基準を示唆するものではない。芸術作品の審美基準は精神のプロセスにかかわるもので、それを生物学的プロセスに還元すれば、その操作過程でかならず精神的特質が失われる。還元主義的な精神医は、疲れきった旅人に杓子定規の態度で接する宿屋の主人と言ってよい。

フロイトの教えを戯画のレベルに落した昨今の正統派フロイト主義者をからかうのはやさしい。しかし他の分野では還元主義者の誤謬も控えめで明瞭でないから、油断ならない。パブロフのイヌ、スキナーのネズミ、ローレンツのハイイロガン。みなそれぞれ人間の条件の例証としてしばらく流行をみた。デズモンド・モリスのベストセラー『裸のサル』は、「人間は、自称ホモ・サピエンスという毛なしザルだ。……わたしは動物学者で、裸ザルは動物。だから裸ザルはわたしのペンの格好の獲物である」という文ではじまっている。動物にかこつけたこうした叙述法がどんな極端な結果をもたらすかは、同書のつぎの一節によく表われている。

　われわれは、家やアパートの内部を装飾品で飾りたてる。これはふつう「外見をよく見せる」ために行なわれるものと解釈されている。が、じつを言えば、それはなわばり社会をもつ動物が、自分のすみか近くの目標地点に匂いをこすりつけることと同じである。門に表札をはり、壁に絵画を掛けるのは、たとえばイヌやオオカミで言うなら、片足をあげ、そこに自分の痕跡を残すことにすぎない。[●158]

　もっと深刻なレベルでは（この引用も、明らかに深刻に受けとられるべきものだが）、還元主義者がうちたてているふたつの強力な要塞にぶつかる。ひとつはネオ・ダーウィニアン理論（あるいは「総合説」）で、進化は自然淘汰によって保持された突然変異に「すぎない」とするもの（最近この理論に対する批判がたかまっているが、あいかわらず絶対の真理として教え込まれている）。もうひとつはワトソン＝スキナー派の行動主義心理学で、人間の行動はネズミやハトの条件づけで例証された方法により、すべて説明し、予測し、コントロールできるというもの。「価値や意味は、防衛機制と反動形成にすぎない」とは、シンポジウムの席上、行動主義者の教科書からフランクルが引用した好例である。

　目に見えぬ力がたがいに作用しあうなかで価値や意味が生じるという考え方をあくまで否定する還元主義者の態度は、科学の枠を超えてその影を投げかけ、文化のみならず政治にも影響をおよぼしてきた。その哲学はフランクルが最近の大学の教科書から引用したつぎの文に要約されている。いわく、人間は「複雑な生化学的メカニズムにすぎない。それは、コード化された情報を蓄えるための巨大な記憶装置をもつコンピュータにエネルギーを供給している燃焼システムから動力を得ている」[052]。

さて、還元主義者の誤謬は人間を「燃焼システムで動くメカニズム」にたとえることにあるのではなく、人間はそうしたメカニズムに「すぎない」とか、人間の行動はネズミに見られる一連の条件反射に「すぎない」などと公言することにある。もちろん科学者が複雑な現象をその構成要素に分解することはきわめて正当なことだし、必要不可欠でもある。ただし、分解の過程でかならず何か本質的なものが失われるという事実認識があってのことだ。全体は部分の総和以上であり、全体の属性は部分の属性より複雑である。それゆえ複雑な現象の分析は全体像の断片ないしは側面を明らかにするだけで、それをもって「……にすぎない」などと言えるものではない。だがこうした〈すぎない主義〉は、陰に陽に、あいかわらず正統派還元主義者の世界観になっている。もしそれを文字どおり受けとるなら、人間は究極的に九〇パーセントの水と一〇パーセントの鉱物に「すぎない」となるが、いくら真実とは言え、あまり有益な話ではない。

2――還元主義とホーリズム［全包括論］を超える第三の方法

還元主義は、その適用範囲をかぎれば、それがきわめて有効な手段であることを精密科学において立証した。しかしそのアンチテーゼである〈ホーリズム〉〈全包括論〉はまったく進展をみなかった。

「全体は部分の総和以上である」という表現でホーリズムを定義することもできるだろう。これは一九二〇年代にジャン・スマッツがその著『ホーリズムと進化』[199]のなかで初めて使った表現で、しばらくは大いに人気を博したが、ホーリズムが学究的な科学を捉えるまでにはいたらなかった。それは「時代思潮」に逆行していたためでもあるし、実験的アプローチというより哲学的アプローチをとるホーリズムが研究室での実験に適さなかったためでもある。

だが還元主義もホーリズムも、それを唯一の指針とするなら袋小路に陥いる。「バラはバラだからバラだ」というのはホーリズム的言いまわしだが、バラの化学成分式がバラについて何も述べていないのと同様、この文もバラについて何も述べていない。そこで還元主義とホーリズムを超え、両者の有効な面を併せもつ第三の方法が必要になる。それにはまず、全体と部分の関係という一見抽象的だが基本的な問題からとりかからねばならない。「全体」は宇宙でも人間社会でも何でもよい。「部分」も同様である。原子であろうと、人間であろうとかまわない。この方法は人間の条件を診断する方法として邪道とは言わぬまでも、奇異に映るかもしれない。しかし本章で述べる理論的考察が、見かけは遠まわりだが、結局は迷路から脱出する最短の方法であることに読者が気づいてくれることを望んでいる。

3——〈ホロン〉が層をなす有機体のヒエラルキー

一見単純な問いからはじめよう。「部分」とか「全体」というありきたりの言葉は、正確にはいったい何を意味するのか。「部分」は「それだけでは自律的存在とは言えない断片的で不完全なもの」を暗示する。一方「全体」は「それ自体完全でそれ以上説明を要さないもの」と考えられる。しかし深く根をおろしたこうした思考習慣に反し、絶対的な意味での「部分」や「全体」は生物の領域にも、社会組織にも、あるいは宇宙全体にも、まったく存在しない。

生物は要素の集合体ではない。また生物の行動を「行動の原子」（一連の条件反射を形づくるもの）に還元することもできない。体という側面を見れば、生物は循環器系、消化器系などの〈亜全体《サブ・ホール》〉で構成される全体であり、その亜全体は器官や組織などより低次の亜全体に分岐し、さらにそれは個々の細胞に、その細胞は細胞内の小器官に……とつぎつぎ分岐していく。言いかえれば、有機体の構造や挙動は、物理化学上の基本的プロセスで説明することも、それに還元することもできないのだ。有機体は亜全体が層をなすマルチレベルのヒエラルキーなのである。このヒエラルキーを図にすればピラミッド、ないしは倒立した樹木のようになる。その場合亜全体は節を、分岐線は伝達と制御の経路を表わしている（五一ページ参照）。

ここで強調すべき点は、このヒエラルキーの構成メンバーのひとつひとつがどのレベルにおいても亜全体、すなわち〈ホロン〉であることだ。それは自己規制機構とかなり程度の高い「自律性」（あるいは自治性）を備えた、安定した統合構造である。たとえば細胞、筋肉、神経、器官などすべてがそれ自身に特有の活動のリズムとパターンをもち、それらはしばしば外部からの刺激なしに自然発生的に表にあらわれる。つまり細胞も筋肉も神経も、ヒエラルキーの上位のセンターに対し「部分」として従属しているが、同時に準自律的な「全体」としても機能する。まさに二面神ヤヌスである。上位のレベルに向けた顔は隷属的な「部分の顔」、下位の構成要素に向けた顔はきわめて独立心に富んだ「全体」の顔だ。

心臓はそれ自身のペースメーカーを数個もっており、それらは必要に応じ、たがいに交替して機能する。同様に他の主要な器官はみな、さまざまなタイプの調整機構やフィードバック制御機構を備えている。

こうした自律性は臓器移植手術ではっきり証明されている。今世紀初頭アレクシス・カレルは、孵化する前のニワトリの心臓から切りとった一片の組織が、培養液のなかで何年も脈を打ちつづけることを示した。以来どんな器官も、体外に取りだされたあと「試験管」に保存されるか他の生体に移植されれば、準自律的「全体」として機能することが明らかにされてきた。電子顕微鏡をとおして観察できるぎりぎりのレベルまでヒエラルキーの階段を下れば、亜細胞(細胞内小器官)に行きあたる。しかしそれは「単純」でも「基本的」でもない。そこには圧倒されるほど複雑なシステムがある。こうした細胞内のとるに足らぬほど小さな部分部分が、明らかにそれ自体に備わった「規律」に従いながら、れっきとした自治的全体として機能している。あるタイプの細胞内小器官は細胞の増殖を、べつの細胞内小器官はエネルギー供給、生殖、情報伝達などを担っている。たとえば細胞質内のミトコンドリア(糸粒体)はいわば発電所で、五〇もの異なった一連の化学反応により、滋養物からエネルギーを取りだしている。しかも単一の細胞にこうした発電所が五〇〇〇もある。たしかにミトコンドリアの活

有機的ヒエラルキーの模式図

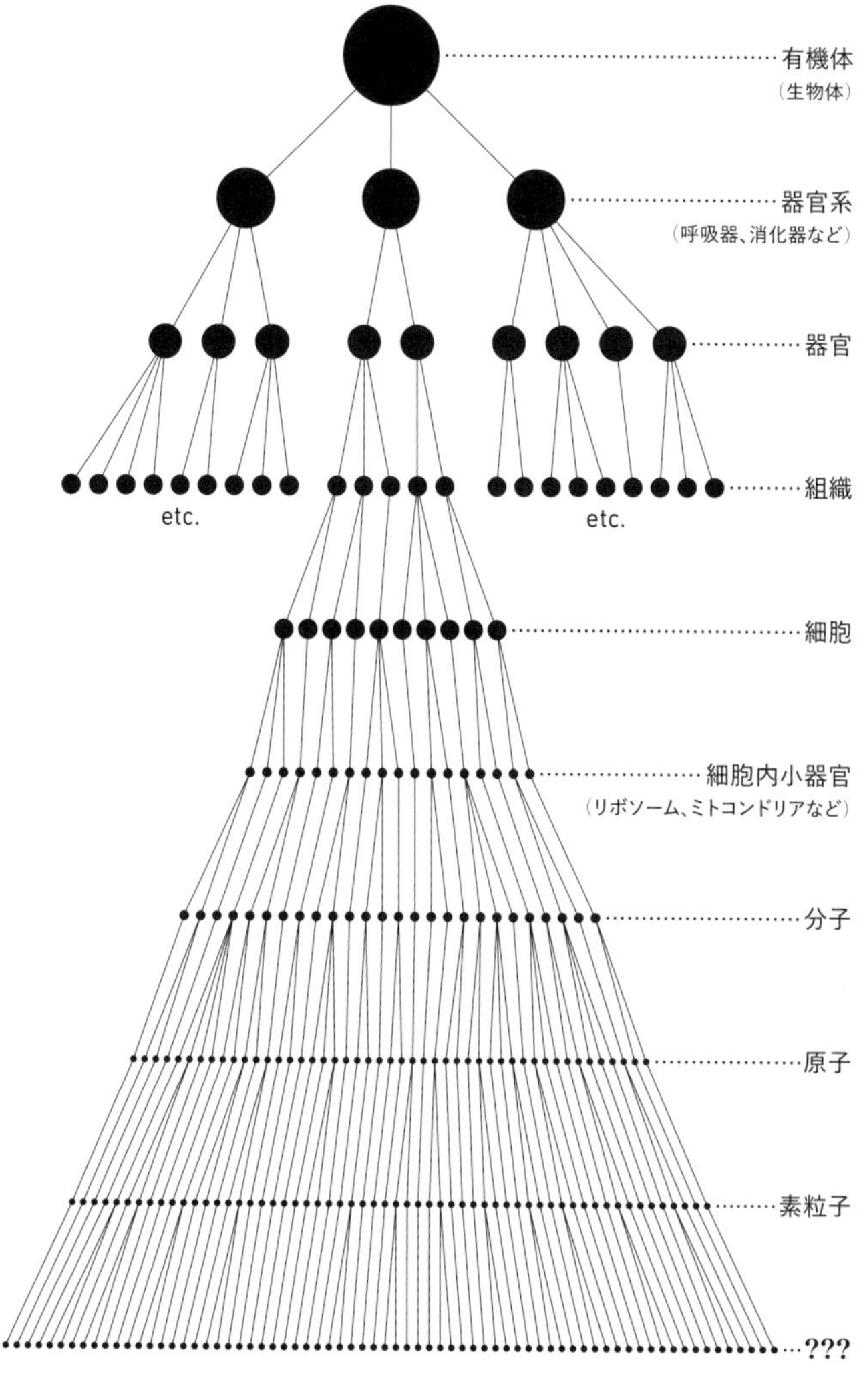

動は、上位のレベルの制御により始動したり停止したりする。しかし何かのきっかけでひとたび活動を開始すれば、あとはそれ自身の規律に従う。ミトコンドリアは細胞を正常に保つためにべつの細胞内小器官と協調もするが、その一方ではどのミトコンドリアも自分のおもいどおりに活動する。たとえまわりの細胞が死にかけていようと、自分の個体性を主張する自律的単体なのである。

4――一般システム論の登場

科学はここにきてようやく、世界を原子が衝突しあうビリヤード台と見る機械論的自然観を払拭しはじめている。そしてそこに〈有機体的ヒエラルキー〉こそ生物界の根本原理であるという認識が、あるいはまた、それは「生命を見定める本質的特徴[●165]」であり「生物学的対象がわれわれに提示している真の現象で思弁的産物ではない[●234]」という認識が、生まれはじめている。この有機体的ヒエラルキーは、ときに「開けごま」的働きをする概念の道具でもある。対象が銀河系であれ、生物やその活動であれ、あるいは社会組織であれ、それが比較的安定なものなら、どんな複雑な構造も過程もすべて有機体的ヒエラルキーを示す。したがって一連のレベルを備えた樹状図を使えば、種が進化し「生命の樹」に分岐する情況が、あるいは胚の発生過程での組織の分化、機能の統合のようすがつぶさに示せる。解剖学者はこの樹状図を肢、関節、筋肉、さらに下って繊維、原繊維、収縮性蛋白質の繊維状細胞などの移動器官のヒエラルキーの説明に使う。生態学者は、たとえばトリの巣づくりのような複雑な本能活動に見られるさまざまな行動形態の説明に、それを使う。チョムスキーが創始した心理言語学という新しい学派にとっても、それは必要不可欠な道具である。同様に、われわれの感覚器官にとびこむ無秩序な刺激が神経系をのぼっていくとき、それがいかに濾過、分類され意識に変わるのか、その過程を理解するにも樹状図は必要不可欠な道具である。最後に図書目録の事項索引、そしてわれわれの頭のなかの記憶、ここにも知識のヒエラルキー的整理という樹状図の例がある。

ヒエラルキー・モデルが広い適用性をもつのは、それが論理的に空疎だからと考える人もいるかもしれない。そこでわたしはそれが事実でなく、またこうしてさまざまなヒエラルキーに共通する基本特性（あるいは法則）を探究することが表面的類似をもてあそぶことでも個人的道楽の披露でもないことを明らかにしたい。それはむしろ一般システム論と呼ばれるべきものだろう。一般システム論とはベルタランフィが創始した多岐の学問分野にわたる比較的新しい理論で、その目的は理論モデルを構築し、生物学的、社会的、そして象徴的システムに対し普遍的に適用できる一般原理を発見することにある。表現を変えれば、現象の流れのなかの共通分母、多様性のなかの統一を探究する理論と言ってもよい。一九三六年、ジョセフ・ニーダムは早くもつぎのように書いている。

> 炭素化合物の分子構造から種や生態学的世界の構造まで、ヒエラルキーの関係が将来の中心的思想になるだろう。[161]

さらにこれ以前、ロイド・モーガン、C・D・ブロード、J・ウッジャーらは、ヒエラルキー的に秩序だてられた〈有機体のレベル〉を認識することがいかに重要であるかを説くとともに、それぞれのレベルで亜全体間に複雑で新しい「統合関係」が生じ、その性質は下位のレベルに還元することも、下位のレベルから予測することもできないことを強調した。ふたたびニーダムを引用すると、

> 宇宙は入り組んだ一連の有機体のレベルからなっており、各レベルは構造の面でも挙動の面でも、特異な性質をもっている。その性質はそれを構成する要素の性質に依存してはいるが、その要素が結合され上位の全体に変じたときはじめて姿をあらわす。このように考えれば、それぞれのレベルに質の異なった法則が存在することも合点がいく。[162]

しかし、このようなマルチレベルの見解は、唯物主義者の「時代思潮」に適わなかった。なぜならこうした見解の裏には、生命を支配する生物学的法則は無生物を支配する物理学の法則と質が異なり、生命を「盲目的な原子のダンス」に還元することはできないという意味が、そしてまた人間の精神状態は心理学の主流派が人間の行動の凡例とみなしたパブロフのイヌ、スキナーのネズミなどの条件反射とは質が異なるという意味が隠されていたからである。「ヒエラルキー」という言葉はうわべはおとなしそうだが、実は破壊的だった。だから当時の心理学、生物学の教科書は索引にすらとりあげていない。

だが、いつの世にも荒野に呼ばわる者の声はある。その声は言う。有機体的ヒエラルキーは科学の

多様性に統一をもたらそうとするいかなる方法論にも必要不可欠なもので、いつの日にかそこから一貫した哲学が生まれる、と。

こうした少数の声に、わたしも〈遍在するヒエラルキー[120][122]〉が主役を演じる数冊の本を著し、ささやかな声援を送った。その関連部分を取りだしてまとめれば、ヒエラルキーに関するかなり包括的な教科書ができるはずだが（他日、日の目を見ることもあるかもしれない）、もちろんそれが本書の目的ではない。すでに述べたようにヒエラルキー的アプローチは概念の道具であり、それ自体に目的はない。それは他の方法では頑として開かない「自然の錠前」を開ける「カギ」なのである。

しかしカギを使おうとするなら、まずカギの働きを見抜いておかねばならない。本章は、のちのち見通しのよい飛行ができるよう、その滑走路づくりのためにヒエラルキー的思考の基本原理をいくつか紹介することを意図している。

5――部分と全体の二面の顔をもつホロン

再度、くりかえそう。昆虫の国からペンタゴンにいたるまで、それが安定したものならいかなる形態の社会組織を見ても、そこにはかならずヒエラルキー構造がある。同じことは個々の生物についても言えるし、またあまり明瞭ではないが生物の先天的、あるいは後天的技術についても言える。しかしこのモデルの妥当性と重要性を明らかにするには、

（a）あるヒエラルキーのすべてのレベルに、

（b）べつの分野のすべてのヒエラルキーに、適用できる特別な原理と法則（つまり〈ヒエラルキーの秩序〉という言葉を定義するもの）が存在することを示さねばならない。こうした原理には自明なものもあれば、やや抽象的なものもあるが、それらがすべて一緒になって新しいアプローチの踏み石を形づくっている。

「うまい術語を編みだせば、仕事は半ば終りだ」と、だれかが言っていた。「全体」とか「部分」という言葉の慣習的誤用を避けようとおもえば、いきおい「亜全体《サブ・ホール》」「部分的全体《パート・ホール》」「下部構造《サブ・ストラクチュア》」「サブ・スキル」「サブ・アセンブリー」といったあかぬけしない用語をやりくりせねばならぬ。こうした耳ざわりな表現を避けるため、何年か前わたしはある用語を提案し[122]、「下から」見るか「上から」見るかで全体とも部分とも表現しうる、ヒエラルキーの中間レベルにあるヤヌス的実在を言い表わした。〈ホロン(holon)〉がそれである。ギリシア語のholos(＝全体)に添字onをつけたもので、onはproton(陽子)、neutron(中性子)のそれのように粒子または部分を暗示させるためのものだ。

ホロンは実に必要性を満たしたようだ。今日この用語は、生物学からコミュニケーション理論にいたるさまざまな科学分野の術語として浸透しつつある。それに、この語がフランス語に入り込んだことは、とくにうれしいことだった。レイモン・リュイエール教授の話題の書『プリンストンのグノーシス』[182]には、「騎士とホロン」と称する章があるが、その脚注に「記憶ちがいでなければ、この語の生みの親はケストラー氏だ」とある。新語はいわば成り上がり者。その起源が忘れ去られたら成功だ。

不幸にして、「ヒエラルキー」という語は魅力的とは言いがたいし、感情的にもかなりひっかかるものがある。軍隊や教会を連想させたり、封建社会のつつきの順序をおもいおこさせたりで、厳格で権威主義的な構造といった印象を与える。しかし本理論で言うヒエラルキーは、さまざまな柔軟性と自由度をもったホロンで構成されている。「ホロン」が好意的に受けとられたことに勇をえて、この先、ときどき〈ホラーキー (holarchy)〉なる語を使おうとおもう。ただし、過度にそれを強調するつもりはない。

6――ホロンが構成するホラーキー構造

先に生物学的ホロンとは、生物から細胞内小器官まで、全体としての独立した性質と部分としての隷属的な性質をあわせもつ自己規制的実在であることを述べた。それはあらゆる型のヒエラルキーについて第一に留意されるべき一般的特徴で、〈ヤヌスの原理〉と呼んでよいだろう。社会的ヒエラルキーを見ればそれは自明である。個人、家族、一族、部族、国家などの〈社会的ホロン〉は、どれもその構成部分に対しては統一のとれた全体であると同時に、より大きな社会的実在に対しては部分でもある。ホラーキー的構造がなければ、社会はあらゆる方向に衝突と離散をくりかえす気体分子の運動にも似て、混沌としたものになるだろう。

一見あまり明瞭でないのが、人間の技術的行動のヒエラルキーである。車の運転技術は脳を使って意識的に個々の筋肉を活性化することではなく、加速、制動、ギヤ・チェンジなどのサブ・ルーチンを呼びおこすことである。このサブ・ルーチンは準自律的な行動形態を備えた〈行動のホロン〉で、きわめて独立性が高く、特定な車の運転技術を習得すればどんな車の運転も可能にしてくれる。

言葉による意志伝達の技術はどうか。一連の操作は思考やメッセージを伝えようという「意図」とともに、ヒエラルキーの頂部から開始する。しかしだいたいそうした思考は前言語的でない。むしろ映像的、感覚的でばく然としている。言いたいことはわかっていても、表現方法がわからないというじれったさを、われわれはよく経験する。それは的確な言葉を探しているためでもあるが、それ以前に言わんとすることを構築し、順序だてているためでもある。ついで、それを文法や構文に従って処理し、最後に、舌や声帯に適切な筋肉収縮をおこさせる。このように「話す」ことには、非音声的な精神的概念を具体化し、練りあげ、音声化するという操作が関与している。これらの操作は迅速に、しかもおおかた自動的におこるから、われわれがそれを意識することはないが、精神ヒエラルキーの各レベルでの一連の活動なしに、それは起こりえない。そしてそれぞれのレベルに特有の法則がある。発音法、文法、構文、意味論、等々。

聴き手の立場では、この操作順位が逆になる。まず、最下層で鼓膜に達した空気振動のなかに音素（言語音）を感じとるという知覚技術からはじまり、それを混合して形態素（音節、接尾語など）に変え、単語や文を通して最終的にヒエラルキーの頂部で話者のメッセージを再構成する。

ここでとくに留意すべきことは、言語のホラーキーを上昇しようと下降しようと、途中で固くて分割不可能な「言語の原子」に出合ったりしないということだ。音素、形態素、単語、文といったさまざまなレベルでの実在はどれもその構成部分に対しては「全体」であると同時に、ひとつ上のレベルの複雑な実在に対しては従属的な「部分」になっている。たとえば形態素men-は、menace, mental, mention, mentor など用途の多い〈言語ホロン〉だが、それがどんな特有の意味を帯びるかは、それより上のレベルの文脈で決まる。

心理言語学者は言わず語らずの思考が言葉で明らかにされるまでの段階的プロセスのモデルに（表現を変えれば、無形の思考概念が有しているポテンシャルが現実的な声帯運動に変換されるまでのプロセスの説明に）樹状図を使う。この注目すべきプロセスは、よく個体発生（胚の発生）のプロセスと比較、対照される。はじめに受精卵がある。そこには「完成品」を定義するすべてのポテンシャルが存在している。そのポテンシャルは、いわばこのさき生まれてくる個体の「概念」であり、以後の一連の分化段階のなかで明らかにされていく。さらには軍事行動が遂行されるプロセスと比較、対照することもできる。「第八隊は、トーブルク方面に前進せよ」。軍の総指令官によってヒエラルキー最上部から発せられた命令は、下級組織のそれぞれのレベルで、具体化され、発声され、明らかにされていく。

一般に、それがトリの巣づくりのように本能的なものであれ、あるいは人間の大半の技術のように後天的なものであれ、意味のある活動はすべて、ヒエラルキーの下位のレベルにある〈機能的ホロン〉（サブ・ルーチン）を上から下へ順次活性化しながら概括的な意図を明らかにしていくという、同一のパターンをとる。この規則はアウトプットが赤ん坊であれ、英語の会話文であれ、ピアノ・ソナタの演奏であれ、あるいは靴ひもを結ぶ動作であれ、あらゆる型の〈アウトプット・ヒエラルキー〉に広く適用できる。

7――ホロンはあらゆるシステムに適用できる

つぎに強調すべき点は、どんな型のヒエラルキーも、その中の各レベルは一連の〈不変の規則《ルール》〉に支配されていることだ。ヒエラルキーを構成するホロンが一貫性、安定性、そして特有の構造と機能をもつ理由もそこにある。すでに述べたように、言語のヒエラルキーでは、連続する各レベルに声帯の動きを支配する規則があり、文法という法則があり、それらの上で意味論のヒエラルキーが意味と関わっていた。社会的ホロンの挙動を支配しそれに一貫性を与えている規準《コード》は成文法、不文律、慣習、信仰のシステム、そして流行である。胚の発生は遺伝コードに支配されている。本能的行動に目を向ければ、クモの巣も、シジュウカラの巣も、ハイイロガンの求愛の儀式も、すべてその種に特有の不変のパターンによっており、一定の「ゲームの規則」に従っている。言語、数学、音楽など「象徴的操作」のホロンは規則化された認識の構造であり、それは「準拠ワク」「連想脈絡」「論理領界」「アルゴリズム」などといろいろに呼ばれている。かくしてつぎのような仮定にたどりつく――「ホロン」という言葉は生物学的ヒエラルキー、社会的ヒエラルキー、あるいは認識のヒエラルキーなど、規則に支配された行動やゲシュタルト恒常性を示すヒエラルキーのなかのどんな構造的、機能的サブシステムにも適用できる。たとえば細胞内小器官と相同器官は〈進化のホロン〉、形態発生の場は〈個体発生のホロン〉、比較行動学者の言う「固定的行動のパターン」や後天的技術のサブ・ルーチンは〈行動のホロン〉、音素、形態素、単語、句は、〈言語ホロン〉、そして個人、家族、部族、国家は〈社会的ホロン〉、ということになる。

8――固定された規則と柔軟な戦略

ホロンの構造や機能を支配している一連の固定規則を〈規準《コード》〉あるいは〈規範《カノン》〉と呼ぶことにする。ただし規範はホロンの活動に制約や統制を加えはするが、ホロンの自由度を枯渇させるものではなく、環境の偶然性とのからみでいくぶん柔軟な〈戦略〉も認めていることに留意したい。固定された（不変の）規則と柔軟な戦略――最初はやや抽象的な感じを与えるかもしれないが、これはすべての意味ある行動にとって基本的なことなので、二、三例をあげてその意味を明らかにしよう。

クモの巣づくりは不変の遺伝的規範に支配されている。その規範は放射状に伸びる糸がつねに横糸を等角度で二分し、全体が多角形になるよう規定している。しかし巣を三点で吊るか四点で吊るか、あるいはもっと多くの点で吊るかはクモの自由であり、クモは情況に応じた戦略を選択する。トリの巣づくり、ハチの巣づくり、カイコのまゆづくりなど、他の本能的行動もすべてこうした二重性を有しており、一方で完成品の青写真が含まれている「不変の規則」または「ルール・ブック」に従いつつ、他方では目的達成のために驚くほど多様な戦略を駆使している。

つつましいクモの本能的行動から、チェス競技のような人間の複雑高度な技術に目を向けるとどうか。ここにもまた駒の「許される」動き方を定めた固定された規則があるが、「実際の」動きはチェス・プレーヤーにまかされており、その戦略は情況（盤上の駒の配置）に左右される。

すでに見てきたように、「言葉」も意味論から文法、音韻論にいたるさまざまなレベルでさまざまな規範に支配されてはいるが、話者は各レベルでじつに多様な戦略を選択している。伝えるべき素材の選別と順位づけから、段落と文の構成、隠喩や形容詞の選択、そして発音法（強勢を置く母音の位置を選択する）にいたるまで、きわめて多様である。同様なことは、ピアニストがある曲を主題にして即興でバリエーションを演奏する場合にも言える。この場合は与えられたメロディーのパターンが固定された「ゲームの規則」であるが、ピアニストにはフレージング、リズム、テンポ、移調などに関して、戦略の選択がほとんど無限にある。弁護士の活動はピアニストのそれとかなり趣を異にするが、弁護士もまた法令や判例といった固定された規則にしばられながら、法の解釈や適用に関して広範な戦略を駆使している。

9——個体発生のゲームの規則と戦略

個体発生——すなわち胚の発生——では、「規則」と「戦略」の差異があまり明確でないから、少しばかり詳しい説明がいる。

この場合、ヒエラルキーの頂部は受精卵である。樹状図の縦軸は時間を示し、ヒエラルキーの各レベルにおけるホロンひとつひとつは、組織が器官に分化する一連の段階を表わしている。形のないしみからおおまかな形が生まれ、さまざまな段階をへてしだいに分化していく胚発生のさまは、彫刻家が一片の木材から像を彫りだしていくさまに、あるいはすでに述べたように無形の「概念」を音素に変換しその中味を明らかにしていくさまにたとえられる。

　個体発生では、明らかにされるべき「概念」は遺伝コードのなかにあり、その遺伝コードは染色体中の二重らせん状の核酸の帯のなかにある。一個の受精卵が人間を産みだすには、五六の細胞世代が必要である。しかし成長中の胚の細胞はすべて起源が同じで、同一の染色体（すなわち同一の遺伝形質）を備えている。にもかかわらずそれらの細胞は筋肉細胞、腎臓細胞、脳細胞、足のツメ、など多種多様なものに発達する。もし細胞がすべて同じ法則、同じ遺伝的規範に支配されているなら、いったいどうしてこのようなことがおこるのか。

　W・H・ソープの言葉を借りれば、「いまだに答えられる見通しがない」問題である。[217] だが少なくとも、おおざっぱな類推を使ってこの問題にアプローチすることはできる。染色体をグランド・ピアノの鍵盤にたとえてみよう。グランド・ピアノといってもまさに巨大《グランド》で、鍵《キー》が数十億もある。これなら、各鍵を遺伝子や遺伝形質にたとえることができよう。さて、類推はつぎのようになる。体内の細胞ひとつひとつは細胞核のなかに完全な鍵盤を備えている。しかしどの細胞もそれぞれの情況に応じて特殊化されており、単一の和音を響かせるかひとつのメロディーを奏でることしか許されず、残りの鍵はセロテープで封印されている。

　だが、こう類推すると、ただちにつぎのことが問題になる。いったいだれが、いや何がどの段階でどの鍵を活性化し、どの鍵を封印すべきかを決定しているのか。固定の規則と柔軟な戦略が問題になるのは、まさにこの点である。

個体発生の「ゲームの規則」を定めている遺伝コードは、細胞核のなかにある。核は透過性の膜でおおわれ、粘性の液体（原形質）から成る細胞体、ならびに細胞内小器官と一線を画している。細胞体もまたべつの透過性の膜に包まれ、そのまわりを体液や同じ組織を形成するべつの細胞が取り囲んでいる。さらに組織全体は、またべつの組織とふれ合っている。つまり、細胞核のなかの遺伝コードは、つぎつぎと相手の箱を包み込む入れ子のような「環境のヒエラルキー」のなかで機能している。

脳細胞と腎臓細胞のように、細胞のタイプがちがえば細胞体の構造や化学的性質もちがってくる。こうした相違が生じる理由は、染色体中の遺伝の「鍵盤」（あるいは細胞体）とその外部環境の間でとりかわされる複雑な相互作用にある。とくに後者にはきわめて複雑な物理化学的要素があって、ウォディントンはそれを〈後成的《エピジェネティク》風景《ランドスケープ》〉と表現した。そこでは進化途上の細胞が、あたかも未知の領域の探険者のごとく活動している。同じ遺伝学者のジェームズ・ボナーの言葉を引用すれば、胚細胞は近隣の細胞が「他人か、同胞かいろいろとテストしている。[018]」こうして集められた情報は細胞体を経由して染色体にフィードバックされ、それにもとづき鍵盤上のどの和音を響かせ、どの鍵を一時的あるいは永久に封印すべきか、言いかえれば最善の結果を得るにはどのようなゲームの規則を適用すべきかが決定されていく。理論生物学に関するウォディントンの重要な著書『遺伝子の戦略』[223]も、こうしたことを背景にその題名がつけられている。

結局、細胞の将来はその細胞が成長中の胚のどの位置にあるかにかかっており、その位置がきまれば細胞内遺伝子の戦略も決定する。この事実は、実験発生学によりみごとに確認されている。実際、胚発生の初期の段階で胚の空間構造をいじれば、全細胞の運命が変わる。たとえば、ごく初期のうちにイモリの胚の尾になるべき部分を脚になるべき部分に細胞移植しておくと、その部分は尾にならず成長して脚になる。これこそ遺伝コードという規則の枠内で胚がとる「柔軟な戦略」のきわだった例である。さらに後期の分化段階では、将来の器官の原形を形成する組織（器官原基、あるいは形態形成の場）は、れっきとした自律的、自己規制的ホロンとしてふるまう。したがってこの段階で場の組織を半分切り取っても、それは将来半分の器官を形成するのではなく、完全な器官を形成する。たとえば成長中の眼杯を数個に分割したら、それぞれはその後小さめだが正常な眼を形成する。

この発達した段階の胚の行動とごく初期の胞胚期の胚の行動には、重要な類似がある。カエルの胞胚を半分に切断すると、それは半分のカエルになるのではなく、小さめだが正常なカエルになる。だから、もし人間の胞胚が偶然に分割されれば、結果は、ふた子とか三つ子になるだろう。つまり、そういったごく初期の段階で早くも潜在的に「完全な有機体」の部分としてふるまうホロンと、発生ヒエラルキーの下位のレベル（すなわち後期の段階）で「潜在的な器官」の部分としてふるまうホロンとの間には、まったく同じ自己規制的性質が見られる。このようにどちらの場合も（そして、すべての中間的段階において）ホロンは遺伝コードに定められた規則に従うが、同時に自由度も十分に有しており、環境の偶然性に左右されながらさまざまな発生経路を歩んでいく。

成長中の胚にはこうした自己規制的性質のホロンがあるからこそ、その過程でどんな偶発的事態がおころうと、最終生成物はかならず標準にしたがう。しかし何百兆という細胞が分離し、分化し、動きまわる事実を考慮すれば、ふたつの胚がまったく同じように形成されることは、たとえ一卵性双生児といえどもありえない。標準からのずれを修正し、最終結果を保証する自己規制的な機構は、成長器官のフィードバック機能(恒常性《ホメオスタシス》)にたとえられる。そこで生物学者はこの自己規制的な機構を発生的ホメオスタシスと言う。将来の個体は受精卵の染色体のなかで潜在的に決定されている。しかしその青写真を完成品に変えるには、何百兆もの特殊化された細胞が製造され、統一のとれた構造のなかにはめ込まれていかねばならない。となれば、たった一個の受精卵の遺伝子中に、五六世代にわたる細胞のいずれの世代の細胞に対しても、それが途中遭遇するかもしれない特殊な偶発事態にそなえ「あらかじめあらゆる準備が組み込まれている」などと考えるのは馬鹿げていよう。しかし、もし「四角四面に模倣されるべき計画」、という意味での「遺伝子の青写真」の概念が改められ、かわって、固定されてはいるが環境からのフィードバックやヒントをもとに適切な戦略を選択する余地を残す遺伝子の「ルールの規範」を採用すれば、問題はいくらか不可解でなくなる。

かつてニーダムは「ヒヨコに成長するための胞胚の努力」という表現を使った。その努力に成功をもたらす戦略を、有機体の〈誕生前の技術《スキル》〉と呼んでよいだろう。結局、胚の発生もその後の新生児の成人への成長も、連続的なプロセスなのである。そして誕生前の技術と誕生後の技術には、たがいに共通する、しかも他のタイプのヒエラルキーとも共通する、ある種の基本原理があると考えねばならない。

先の話は、ただ胚発生について述べようとしたものではない。胚の発生は「固定された規則と柔軟な戦略」のひとつの側面であって、こうしたことは、すでに述べたように、トリの巣づくりのような本能的技能にも、あるいは言語のような後天的行動にも見られた。「形態発生から象徴的思考まで、この世のものはすべて、それに秩序と安定を与えなおかつ柔軟性も認めるゲームの規則に支配されており、しかもその規則は、それが先天的であろうと後天的であろうと、遺伝コードから象徴的思考と関係する神経系の構造にいたるまで、ヒエラルキーのさまざまなレベルにコード化された形で存在している。」

10――進化の規則と戦略

個体発生と系統発生（種の進化）は、ふたつの重要な〈生成のヒエラルキー〉である。系統発生については第三部でも論じるが、「規則と戦略」との関連で、先行して少々述べておこう。

自動車会社にとっては当然のことだが、新型車を設計するのにまったくのゼロからはじめたりはしない。当然、それまでの長い経験から生まれたエンジン系統、バッテリー系統、ハンドル系統など、既存のサブ・アセンブリーに手を加えつつ新型車の開発を進めていく。進化も同様な戦略をとる。最新車の前輪とクラッシック・カーの前輪をくらべれば、どちらも同じ原理にもとづいていることがわかる。爬虫類、トリ、クジラ、ヒトの前肢の解剖学的構造をくらべるとどうか。そこにも同じ構造設計の骨、筋肉、神経、血管などが見られる。だからそれらは〈相同器官〉と呼ばれる。

脚、翼、ひれ足、腕の機能はいちぢるしく異なるから、それらがまったく異なった設計になっているとおもいやすい。ところが実際は既存の構造——すなわち爬虫類の先祖の前肢——を修正し、戦略的に適合させたものでしかない。自然はひとたび重要な構成部品やプロセスの特許を獲得するや、驚くほどそれに固執する。そのため器官や装置は安定した進化のホロンになる。それはあたかも、変化のなかにも統一を与えねばならないと自然自身が感じているかのようだ。現代生物学の先駆者の一人、ジョフルワ・ド・サンティレールは、一八一八年、つぎのように書いている。「脊椎動物はある一貫した計画のもとに造りあげられている。その計画とは、走り、登り、泳ぎ、飛ぶために骨の形を変えることはあっても配列は変えないというものである。」[184]この基本的配列こそ不変的な〈進化の規範〉の一部であり、それを泳ぎに使うか、飛ぶことに使うかは〈進化の戦略〉の問題である。

　こうした原理は進化のヒエラルキーのすべてのレベルで、下は細胞内小器官や染色体中のDNAの鎖にいたるまで、すべてに適用されている。たとえばネズミや人間の細胞内小器官には、同じ標準的モデルが使われている。また収縮性蛋白質を使った同じラチェット機構が、アメーバの動きとピアニストの指の動きをささえている。さらに動、植物界全体にわたり、同じ四個の化学分子が遺伝情報をコード化する基本的アルファベットを構成している（このアルファベットで作られる単語や語句が、生物の種類で異なるにすぎない）。

　もし進化にはそのつど新規まきなおしで「原始的スープ」から新型をつくるしか能がないとするなら、四〇億年ばかりの地球の歴史では、アメーバを産みだすにも十分な長さとは言えない。H・G・サイモンはヒエラルキー構造に関する論文のなかで、つぎのように結論する。

複雑なシステムは、もし安定した中間的形態があれば、それがない場合よりはるかに速く単純なシステムから進化するだろう。その場合、そこから生まれる複雑な形態は、必然的にヒエラルキー的だ。われわれはただ、自然が提示する複雑なシステムのなかの顕著なヒエラルキー性を説明すべく、議論を展開すればよい。考えうる複雑な形態のなかで、唯一ヒエラルキーは進化に適した形態である[189]。

他の惑星にどんな形態の生命が存在するかわれわれの知るところではないが、どこであれ生命が存在するなら、それはヒエラルキー的に組織されていると考えてよいだろう。

11——意識と心の謎を解く規則と戦略

ヒエラルキーの概念を無視し、行動の「規則」と「戦略」をはっきり区別することを怠ってきたために、学究的な心理学はこれまで大きく混乱してきた。過去五〇年間、学究的な心理学の主たる関心が囲われた空間(スキナーの箱)のなかのネズミの研究であったことを考えれば、この怠慢もさほど驚くに値しない。とはいえ、フットボールにしろ、チェスにしろ、ゲームの観戦者には、競技者が一方で「何をしてよいか」を定めた規則に従いつつ、他方で自己の戦略的技術を駆使し、「何をするか」を決定していることは明白だ。言葉を変えれば、規準《コード》はゲームの規則を定め、戦略はゲームの流れを決定していく。前節で述べた例からもわかるように、規則と戦略の絶対的な差異は、生成のヒエラルキーだけでなく、先天的あるいは後天的技術に、さらには社会的結合力を助長するヒエラルキーにとあまねく適応できる。

行動を律する規準の性格は、当然、ヒエラルキーの性格やレベルによって変わる。たとえば、遺伝子や動物の本能的行動を支配する規準のように天賦の規準もあるし、あるいはわたしが転ばずに自転車に乗れるようにしてくれている神経回路のなかの運動コードやチェス競技の規則を定めている認識コードのように、学習によって獲得されたものもある。

では、目を規準から戦略に転じてみよう。くりかえして言えば、規準は許される動きを定め、戦略は実際の動きを選択する。では、いったいどのようにしてこの選択がなされるのか。チェス競技者の選択はそれがルール・ブックに定められていないという意味では、「自由」と言ってさしつかえない。事実、一試合で四〇回駒が動くとし、一つの駒の動きに対し二種類の応手があるとすれば、競技者に許されている選択の数は天文学的である。しかし競技者の選択は、それが規則によって決定されていないという意味で「自由」であっても、けっして「無作為」ではない。競技者はわが身を勝利へ導く「好手」を選び、「悪手」をさけようとする。だが「好手」か「悪手」かの問題は、ルール・ブックのあずかり知らぬことである。ルール・ブックは、いわば、倫理的に中立なのだ。競技者の「好手」の選択を左右するものは、単純なゲームの規則などよりはるかに複雑な戦略的定石であり、それは認識のヒエラルキーのなかでも、高いレベルに位置している。規則だけなら三〇分もあれば子供でも覚える。しかし戦略は過去の経験、あるいは名人戦やチェスの理論書の研究などからにじみでるものだ。一般的に、ヒエラルキーの高いレベルには、複雑かつ柔軟で自由度の大きい（つまり戦略的選択の幅が広い）予測しがたい行動形態がある。しかし反対に、複雑な行動（たとえば手紙書き）はすべてつぎつぎとサブ・スキルに分岐し、下位のレベルにいくにつれしだいに機械的、定型的、予測可能なものになっていく。手紙に書く話題の選択は広範である。文章化というつぎの段階にも、依然として莫大な数の戦略的選択が残されている。しかし、文法の規則がそれに制限を加えはじめ、綴りの規則となると柔軟な戦略を選択する余地もないほどに固定され、さらにタイプライターのキーを押す筋肉収縮となると、完全に自動化されている。

もしヒエラルキーの根底まで下っていけば、ホメオスタシス的フィードバック機構に統御された、自己規制的な内臓のプロセスに行きあたる。そこには、もちろん戦略的な選択の余地などほとんどない。それでもなお、呼吸を止めるとかある種のヨガの技術を使うとかすれば、自動化された通常意識外の呼吸機能にわたしの意識が干渉することもありうる。とはいえ、この「規則と戦略」の妥当性は、後章で進化の理論、自由意志対決定論、人間の心の病と創造性といった根本的問題にあてはめて、はじめて完全に理解されるものではある。

12————ヒエラルキー・システムの相補性原理〈樹枝化〉と〈網状化〉

すでに述べたことだが、この章の目的はヒエラルキーの便覧をつくることではなく、読者にその根拠となっている概念の枠組を伝え、昨今の還元主義者の機械論的傾向と相対するヒエラルキー思考の「感触」を知ってもらうことにある。この概説を完結するには、ざっとではあるが、すべてのヒエラルキー・システムが共有する原理をもう二、三、並べておかなければならない。

ひとつの明白な事実は、ヒエラルキーは真空のなかで機能するのではなく、他のものとの相互作用のなかで機能するということである。庭を取り囲んでいるよく手入れされた生けがき。からみあった枝の密集した葉を見ていると、枝がべつべつの灌木から出ていることを忘れてしまう。灌木は垂直の「樹枝状」構造だが、からみあった枝は多数のレベルで水平方向の「ネットワーク」を形成している。個々の木がなければ、からみあいもネットワークもない。またネットワークがなければ、それぞれの木は孤立し、生けがきも機能の統合もない。〈樹枝化〉と〈網状化〉（網形成）は、生物構造、社会構造における相補性原理である。心臓がコントロールする循環系と肺がコントロールする呼吸系は、それぞれに準自律的、自己規制的ヒエラルキーとして機能するが、一方では、さまざまなレベルでたがいに作用しあっている。図書館の主題分類カタログでは、前後参照《クロス・リファレンス》をとおして枝がからまっている。論理領界という認識のヒエラルキーでは、樹枝化は概念の「垂直的」外延（分類）に、網状化は連想の網のなかの「水平的」内包に、それぞれ認められる。

樹枝化と網状化の相補性は、記憶はいかに作用するかという複雑な問題に対し、解決の糸口を与えてくれる。

13——経験によって強化されるアブストラクト的記憶の貯蔵法

R・スチィーブンソンの小説『誘かいされて』のなかで、アラン・ブレックは出まかせに言う。

「デーヴィッド、おれには物忘れ用の巨大な記憶装置があるのさ。」

この言葉は失語症や物忘れに悩む者だけでなく、われわれすべてを代弁している。耐えがたいことだが、じつはわれわれの記憶の大部分はワイン・グラスの底にたまった飲みかすとでも言おうか、すでに芳香を失ない、すっかり乾からびてしまった体験の堆積物であると認めざるをえない。比喩を変えるなら、うす暗い古文書倉庫の棚のうえでホコリをかぶっている過去の出来事の「アブストラクト」みたいなものである。だが幸いなことに、このたとえはある型の記憶にしか通用しない。それを〈アブストラクト的記憶〉と呼ぼう。だが、これとは違った種類の記憶もある。過去のエピソード、情景、場面をまるで幻でも見るかのようにいきいきとおもいおこす記憶がそれである。これを〈スポットライト型記憶〉と呼ぼう。わたしはこのアブストラクト的記憶とスポットライト型記憶が、異なった神経機構にもとづく別種の現象であることを強く主張したい。

まず、アブストラクト的記憶から見ていこう。われわれがおもいだす過去の生活、あるいはその過程で蓄積された知識の大半はアブストラクト的である。

「アブストラクト」という言葉には、一般的にふたつの大きな意味がある。まずそれは、ある特別な事例ではなく一般的な概念をさすという意味で、「具体的」の対義語である。そして第二に、「長い原文のエッセンスを凝縮すること」でもある。記憶はまさにこの両者の意味で、アブストラクト的と言える。たとえばテレビ劇を見る。俳優ひとりひとりの正確なセリフはほんの二、三秒のうちに忘れ去られ、アブストラクト化した意味だけが残る。さらに翌朝は、物語を構成していた一連の場面しかおもいだせない。ひと月もすれば、おもいだせるものはその劇が逃走中のギャングの話だったということだけである。むかし読んだ本の記憶、あるいは自分自身の過去の記憶についても、ほとんど同じことが言える。生の体験は記憶倉庫に閉じ込められる前にディテールをはぎ取られ、骨格だけにされ、味気ないアブストラクトに姿を変える。ただし倉庫の性格は、いまもって大脳研究における謎である。しかし、もし倉庫に貯えられた知識や体験が回復できるものなら（当然、回復できるはずだ。でなければ、役に立たない）、それがヒエラルキーの原理にしたがって秩序だてられていることは明白だ。ちょうど見出しと小見出しのほかに、回復の過程をうながす豊富な前後参照を備えたシソーラスや図書館の主題分類カタログと同じように（見出し、小見出しは樹枝化、前後参照はヒエラルキー構造の網状化にあたる）。ひきつづき図書館のたとえを使ってわれわれの記憶倉庫を論じていくと、そこにはいくぶんがっかりさせられるような結論が待ち受けている。放置され、腐ったりホコリと化していく無数の書物はこのかぎりでないが、図書館にはヒエラルキー的に組織された司書がいて、長い原文を凝縮し、短いアブストラクトに変え、さらに順次、「アブストラクトのアブストラクトを」作っていくのである。

こうした取捨選択とアブストラクトの過程は、体験が記憶倉庫に閉じこめられるかなり前からはじまっている。たとえば知覚的な入力は、それが意識にいたる前に通過する知覚ヒエラルキーの各中継局で分析され、分類され、不適当なディテールを取り除かれる。だからこそわれわれはほとんど判読できないほどのなぐり書きのRの文字でも、それが新聞の見出しに印刷された大きなRと「同じもの」であると認識できる。つまり高度な走査過程によってディテールはすべて無視され、基本的な幾何学模様（すなわち、Rの「Rたるところ」）だけが、「上部局に送信する価値あり」として、アブストラクトされる。この信号はちょうどモールス信号のような単純なコードで送信されるが、そこには「それはRである」ことを知らせる適切な情報が凝縮され、骨組だけにされた形で入っている。その結果、手書きのディテールはもはや回復できないほどに失われる。ちょうど人間の声の抑揚がモールス信号のなかで失われているように。「わたしはザル頭だ」という表現がある。神経系の入力チャンネルと貯蔵チャンネルの全線で機能しているこうした濾過装置を、人は直観的に理解しているのではなかろうか。

だがわれわれの感覚器官にたえ間なく降りそそぐ刺激のうち、濾過装置を首尾よく通り抜け、「意識で感知された事象」の地位に到達したごく少数の刺激も、すでに述べたように、それが永久の記憶倉庫に入るのを認められるには、さらに厳しい取捨選択の過程にさらされる。そのうえ、時間がたてば刺激はいっそう衰える。記憶は、収益漸減の法則のみごとな例である。

このように体験の貧困化は、避けようにも避けられない。もともと「アブストラクト的記憶」とは、特異性を犠牲にすることを意味している。もしわれわれの記憶が「R」とか「木」とか「犬」といった一般化された概念を抽出するものでなく、スライド写真やテープレコーダーのように過去に出合ったRや犬についての体験を個々に集積するものだとしたら、記憶はひどく雑然としたものになり、まったく用をなさなくなるだろう。なぜなら、どんな知覚的入力もすでに集積されている記憶とすべての点で一致することはありえないから、それが「R」であると認識したり、会話文を理解したりすることはできないからである。

再度くりかえして言おう。アブストラクト的記憶による特異性の損失は、避けることができない。だが幸いなことにこれが話のすべてではない。じつはいくつか補償的要素が存在していて、すくなくとも部分的にはそれが損失を補うのである。

まず第一に、アブストラクトの過程は経験的学習により、より高度な機能を獲得する可能性をもっている。通でなければ赤ブドウ酒はどれも同じ味がする。日本人とのつきあいがない者には、日本人はみな同じように見える。だがコンスタブルが訓練によってさまざまな形の雲を識別しそれらをサブ・カテゴリーに分類したように、だれでも経験さえつめば、目の粗い知覚のフィルターの上にもっとデリケートなフィルターを重ねられるようになり、どんどん微細なニュアンスを抽出できるようになるが、それは、いわば知覚のヒエラルキーに新しい枝を伸ばすことと言ってよい。

さらに、アブストラクト的記憶は単一のヒエラルキーに基礎を置くものでなく、視覚、聴覚、嗅覚などたがいに異なった知覚領域と関わる数個のヒエラルキーが相互に連結しあった上でなりたっている事実を理解しておくことが重要である。またあまり明確ではないが、同一の知覚モードのなかで機能し、しかも異なった判断基準をもつヒエラルキーが、数個、独立して存在する。たとえば何の楽器で演奏されようと、同じメロディーはすぐそれとわかる。しかしまた、演奏されるメロディーとは無関係に、楽器の音色も判別できる。となれば、メロディーのパターンと楽器の音色は「同一の知覚モードのなかで機能しながら判断基準が異なる独立した二つの濾過ヒエラルキー」によって、それぞれ独自に抽出、貯蔵されていると考えねばならない。すなわち、一方はメロディーを抽出するが音色は無視し、他方は楽器の音色は抽出するがメロディーは不適当なものとして無視するのである。その結果、ある濾過システムによって不適当なものとして切り捨てられたディテールも、すべてが回復不可能なまでに失われるわけではなく、異なった判断基準をもつべつのヒエラルキーがそれを留め、貯えている。

ということなら、数個のヒエラルキーを協力させ、ある体験を想起させることも可能だろう。その場合、数個のヒエラルキーとはそれぞれ情景、音、臭いなど、たがいに異なった知覚モードを包含するヒエラルキーかもしれないし、同一知覚モードのべつな枝を包含するヒエラルキーかもしれない。ある有名なアリアの歌詞はおもいだせるのだがメロディーは忘れてしまったとか、歌詞は忘れたがメロディーは覚えているということがある。また歌詞やメロディーとは無関係に、レコードから聞こえる独特な声が、カルーソのものだとわかったりする。しかしこの三つのうちの二つ、または全部が抽出、貯蔵されている場合、体験の想起はより大きな広がりをもち、より完全なものになるだろう。

このプロセスは、いくつかの点で、数枚のカラー・プレートを重ね合わせて行なう多色刷り印刷にたとえることができる。複製すべき絵（つまり、生の体験）は、異なったカラー・フィルターを通して赤、青、黄色のプレートに焼きつけられる。その際各プレートは、そのプレートにふさわしい特徴（すなわち、自身の色に見られる特徴）だけを版上に留め、あとはすべてを無視する。しかしそれらが組み合わされると、多少ともはじめの入力に忠実な絵が再構成される。ということは、各ヒエラルキーがそれぞれ異なった「色」（すなわち、「判断基準」）を付着させていることになる。ある瞬間、記憶形成のためにどのヒエラルキーが活発になるかは、当然、その人間の一般的関心と、その瞬間の精神状態によっている。

こうした仮説は行動主義者やゲシュタルト心理学者の記憶概念からとてつもなくかけ離れているが、それに対するある程度の証拠はスタンフォード大学心理学研究所でJ・J・ジェンキンス教授の協力のもとに行なわれた一連の実験結果に見出せるし、この種の実験ならたいした困難もなく、さらに考案できるはずだ。

14——情動を反映するスポットライト型記憶

「カラー印刷」の仮説を使えば、記憶と想起という複雑な現象も、部分的には説明できるだろう。しかしそれは唯一アブストラクト的記憶に根拠を置くもので、それだけでは前節の冒頭で述べた「スポットライト型記憶」のあの極端な生々しさは説明できない。それはアブストラクト的ヒエラルキーにおける記憶形成とは正反対の原理にもとづく記憶保存の方法なのである。その特徴はほとんど幻覚的と言えるくらい鮮明に、情景やディテールを想起することにある。想起される情景はいわばクローズ・アップ写真であり、その背景にアブストラクト的記憶の屋外風景がもやを通して見えている。スポットライト型記憶では、とくにディテールが強調される。それは脈絡から切り離された断片で、ちょうど古代エジプトの王女のしなびたミイラに残された一房の髪のように、かつて属していた全体が崩壊したにもかかわらず難をのがれて生きのびたものといってよい。聴覚的なもので言えば、忘れ去られていたはずの詩の一行とか、バスのなかでふと耳にした言葉。視覚的なものならだれかのあごのほくろとか、動きだした電車の窓から別れを惜しんで振られていた手、などがそうしたものと言えるだろう。あの有名なマドレーヌ（フランス風パイ。女の子の名前ではない！）を食べて幼年時代の記憶をよみがえらせたフランスの作家プルーストのように、それが味や臭いである場合もある。こうしたスポットライト的映像は合理的な見地からすれば些細なことが多いが、それは記憶にきめと香りを添え、また気味が悪いほどの記憶喚起力を備えている。つまり、論理的判断基準にてらすと不適当だが、ある意識レベルでは（または無意識レベルでは）何がしか保存されるべき特別な「情動的」意味あいを持つということだろう。

たとえコンピュータ設計者といえども、四六時中、アブストラクト的ヒエラルキーのなかでものを考えているわけではない。じつは、われわれの知覚の大半は情動に影響されているのである。そしてどうやらわれわれの情動的な反応は何段かのレベルからなるヒエラルキーと関わっており、しかもそこには抽象的な概念と関わりをもつ脳構造より系統発生的にはるかに古い脳構造が含まれていると考えられる。つまりスポットライト型の記憶形成では、ヒエラルキー中のこうした古いレベルが重要な役割を演じていると考えてよいだろう。

この仮説を支持する考察がいくつかある。まず神経生理学の立場では、ペイプス＝マクリーンの情動理論がこれを強く支持するものだ。第二に近代コミュニケーション理論にあてはめて考えれば、アブストラクト的記憶は一般化と組織化を、スポットライト型記憶は特殊化と凝固化を行なっていると言える。ちなみに後者(情報の特殊化と凝固化)は、情報の貯蔵方法としては前者(情報の一般化と組織化)よりかなり原始的といわれる。第三に心理学にあてはめて考えると、アブストラクト的記憶は洞察力を使う学習と、スポットライト型記憶は刷り込みに似たプロセスと、それぞれ関係することになるだろう。ただしローレンツが行なった実験では、アヒルの刷り込み現象は数時間に限られており、いきおい刷り込みはきわめて雑ぱく曖昧なものになっている。人間のレベルでは、刷り込みは直観像という形をとるようだ。イエンシュ[099]とクリューヴァー[113]によれば、大多数の子供がこの直観能力をもっているという。たとえば、子供は前もって見せられた絵をまるで写真のように正確に、しかも色をつけて真白なスクリーンに「投影する」ことができ、さらにかなりの時間が経過しても(ときには数年)同じことがくりかえせるという。ペンフィールドとロバーツ[168]の実験では、被験者のこめかみを電気的に刺激したら過去の情景が完全に呼びおこされたというが、これなども関連する現象かもしれない。

しかし子供にとってごくふつうの直観像的記憶も思春期の開始とともに消滅しはじめ、大人がそれをもつことはまれである。子供や未開人は視覚の世界に生きている。ウィリアム・ゴールディングは小説『後継者たち』で、ネアンデルタール人に「おもいだした」と言わせるかわりに「頭のなかに絵がある」と言わせている。心に絵を「刷り込む」子供の直観像的なやり方は、系統発生的にも個体発生的にも、おそらく初期の記憶形成の形態であり、アブストラクト的、概念的思考が支配的になると、消えてしまうのだ。

要約しよう。連結しあったマルチ・ヒエラルキーをとおして作用するアブストラクト的記憶は、それぞれのヒエラルキーがもっている判定基準にしたがって、入力から外皮をはぎとり、飾りけのない本質だけにする。逆に体験を「想起」するには、再度、それを装飾することが必要になる。これは、関係するヒエラルキーを協力させれば、ある程度まで可能だ。各ヒエラルキーが「保存の価値あり」とみなして保存していた側面を提供するからである。その過程は写真印刷におけるカラー・プレートの重ね合わせにたとえることができる。ついで、これにいきいきとしたディテールの「スポットライト型記憶」が加えられる。それは直観像的断片をもち、強い情動性を帯びている。こうして過去が再生されると、ぼんやりと図式化された絵に、義眼やひとふさの本物の髪がついた一種のコラージュができあがる。

15——自意識過剰なムカデの苦境

正確にはどういう順序で百本の足を動かしているのかと問われ、ムカデはけいれんをおこして飢え死にした。ムカデはそんな問題を考えたこともなかったし、足のことは足にまかせていたのである。われわれが意識的自己と呼んでいるヒエラルキーの最高レベルで、たとえば靴ひもをしめるとかタバコに火をつけるとかの「意図」が形成されると、それは直接個々の筋肉収縮を活性化するのではなく、パターン化された一連の刺激（つまり機能的ホロン）を解き放つ。するとまたそれが引き金になってサブパターンが活性化され、つぎつぎと同様なことがおこっていく。しかし、こうしたことは「一度に一段ずつ」しかおこらない。ヒエラルキー最高部はふつう低位のレベルと直接関係していないし、逆もしかりである。准将は兵隊ひとりひとりに注意を向けてはいない。もしそんなことをすれば、作戦はめちゃめちゃになる。命令は「軍紀の経路《レギュレーションチャンネル》」を通じて伝達されねばならない。つまり「一段ずつ」ヒエラルキーのレベルを降りて（または上がって）いくべきものなのである。

　これは些細なことのようにも見えるが、それを無視するとさまざまな種類の罰則が待ち受けている。本来なら自動的に進行していく活動に故意に注意を向け、中間レベルを省略しようとすると、たいていムカデの苦境を味わうことになる。たとえばわれわれが「自意識的」行動と呼んでいるあのぎごちない状態から、インポテンツ、どもり、結腸けいれんにいたるまで、いろいろな症状があらわれる。「ロゴセラピー」（訳注＝実存分析的精神療法）の創始者ヴィクトル・フランクルは、この種の病に対してハイパー・リフレクション（訳注＝内省過剰といった意味）なる語をあみだした。[052]

　一方、今日大はやりのハタ・ヨガやそれから派生した技術は、内臓や神経系のプロセス（脳のアルファ波を含む）をバイオフィードバック装置を使った瞑想を通じて意識的にコントロールしようとしている。だが通常の状態にあっては、〈一度に一段の規則〉があらゆる型のヒエラルキーに適用される。個体発生や形態発生、そして社会制度や知覚的入力の処理にいたるまで、すべてがそうである。

16——存在のホラーキーは両端が開いている

わたしはこれまで何度も、ヒエラルキーの「頂部」を引き合いに出してきた。実際、きちんとした頂部や頂上そして明確な底部をもったヒエラルキーも無くはない。たとえばひとりの経営者とひとつの安定した労働部隊からなる小企業などがそうだ。しかし社会であれ、生物であれ、宇宙であれ、巨大な「存在のホラーキー」は、一端または両端が「開いて」いることが多い。化学成分を分析している化学者がいるとしよう。かれは段階的な操作に従事する。その場合この化学者にとっての樹状図の頂部（つまり分析されるべきもの）はヒエラルキーのなかの分子レベルにある。が、じつはそれはさらに基や原子に分岐しているのだ。たしかにかれの特定な目的に対しては、限られた数のレベルからなるヒエラルキーで十分である。しかしもっと広い視野に立てば亜原子のプロセスが見えてくるから、この化学者が完全な木と見ているものが、じつはもっと包括的なヒエラルキーの一本の枝にすぎないことがわかる。定義によってホロンが亜全体《サブ・ホール》であるように、ヒエラルキーのすべての枝はサブ・ヒエラルキーである。それを全体と見るか部分と見るかは、手がけている問題で決まる。先の化学者は素粒子のことまでおもい悩む必要はない。だが心の乾きという罰則もあることだから、自分の小ざっぱりとしたヒエラルキーが、端部の開いた壮大な存在のヒエラルキーのごく限られたレベルを扱っているにすぎないことを忘れてはならない。

正反対のマクロの世界でも、同じことが言える。天文学者は、太陽系、銀河系、宇宙全体、そして超空間内の平行宇宙の可能性とあい対しているのだ。

第二章
エロスとタナトスを超えて

1——ホロンの統合傾向と自己主張傾向

ホラーキーの秩序には、もうひとつ普遍的な特徴がある。それはきわめて基本的であるので、ここに独立した章を設けて論じておきたい。

すでに述べたように、生物や社会組織を構成するホロンはヤヌス的な実在で、自分より高位のレベルに向けた顔は大きなシステムのなかの従属的な「部分」の顔、低位のレベルに向けた顔は、れっきとした「準自律的全体」の顔である。

この事実は、すべてのホロンがふたつの正反対の傾向〈またはポテンシャル〉をもつことを意味している。ひとつは大きな全体の一部として機能する〈統合傾向〉、もうひとつは独自の自律性を維持しようとする〈自己主張傾向〉である。

この基本的な両極性は、社会的ホラーキーにもっとも顕著にあらわれている。そこにある各構成ホロンの自律性とはライバルへの警戒心であり、それは個人の権利から一族、部族の権利まで、あるいは役所から中央省庁まで、あるいはまた少数民族から独立国家まで、さまざまなレベルで警護され、主張される。どんな社会的ホロンにも、その組織の個体性《アイデンティティ》を警護し、維持しようとする内発的な傾向がある。ホロンの個体性、ひいてはヒエラルキー全体の個体性を維持するには、この自己主張傾向を欠くことはできない。この傾向が欠ければ社会の構造は無定形なゼリーに溶解するか、異分子が存在しない専制国家に堕落するかである。歴史を見ればそうした例は枚挙にいとまがない。

にもかかわらずホロンは従属的であり、それを含む大きなシステムの統合的部分としても機能する。この〈統合的〉、〈自己超越的〉傾向はホロンの部分性に由来している。その役目はホロンの自己主張傾向を抑制することにある。好ましい情況にあればこのふたつの傾向、つまり〈自己主張〉と〈統合〉は、ほぼ等しくバランスし、ホロンはいわば動的平衡状態のなかに存続する。すなわちヤヌスのふたつの顔はたがいに補い合う。しかし好ましからざる情況では平衡は破れ、惨憺たる結果を招来する。

いかなるレベルにあるホロンも、そして後に明らかになるように、いかなるタイプのヒエラルキー・システムのホロンも、この自己主張傾向と統合傾向の両極性をもっていると考えねばならない。この両極性こそわたしの理論の基本であり、中心思想のひとつである。それは形而上学的な思弁の産物ではなく、マルチレベル・ホラーキーのモデルそのものに包摂されるものだ。なぜなら、このモデルの安定性は「全体であり部分でもある」ホロンの二重性のバランスの上になりたっているからだ。この両極性（または「相反するものの一致 coincidencia oppositorum」）は、程度の差はあれ、あらゆるものに姿をあらわしている。その哲学的な意味は章を改めて論ずるとし、当面はつぎの点に着目したい。「自己主張傾向はホロンの全体性が、統合傾向はホロンの部分性が、動的に表現されたものである。」

話を社会的ヒエラルキーのホロンにかぎれば、この両極性は明らかだ。毎日の新聞の見出しがそれを物語っている。それほど明白ではないが、この統合と自己主張の両極性は生物学、心理学、生態学に、そして複雑なヒエラルキー・システムがあるところならどこにもあまねく存在している。すなわち、われわれの周辺どこにでも存在するといってよい。ガートルード・スタインの言葉を借りるなら、「全体は部分であり全体である」。どんな全体も「亜」であり「全体」である。社会組織がそうであるように、動物、植物の世界でもそれぞれの部分がその個体性を主張している。でなければ有機体は節目を失くし、崩壊するにちがいない。だが同時に、部分は全体の要求にも服従する。むろんこうしたことが、つねに円滑に行なわれるわけではないが……。

複雑な器官から細胞内小器官にいたるまで、生物の各部分は内発的な規律に支配された特有のリズムと行動のパターンをもち、準独立的な単体として機能する。これはすでに前章で述べたとおりだ。一方、ホロンのこうした自律的行動はヒエラルキーの高位のレベルのコントロールにより作動し、抑制され、修正を強いられる。つまりホロンの統合傾向に高位のレベルのコントロールが作用し、ホロンを従属的な部分として機能させる。健全な社会とおなじく、健全な有機体は先のふたつの傾向がヒエラルキーの各レベルでうまくバランスしている。だが有機体の（あるいは社会の）ある部分がストレスにさらされると、その部分の自己主張傾向は抑制がきかなくなり、部分は全体のコントロールから逃れようとする。こうして病理学的な変化がおこる。たとえば悪性腫瘍。そこには遺伝コードの支配を逃れた勝手気ままな組織の増殖が認められる。これほど極端ではないにしろ、事実上どんな器官も機能も、一時的かつ部分的には、抑制がきかなくなるものだ。激怒したり狼狽したりすれば、へいぜい行動を統御している高位のセンターに代わって、交感神経=副腎器官がその任にあたる。性欲が喚起されれば、大脳に代わって性殖腺が機能する。固着観念や強迫観念は、制御がきかなくなった認識のホロンである。一口に精神障害といってもその幅は広く、認識のヒエラルキーのなかのある従属的な部分が全体に対して専制的な規則を押しつけている場合もあるし、個性の一部が「離脱し」、それが準独立的な存在になっている場合もある。精神異常でもっとも多いのが、一面の真理をあたかも完全な真理とみなし、執擁にそれを追究するケースだ。ホロンが全体を装うのである。

日常的な場面では、ふたつの傾向が一定の相互作用を保っている。自己主張傾向は、たとえば動物の本能的儀式、人間の後天的習慣、部族的伝統、社会的慣習など、行動のヒエラルキーのすべてのレベルにあらわれている。それは個々の人間の歩き方、身振り、筆跡にも認められる。もちろん筆跡などは変えることも可能だが、専門家の目はごまかせない。筆跡のホロンがその自律性を守るからだ。一方、われわれが習慣の盲目的な奴隷になったりロボットにこり固まったりしないのは、統合傾向があるからで、これもまた自己主張傾向同様、いたるところに存在している。統合傾向は柔軟な戦略、独創的適合、創造的統合にあらわれ、高度で複雑な、そしてより統合的な思考と行動の形態を生み、端部が開いたヒエラルキー（第一章参照）に新しいレベルをつけ加えていく。

2――人間ホロンの情動の二面性

この基本的両極性は、個人的あるいは社会的規模の情動的な行動現象にもはっきりあらわれている。人間は島ではない。ホロンである。内に目を向けているときの人間は一個の自己完結的な独立の存在だが、目を外に向ければ、自然の、そして社会環境の従属的な部分になる。すなわち人間の自己主張傾向は個性の動的な表現、統合傾向は個人が属している大きな全体への従属（すなわち部分性）の表明である。すべてが順調であれば、ふたつの傾向はほぼ均等にバランスする。しかしストレスや欲求不満がおこれば、平衡は破れて情動的な不調が生じる。抑圧された自己主張傾向から生まれる情動は、アドレナリンが関与する。世によく知られた〈攻撃的―防御的〉情動である。飢え、怒り、恐れ、そして性欲や親の愛にみられる所有欲は、これにあたる。一方、統合傾向に由来する情動は、〈自己超越情動〉と言えるだろう。ただし学究的な心理学は、これまでこの種の情動にはほとんど関心を示していない。この情動は何かに属し、自己の狭い領域を超え、より包括的な全体（たとえば、ある種の共同体、宗教的信条、政治的イデオロギー、あるいは自然、芸術、霊界など）の部分であろうとする人間ホロンの欲求から生じている。

所属の欲求、自己超越の傾向が適切な吐け口を奪われると、欲求不満になった人間は自己批判の能力を失い、損得にかまわず何かを盲目的に崇拝したり、ある種の大義名分に狂信的に身を投じる。すでに序章《プロローグ》でも述べたが、人間の残忍な破壊的傾向が自己主張に由来するのではなく、じつは統合傾向に由来するというのは、人間の条件の皮肉のひとつである。科学と芸術の栄光、誤った献身によりひきおこされた大虐殺の歴史。そのどちらもが、自己超越型の情動によって育まれたのである。組織のアイデンティティを定め、社会的ホロン(たとえば言語、法律、慣習、行動の基準、信仰のシステムなど)に一貫性を与える規範はホロンの活動を規制するものばかりでなく、教訓、格言、道徳規範のごとく組織に対して積極的なものもある。社会的ヒエラルキーが平衡を保っている平常時は、どのホロンも自身の規範にしたがって機能し、他にその規範を押しつけたりはしないが、ストレスや危機が生じると、ある社会的ホロンが過剰に励起され、全体を損うほどに自己を主張する。ちょうど過剰に励起された器官や強迫観念が自己を主張するのと同じ理屈である。

3――物質界をつらぬく二面性

全体と部分、そしてそれが動的な形であらわれた自己主張と統合。すでに述べたように、このふたつの側面はすべてのマルチレベル・ヒエラルキーが有するもので、無生物界にもそれは認められる。原子から銀河系にいたるまで、比較的安定した動的なシステムはつねに相反するふたつの力がバランスして安定性が維持されている。ひとつは慣性力、斥力のような遠心力、もうひとつは引力、結合力のような求心力。このふたつの力がバランスするなかで、部分はそのアイデンティティを損うことなく、大きな全体のなかで結合しあっている。ニュートンの第一法則は「物体は状態を変えようとする力がそれに作用しないかぎり静止状態を保つか等速直線運動をつづける」というものだが、それは宇宙に存在するありとあらゆる物質の自己主張宣言とも受けとれる。だが一方、おなじニュートンの法則でも万有引力の法則は、統合傾向を反映していると言えるだろう。

さらに一歩すすめれば、ボーアの相補性の原理を両極性の基本的な例とみてよいだろう。現代物理学を支配するこの原理によれば、電子や光子など素粒子はみな粒子と波の二重性をもつとされる。つまり素粒子はあるときは稠密な物質粒子として、またあるときは何ら物質的な属性も明確な境界ももたない波としてふるまうというわけだ。これをわれわれの視点で見るなら、電子〈または他の素粒子ホロン〉の粒子的側面は全体性と自己主張傾向の、その波動的側面は部分性と統合傾向のあらわれと言えるだろう。

4——自己主張傾向の保守性と統合傾向の未来指向性

言うまでもなく、このふたつの基本的傾向はヒエラルキーのさまざまなレベルで、そのレベルに特有の規範〈または〈有機体化の関係〉〉にしたがいつつ、いろいろな形を装ってあらわれる。たとえば素粒子の相互作用を規定する規則は、原子間の相互作用を規定する規則と同じではない。また個人の行動を規定する道徳律は、群集や軍隊の行動を規定する規則と同じではない。したがって、すべての現象に見出される自己主張傾向と統合傾向の両極性は、レベルのちがいによって異なった形をとるはずだ。それはたとえばつぎのようなものだろう。

統合 ↕ 自己主張
部分性 ↕ 全体性
従属性 ↕ 自律性
向心的 ↕ 遠心的
協力 ↕ 競合
利他主義 ↕ 利己主義

さらにつけ加えれば、自己主張傾向はホロンがその個体性を現状維持しようとする傾向だという意味において「保守的」といえる。ところが統合傾向は、現状のシステムの構成ホロンを統括すると同時に生物、社会、認識などの進化的ヒエラルキーに新しいレベルを付加するという二重機能を有している。つまり自己主張傾向はもっぱら自己保存にたずさわる現状指向型であるのに対し、統合傾向は現在と未来のために機能しているといえよう。

5――フロイトのエロスとタナトス説の限界

わたしの理論では自己主張傾向と統合傾向の両極性が決定的な役割を演じ、それは今後も各章に登場する。このあたりでかの有名なフロイトの形而上学的な学説と簡単に比較しておくのも、何がしか興味あることだろう。

フロイトはふたつの基本的な〈欲動《トリーベ》〉（衝動、おおざっぱには本能）を仮定し、それをあらゆる生命体に存在する普遍的対立傾向とみなした。〈エロス〉と〈タナトス〉、あるいは〈リビドー〉と〈死の願望〉がそれである。さてフロイトの著書『快楽原則をこえて』、『文明とその不満』などに書かれている関連部分をよく読むと、驚くべきことにどちらの衝動も「退行的」であることがわかる。双方とも過去の原初的状態の回復を目ざすのである。エロスは快楽原則によって過去の「原初的な粘液《スライム》のなかの原形質の結合」を回復しようとし、タナトスは自己と他を消滅させ、より直接的に無機的物質に回帰しようとする。つまり、どちらの衝動も進化の時計を逆まわりさせようとするものだ。では、いったいなぜ、進化の時計が前進する事態がおきたのか。エロスには原形質的結合の回復という究極の目的はあるが「散乱した生ける物質の小片」[053]をかき集め、それを多細胞の集合体にかえるときエロスは回り道を強いられるというのが、おそらくこれに対するフロイトの答えだろう。つまり進化とは、いわば抑圧された退行の産物、否定の否定、後退的前進というわけだ。

　エロスの働きに関するフロイトの見解は曖昧だ。かれは、快はつねに「心的な興奮の減少、低下、または消滅」から、「不快はその増加から」生まれると説いた。そして有機体はつねに安定を指向し、それは「精神器官の興奮量をできるだけ低く、でなければ少なくとも一定に保とうという精神器官の努力」によりもたらされ、「したがって興奮量を増加させようとするものは、すべてこの傾向に反するもの、すなわち不快なものとみなされねばならない[053]」、と言った。

　さてこれは、話が飢えのような基本的な欲求不満であれば、広い意味でももちろん正しい。だがフロイトは一般に「快楽的興奮」と言われる種類の体験を無視している。性交の前戯は性的な緊張を高めるから、フロイト流に考えるなら「不快」でなければならないが、断じてそのようなことはない。奇妙にも、フロイトの著作にはこのきわめて陳腐な問題に対する答えがまったく見あたらない。フロイトの学説では性衝動を、適当なチャンネルをとおしてあるいは昇華によって処理されるべきものと考えている。つまり快楽はそれを求めることから生まれるのではなく、それを除去することから生まれるというわけだ。

フロイトの言うタナトス（あるいは死の本能）の概念も、エロスと同じくらいわけがわからない。死の願望は分解作用によって「有機体の崩壊に向けて有機体内部で静かに作用し」、やがて生物を無機的物質に分解するという。じつはタナトスのこの側面は、熱力学第二法則（物質とエネルギーは徐々に分散し、混沌の状態になる）と同等であると考えられる。ところが有機体の内部で静かに作用している死の本能が、いったん外に向けて投射されると、活発な破壊性やサディズムになるという。ならばタナトスのこのふたつの側面はいったいどのように調和し、因果的に結びあっているというのか。第一の側面は生きた細胞を無活動に、究極的にはチリにしようという物理化学的なプロセスであり、第二の側面は他の有機体に対する暴力的な攻撃性である。老衰と崩壊にむかう静かなる活動が、どのようなプロセスで他への暴力行為に変換されるかをフロイトは説明していない。「死の願望」と「破壊への衝動」。この曖昧模糊とした用語だけが、フロイトの残した唯一の手掛かりである。

フロイトの言うタナトスはこのふたつの側面の関係が不明であるばかりか、その側面じたい、かなり疑わしい。まず第二の側面をとるなら、破壊のための破壊など、自然界のどこにも見当らない。動物は食うために相手を殺すが、破壊のためではない。そしてすでに述べたようになわばりやセックスの争いでさえ、闘いはフェンシングの勝負のように儀式化しており、致命的な結末を見ることはほとんどない。「破壊の本能」の存在を証明するには、飢えや性衝動が外部からの刺激なしにおこるように、破壊行動が外部からの挑発なしに規則的におこることを示さねばならない。かの批判的精神分析医カレン・ホーナイ[●091]の言葉を引用するなら、

フロイトの仮説によれば、敵意や破壊の究極的動機は**破壊の衝動**にあるというわけだ。つまりフロイトは、人間は生きるために破壊するというわれわれの信念を逆転させたのである。何と、われわれは破壊するために生きるのだ。たとえ昔からの信念であろうと、新しい見識がわれわれに別の見方を教えるのであれば、誤りを認めるのにやぶさかではない。が、この場合はそれに当らない。われわれが他を殺傷したいとおもうのは、われわれが危険にさらされたり、屈辱を受けたり、あるいはののしられたり、不当に扱われたり、あるいはまた自分にとって生死を左右するほどの願望が妨害されたりする、もしくはそう感じるからだ。

結局、精神的に動揺をきたした人間がひきおこす理由なき破壊行為のなかに隠れたる動機を探しだすよう説いているのは、ほかならぬフロイト自身なのだ。ではその隠れたる動機とは何か。たいてい

が疎外感、嫉妬、あるいはプライドが傷つけられたという感情である。残忍さも破壊性も、不満や挑発が極限を越えたときにあらわれる病理学的に極端な自己主張傾向とみるべきであって、そこに「死の本能」という生物学的に一片の根拠もない仮定をおく必要はさらさらない。

ここでふたたび、タナトスのもう一方の側面に目を向けてみよう。生命体の著しい特徴は、それが熱力学第二法則にしたがわないことである。動物は環境にエネルギーを放出するどころか環境からエネルギーを抽出し、環境を食い、環境を飲み、環境のなかに穴をほって住み、雑音から情報を、無秩序な刺激から意味を搾取する。この状況をF・パールは、「老衰も自然死も生命の必然的結末ではない」[167]と要約した。本来、原生動物に「死」はない。単純な分裂によって増殖し、「その過程で、いっさい死骸に相当するものは残さない」。原始的な多細胞動物にも、老衰や自然死がないものが多い。それらは分裂や出芽により増殖し、やはりいかなる死骸も残さない。「自然死は生物学的には比較的新しいこと」[167]と、パールは言う。自然死は複雑な有機体を構成する細胞にいまだよくわからない何がしかの欠陥が存在し、それが累積してひきおこされる、つまり不完全な統合に起因する付帯現象であって、自然の法則ではないのである。

以上のように、フロイトの言うふたつの基本的衝動——性欲と死の願望——に普遍的有効性を見ることはできない。どちらも、かなり高い進化のレベルではじめて姿をあらわす生物学的に新しい現象を拠りどころにしている。性は無性生殖から新しく発達したもの、死は有機体が複雑になったがゆえに生じた不完全さの結果である。わたしの理論では生物の「死の本能」など入る余地もないし、性を人間社会、動物社会における「唯一の」統合力とみなす必要もない。エロスもタナトスも進化の舞台にかなり遅く登場したもので、分裂や出芽によって増殖する多数の生物はそのどちらもあずかり知らぬ。〈性欲は統合傾向が特殊な形であらわれたもの、攻撃性は自己主張の極端な例〉である。これに対してヤヌスは生命体のふたつの基本的特性を象徴している。ひとつは全体性と部分性、もうひとつは、自然のヒエラルキーにおける全体性と部分性の不安定なバランスである。

再度くりかえして言うなら、この概念図は形而上学的な仮定にもとづくものではなく、物理的、生物的、あるいは社会的な複合体のなかに、いわば「組み込まれて」いるもので、マルチレベルのホロン集合体が結合力と安定性をもつための前提条件である。ハイゼンベルクは現代物理学の草創期を自叙伝ふうに書き著し、それを『部分と全体』と題したが、もちろん偶然などではない。いったい極微の世界のどこに、複合的全体でない究極の「根源的」部分が存在していようか。いったい宇宙という極大の世界のどこに、多次元時空の宇宙の境界を見出すことができようか。層状の存在ヒエラルキーの上下で無限が口を開け、極微から極大までそれぞれのレベルで、自己主張的全体と自己超越的部分が背なかあわせに存在している。このヒエラルキー的階層のもっとも基本的な側面は、スウィフトのつぎの詩にあらわれている。それを「スウィフトのパラダイム」と呼んでもいい。

自然学者が言うことにゃ
ノミにはそれに咬みつくもっとちっちゃなノミがいて

そのノミにももっとちっちゃなノミがいる
こうして無限につづくとさ。

6——ルイス・トマスの共生進化説

この章ではきわめてあたりまえの議論と抽象的、思弁的な議論がいれかわりたちかわり登場したようにもおもえる。それはわたしも承知している。しかし、理論の試金石のひとつは、ひとたび理解されれば、それが自明になることだ。

むずかしい問題がもうひとつ残っている。普遍的な自己主張傾向の存在を仮定することじたい、何も釈明を要する問題ではない。きわめて常識的であるだけでなく、すでに「自己保存の本能」とか「適者生存」といった言葉が多数ある。しかしその対立相手として統合傾向を仮定したり、両者の相互作用を「一般システム論への鍵である」などと言うのは、なんとなく時代遅れの生気論の臭いがしないでもない。なによりモノーの『偶然と必然』、スキナーの『自由と尊厳を越えて』などに説かれている「時代思潮」にそぐわない。そこでこの章を終わるにあたり、著名な臨床医ルイス・トマス博士（スローン・ケタリング癌センター所長）の著書から二、三引用しておこう。氏の言葉なら、非科学的と非難されることはまずあるまい。かれは、オーストラリアのシロアリの消化管に寄生する単細胞生物ミクソトリカ・パラドクサ（*myxotricha paradoxa*）を、つぎのように魅力的に描写している。

一見したかぎり、かれはありきたりの運動性原生動物にみえる。あちこち泳ぎまわるときのスピードと直線性が大きな特徴で、その際、宿主のシロアリが噛みくだいた木材のはしきれを飲み込んでいく。シロアリの生態系はまるでビザンチン様式のごとく複雑だが、かれはそのなかでも、いわば中心に位置している。かれがいなければ、シロアリがいかに木材を細かく噛みくだこうと、絶対に消化しない。じつはかれが酵素を供給するからセルロースが分解され、炭水化物がつくられるのだ。しかし分解されないリグニンだけは、そのまま残る。シロアリはこのリグニンを幾何学的に整然とした塊にして排泄し、それを巣のアーチや丸天井を造るためのレンガとして使う。かれがいなければシロアリはこの世に存在しないだろうし、キノコ畑もないだろう。キノコはシロアリが育てるもので、シロアリがいないところでは育たない。[210]

ところがシロアリの消化官の内部に住みついているこの小さな生物には、じつは、それと共生関係にあり、しかも自律的な個体性もとどめているもっと小さな生物の集団がいるのである。

……整然と動きミクソトリカを直線的に前進させる「鞭毛」を電子顕微鏡でよく見ると、じつは鞭毛ではないのだ。それは、仕事を手伝うために入りこんだ部外者なのである。原生動物の全表面に一定の間隔をあけて付着したスピロヘータなのだ。[210]

ついでトマスは、ミクソトリカの内部で言わば「合同動物園」を形成しているさまざまなタイプの細胞内小器官とバクテリアを列挙し、「原核生物が部分的に合体する」のと同種の過程により、人体を形成する細胞が進化したことを証拠をあげて説明する。ミクソトリカは、わたしの言う統合傾向の例証である。

進化の途上でしばらく動きを止めている動物あるいは生態系は、人間などの細胞の発生を知るうえでひとつのモデルになるとおもわれる。……（中略）……ミクソトリカを構成している多数の生物を集団化し、その集団をシロアリと連合させようとする根源的な力が存在する。もしわれわれがこの傾向を理解できれば、独立した個々の細胞を統合して多細胞生物をつくり、ついにはバラやイルカ、人間までをつくりだした過程を垣間見ることができるだろう。さらに同じ傾向が基礎になって、有機体が共同体に、共同体が生態系に、生態系が生物圏に統合されているのがわかるかもしれない。実際これが物事の推移であり万物の歩む道であるなら、免疫反応も、自己を化学的に記すための遺伝子も、そして攻撃と防御の反射的反応も、進化における二次的な産物と考えてよいだろう。つまりそれは、共生関係の規律と調整に必要なもの、過程を妨害するためにではなく、もっぱら共生関係が混乱しないように工夫されたもの、と考えられる。

資力を共同出資し、可能なとき融合しあうのが生物の本性であるなら、生物の形態がますます豊かにそして複雑になっていくことに対し、新しい説明方法が見つかるのではないだろうか[●210]。

第三章

イマジネーションと情動の三次元

1――情動をいろどる三変数

情動とは呼吸、脈拍、筋肉活動、あるいはアドレナリンのようなホルモン分泌など、さまざまな身体反応をひきおこす強い感情が付帯した精神状態、と表現できるだろう。また「過熱した」衝動という言い方もある。情動の特徴をあげてみよう。第一の特徴は食欲、性欲、好奇心（探究の衝動）、社交心、子に対する親の保護など、情動を引きおこす衝動の性質によって情動を分類できることだ。

第二の特徴は、どんな情動にも明確に「快」「不快」の〈快楽のいろあい〉が付随していること、そして第三は、すべての情動に自己主張傾向と自己超越傾向の両極性が存在することである。

この三つから、三次元的な情動概念が姿をあらわす。これについて以前、粗雑ではあるがわかりやすいアナロジーを提示したことがあるので書いておこう。まず精神の場を居酒屋《パブ》におきかえる。そこにはいろいろな酒樽があり、それぞれから種類のちがう酒がでてくる。またコックの開閉は必要に応じて行なわれる。ここでコックは異なった衝動を表わし、快—不快の度合は酒の流出状態（たとえば安定した流れ、圧力変動による不安定な流れ）と対応する。さらに、情動的行為のなかの自己主張的衝動と自己超越的衝動の比率は、酸—アルカリ度と呼応している。以上は、あまりうまい比喩ではないがわたしが提唱する情動の三変数を理解するうえで何らかの助けとなろう。では、その三変数を、とくに他の論理とのちがいに注意しながら、ひとつずつ検討しよう。

2——純粋な情動を切りとることはできない

まず第一の変数。この問題を扱いにくくしているもののひとつは、われわれが純粋な情動をめぐった体験できないという事実だ。バーテンはいろいろなコックをひねって酒を混ぜてしまう。性欲は好奇心だけでなく、あらゆる衝動と結びつく。この事実はきわめて明白なことだから、これ以上議論する必要もないだろう。

第二の変数、快—不快の度合。快楽のいろあいもまた、不明瞭で「入り混じった感情」を引きおこす。前章で、「快はつねに心的興奮の減少、低下、消滅から、不快はその増加から生まれる」というフロイトの考えを引用した。この考え方は今世紀前半、アメリカ流行動主義とヨーロッパ流精神分析のふたつを含む心理学主流派によって支持された。たしかにそれは、たとえば飢えの苦しみから生じる「過熱した原始的衝動」という欲求不満の説明には有効である。だが快い刺激、スリル、興奮、サスペンスなど日常よく経験するあの複雑な情動にそれを適用するとなると明らかに無理がある。たとえばエロチックなくだりを読むとする。フロイト流に言えば「心的興奮の増加」をもたらすから不快なはずだが、実際は、欲求不満と快楽とが結びついた複雑な情動が呼びおこされる。

このパラドックスに対する答えは、人間の情動のなかで重要な役を演ずる〈イマジネーション〉にある。エロチックな空想から生まれる想像上の刺激にも生理的衝動をよび起こすに十分な力があるように、逆に想像上の満足でも快い体験が生みだせる。それは空想のなかで生をえた衝動の要素が、「内面的に」完結した姿である。

イマジネーションが情動に入りこむべつの入口は〈報酬への期待〉だ。先の例は情動的にはリアルで快楽的だが、報酬は虚構にすぎない。しかしこの場合は実の報酬を想像し、期待する。のどが渇いているとき、飲み屋の主人がグラスにビールを注ぐ光景は「心的興奮を増加させる」が快い。同じことはセックスの前戯、スリラー映画の観賞にもあてはまる。一方に興奮の度合を深める衝動要素も存在するが、他方にはハッピー・エンドを期待し内面的に完結する要素がある。早く前戯をすませたいとおもいつつ、一方でそれを楽しんでいるのだ。

この情動的衝動の内面化はイマジネーションが引き金になっておこるが、そこには内臓や分泌腺の生理的作用が関与している。それは外面的な筋肉活動と同じくらいリアルである。たとえばフランス風高級料理の味をおもいだすだけで、胃液の分泌は活発になる。

衝動は昇華の度合が高いほど（つまりヒエラルキーの高いレベルにある大脳皮質と、低いレベルにある内臓の相互作用がより密接になればなるほど）うまく内面化する。表現がやや抽象的だろうか。ではチェス盤をはさんでゲームにうち興じている二人のチェス・プレーヤーを考えてみよう。相手を打ち負かすもっとも簡単な方法は、相手の頭をバットでなぐることだ。実際チェス・プレーヤーは、ときおりそんな衝動にかられるにちがいない。相手がチェスの天才、ボビー・フィッシャーであればなおのことだ。しかしそんなおもいつきを本気で実行する馬鹿もいまい。競争の衝動を表現するには、「ゲームの規則」にしたがうのが前提となる。そこでプレーヤーは暴力に訴えるかわりに、優位にたつべくつぎの一手をあれこれと想像する。この精神活動は、たとえ結果が勝利に結びつかなくとも、一連の期待感や部分的満足感をプレーヤーにもたらしてくれる。だから競争的なゲームには、ある程度勝負を度外視した賭博的快感がある。スチーブンソンは、「期待をいだいて旅行することは、目的地に到達することよりすばらしい」と言った。その慧眼はフロイトをしのぐものがある。

恋をしている人間ならよくわかる話だろうが、思慕の念は苦しみと喜びの要素をもちあわせた、にがく、甘い情動である。また時には恋人が実際目の前にいるよりも、それを想像している方が楽しいこともある。情動にはさまざまな色をした要素スペクトルがあり、そのひとつひとつが独自の快楽のいろあいを帯びている。愛することが楽か苦かを問うのは、レンブラントの絵が明か暗かを問うようなものだ。

つぎに、情動の二重傾向を生みだす第三の原因に話しを進めよう。念のためくりかえすなら、第一は衝動の生物学的起源、第二は衝動に付帯する快―不快の度合であった。さて第三は、すべての情動にあらわれる自己主張と自己超越の両極性である。

まず、愛を例にとろう。愛は、あいまいにして酔いやすい情動のカクテルであり、かぎりなく多様だ。性的な愛、プラトニックな愛、親の愛、エディプス的な愛、ナルシスティックな愛、祖国愛、そして植物、犬、ネコへの愛。だが求愛の対象や方法が何であれ、そこにはつねに自己を超越した献身的要素が何らかの形で存在している。性的な関係では、支配欲と攻撃性が感情移入や一体化の欲求と混じりあう。その混合の結果が強姦からプラトニック・ラブまでさまざまな形であらわれる。親の愛には自己の境界を超越した「肉親」という名の生物的きずながある。だが横暴な父親、過保護な母親などは自己主張の典型といえる。それほど明白ではないが、「飢え」という単純明解な生物的衝動にさえ、自己超越的要素が含まれている。気の合った仲間、心安らぐ環境。それが食欲増進につながることは日ごろよく経験するところである。みのがせないのは、儀式で食事をともにすることが未開人社会の魔術や宗教と密接に関係している事実だ。いけにえとして祭られた動物、人間、神の肉を分かちあうと、変質のプロセスが機能する。いけにえの力が摂取されることで、そこに参加者全員を包みこむある種の神秘的共感が生まれるのだ。いけにえにした神の血と肉を分かちあう風習はオルフェウス秘教の儀式をへて、やがて象徴的な装いのもとにキリスト教の儀式へと入りこんだ。キリスト教徒にとって、聖餐式は自己超越体験のきわめつきといってよい。このように自我の境界を打ち破る手段として儀式的な食事を行ない変質を求める風習に話を向けたが、毛頭、それを冒とくするつもりはない。

例としてはほかに、洗礼や葬式の食事、パンや塩の奉納、あるいは血を飲みかわして兄弟の契りを結ぶアラビア部族のセレモニーなどもあげられる。

ひと口に「食べる」といっても、まさに「人はパンのみで生くるにあらず」である。自己保存というもっとも単純な行為にさえ自己超越的要素が含まれるのだ。

さて逆に、病人や貧民の世話、動物愛護、協会活動、デモ行進への参加など賞讃に値する利他的行為は、たとえ無意識ではあっても、親分的な自己主張のうってつけのはけ口になっていることがある。プロの社会改良家、押しつけがましい慈善おばさん、病院の婦長、宣教師、社会活動家。もちろんこうした人たちは社会にとって不可欠だが、その動機を詮索してみたところで、おうおうにしてかれら自身にも明らかではないのだから、徒労に終わるのが関の山であろう。

3——同情と共感の情動プロセス

スペクトルの両端にあるでたらめな狂暴と神秘的陶酔。この極端な例はべつとして、すべての情動的状態は、ふたつの基本的傾向が結合してできている。ひとつはホロンの全体性（つまり自己主張傾向）、もうひとつはその部分性（自己超越傾向または統合傾向）である。このふたつの傾向はたがいに抑制しあうが、統合傾向は時として自己主張を抑制するかわりに、その引き金や触媒として働くことがある。次章で一個の人間が群集心理、カリスマ、スローガン、信条などと自己超越的にかかわるときの悲惨な結末についてふれるが、同じ触媒作用が、芸術においては幻想という魔術を生みだす仕掛人になっている。しばらくは触媒作用の楽しい側面をとりあげることにしよう。

さて、それはどのように作用するのか。人間がふたりしか登場しない単純な情況を例にとって考えよう。A夫人とB夫人は友人で、B夫人は最近、事故で娘を亡くした。A夫人は感情移入、投影、投入（なんと呼んでもよいが）のはたらきによって部分的にB夫人を自己と同一視し、同情の涙を流し、B夫人と悲しみを分かちあう。相手が映画のスクリーンや小説のヒロインであっても、同様のことが起こる。

ここで重要なのは、事象に含まれるふたつの情動の過程を区別することである。むろんそのふたつは現実には結合している。第一は「同一視」という自発的行為であり、その特徴はA夫人が、現実にせよ想像にせよ相手の体験に参加し、しばらく自分自身の存在を忘れてしまうことだ。それは、明らかに自己超越的、感情浄化的な体験である。それが持続するあいだ、A夫人は夫に対する悩みや、嫉妬、恨みにまで頭がまわらない。つまり同一視という過程が、自己主張傾向を一時的に抑制するのである。

ところがここに、逆の効果をもつ第二の過程がある。同一視の行為は、いわば相手になりかわって体験したかのような「代理情動」をよび起こす。A夫人の場合の代理情動は、悲しみと死別の情感である。だが場合によって、不安や怒りのこともある。デスデモーナに同情すれば、イアーゴの背信に血の煮えたぎる怒りをおぼえる。ヒッチコックのスリラーを観ている人が感じる不安はあくまで代理的だが、生理的には現実で、心臓は高なり、脈拍は増え、驚きのあまり突然飛び上がることさえある。映画の悪役に感じる怒りは、メキシコの観客がスクリーンを弾丸で穴だらけにするように、まさに真の怒りであり、アドレナリンの分泌がそれを物語る。まさにここに問題の核心があり、この認識なしに歴史の虚構性、芸術の幻想性を理解することはできない。ウォディントンは人間を「信じやすい動物」と評したが、歴史も芸術もまさに人間のそうした本性から生まれている。どちらも、一時的であれ、永続的であれ、不信の念を停止してこそなりたつ。

要点をくりかえしておこう。人はひとつの過程を二段階にわたって体験する。第一の段階では、投影、参加、同一視といった自己超越的衝動が自己主張傾向を抑制し、自己中心的な悩みや願望を取り除き浄化する。第二の段階では、慈愛に満ちた同一視の過程が、憎しみ、恐れ、恨みといった感情のうねりをかきたてる。それらは、他人や集団になりかわって体験する情動だが、にもかかわらず脈拍は増える。脅迫や侮辱が自分自身に向けられようが、共鳴する人物、集団に向けられようが、そうした情動によって活発になる生理作用は本質的に同じである。そしてその作用は、自己がしばらく所在不明でありながらも、なお自己主張的なカテゴリーに入る。所在不明とは、たとえば舞台の愛らしいヒロイン、地元のサッカーチーム、「良かれ悪しかれわが祖国」といったなしくずしの愛国心などにわが身を投影している状態をさす。

たんに活字として、あるいは映像として存在するアンナ・カレーニナ。その死に涙するのは、人間が偉大なるイマジネーションを持ちあわせているからだ。子供が、そしてきどりのない観客が現実を忘れ、舞台での出来事をそのまま受け入れる。かれらは一種の催眠状態におかれているわけで、そのもっとも古い形は未開社会で行なわれているあの催眠的魔術である。仮面をつけた踊り子は己れを神や悪魔と同一視し、偶像は神通力を与えられる。文化がもっと複雑になると、観客は役者ローレンス・

オリビエをローレンス・オリビエと認めると同時に、デンマークの王子ハムレットとも認め、アドレナリンを多量に分泌してかれが敵と戦うのに必要な気力を作りだしてやろうとする。それは魔術と同じだが、形態的にはより純化されているから、観客が主役を介して行なう同一視の作用は一時的かつ部分的であり、しかもクライマックスの瞬間にかぎられている。そしてその瞬間不信の念は停止される。しかしそれは批判能力を完全に捨て去ったり、本人のアイデンティティをそこなうほどのものではない。

芸術は一種の自己超越である。この点はヴードゥー教、ナチスの大集会も同じことだ。しかし芸術はさまざまな形態の幻想を生みだしてきたから、それに対するわれわれの反応も幼児から成人へ、偶像崇拝から審美眼へと純化されてきた。だが、自己超越的衝動のはけ口を社会的、政治的な集団形成に見出そうとする行動形態には、これに匹敵する純化過程はみられない。歴史の悲劇を演じる舞台には依然として英雄と悪党が居ならび、それによってひきおこされる代理情動はおとなしい観客を人殺しも辞さない狂信者にかえてしまう。これなどは統合傾向が演じるふたつの役割をはっきりと示すものだ。原始的形態の同一視のなかにあらわれる統合傾向は、成熟した「統合」と明らかにべつのものである。社会の歴史は前者に、芸術の歴史は後者に支配されているのである。

第四章

善意にみちた集団精神の恐怖

1――〈真の宗教〉の破壊性

前章までの理論的考察を適用すれば、人類の苦境はいっそう鮮明になる。

文明の夜明けからこのかた、世の中には才気あふれる改革者たちがひきもきらず登場してきた。ヘブライの預言者、ギリシアの哲学者、中国の賢人、インドの神秘家、キリスト教の聖人、フランスのユマニスト、イギリスの功利主義者、ドイツの道徳家、アメリカの実用主義者、ヒンドゥー教の平和主義者。かれらはこぞって戦争を暴力を非難し、人間の善性に訴えてきた。しかしその努力は実っていない。すでに述べたように、その原因は人類にかくのごとき悲惨な歴史を強要し、しかも人類に過去を自省する機会を与えず、その存続を危いものにしている根本原因を、これら改革者たちが見誤ってきたからにほかならない。かれらの基本的誤信はすべての非を人間のエゴ、貪欲、そして確たる証拠もない人間の「破壊性」とやらに押しつけることにある。それがまったく見当はずれであることは、歴史的、心理学的証拠が示すところだ。

嫉妬深い神、王、国家、あるいは政治組織への没我的忠誠により虐殺されたおびただしい数の人間。それに比べれば、個人的動機の犯罪が演じる役割などとるにたらない。いかなる歴史家も、それは否定すまい。カリギュラの犯罪も、トルケマダ（訳注＝一五世紀スペインの異端審問官）がもたらした荒廃にくらべれば顔色なしだ。強盗、追いはぎ、ギャング、その他非社会的分子に殺害された人間の数などは「真の宗教」という大義名分のもとに喜々として殺されていった人間の数を考えれば、無視しうるほど小さい。異教徒たちは「不滅の魂」のために、怒りのうちにではなく悲しみのうちに拷問にかけられ、火あぶりにされた。ロシアや中国の粛正は、人類に無階級社会の黄金時代をもたらすための社会衛生の実施だと称された。ガス室も火葬炉も、別の種類の黄金時代の到来のために仕組まれたものである。くりかえして言おう。人類の全歴史を通じ、旗、カリスマ、信仰、政治的信条への自己超越的献身により殺害された人間の数をおもえば、過度の個人的自己主張がひきおこした破壊行為など、量的に無視しうるほど小さい。人間はこれまでつねにそうであったが、すすんで人殺しもするかわりに善事、悪事、あるいはまったく気まぐれな大義名分のために、喜んで自らの命を絶ったりもする。自己超越に向かわせる衝動の存在をこれほど明白に物語るものが、いったいほかにあるだろうか。

人間の悲劇はその攻撃性からではなく、超人格的な理想への献身から生まれるのだ。過度の個人的自己主張からではない。人類が有する統合傾向の不調からである。われわれは史実が教えるこのパラドックスから目をそむけることはできない。たしかパスカルだったとおもう。「人間は天使でも悪魔でもない。しかし天使としてふるまおうとすれば、人間は悪魔に変わる」と言った。

それにしても、いかにしてこのようなパラドックスが生じたのか。

2——利他主義が集団のエゴイズムを生む〈悪魔の弁証法〉

おもいおこしてみよう。この世のあらゆる現象には基本的両極性がある。ホロンの自己主張傾向はホロンの「全体性」の動的なあらわれであり、統合傾向はホロンの「部分性」、すなわちホラーキーの高位のレベルにあるより大きな全体への従属性のあらわれである。ほどよくつり合いのとれた社会ではふたつの傾向が建設的な役割を演じ、平衡を維持していく。ために頑強な個人主義、野望、競合など、ある程度の自己主張は動的な社会に欠かせないものとなっている。それがなければ社会的、文化的進歩などありえない。ジョン・ダンが言った「聖なる不満」こそ社会改革者、芸術家、思想家の本質的原動力である。何らかの理由により平衡がくずれたときのみ、この個人の自己主張傾向は潜在的破壊傾向を表出させ、社会をそこなうほどに自己を主張しようとする。とはいえ、原始文化であれ先進文化であれ、たいていの文化は総じてこの種の偶発事件に首尾よく対処してきたと言ってよい。

しかし途方もない統合傾向の方はどうか。わたしは人類が苦境に陥った原因の大半はこれにあると考えている。この傾向は自己主張にくらべ不明瞭かつ複雑だ。わたしはすでに人類の病の発生要因についていて序章で述べた。そして、人間の幼児は他のいかなる動物の子より長期間無力な状態におかれ、いやおうなしにそれを育てる大人たちに全面依存する事実を、その要因のひとつにあげた。成長した人間が権威に服従しやすいのも、教義や倫理的戒律によって半ば催眠術のように暗示にかかってしまうのも、根底にこの長期の体験があるとわたしはみる。それは人間の「所属」の衝動、つまり自己を集団あるいは信仰のシステムと同一視しようとする衝動である。

かつてフロイトは、道徳的良心〈超自我〉とは親〈それもとくに父親〉を理想化し「同一視」した結果だと説いた。つまり親の人格や道徳的態度が成長中の子供の無意識の精神構造に「投入」されるというわけだが、そう極論する必要も、また成熟した大人の良心がこうした精神移植の産物に「すぎない」という説をそのまま鵜呑みにする必要もない。しかし、その種の精神移植が未成熟な大人の精神構築に重要な役割をはたすことは認めておかねばならない。というのは、いまここでは情動的に未成熟な大人に主たる関心がある。たしかにかれらの統合傾向、つまり〈所属の欲求〉は、幼児的さもなくば異常としか言いようのない形であらわれる。

こうした統合傾向の病状には、異なった三つの要因が重なっていると考えられる。父親置換という権威への服従、社会集団と自己の無条件の同一視、そして信仰のシステムの無批判の容認。むごたらしい人類史には、この三つがくっきりと姿をあらわしている。

フロイト以来、第一の要因はすっかり平凡になったから、簡潔に述べるにとどめよう。父親像を具体化する指導者は聖人かもしれぬし、扇動家かもしれぬ。あるいは賢人かもしれぬし、狂人かもしれぬ。いかなる資質があれば指導者になれるかは、いま問題でない。ただ明らかに、指導者はその支配下にある大衆の「共通分母」に訴えねばならない。そしてその場合もっとも一般的な共通分母が、権威への幼児的服従なのである。

指導者と信奉者の関係は、たとえばヒトラー崇拝のように、国家全体を包含することもある。あるいは小人数の宗派であったりもする。あるいはまた催眠術師に対する信頼感、精神医の寝椅子の上、教会の懺悔室の中などに見られる「二人だけの会話」でということもある。だがそれらに共通する要素は「降伏」の行為である。

さて、先に述べた第二、第三の要因（社会集団と自己の無条件の同一視、ならびに信仰のシステムの無批判的容認）に話を移そう。この世には「集合《グループ》」という〈群集心理〉ないし〈大衆心理学〉によって説明できる社会的集合体が、幅広い形で存在している。だがこの分野の心理学は、たとえば中世における集団ヒステリーの勃発、あるいはル・ボンの古典的研究に見られるフランス革命に端を発した英雄的、殺人的暴徒の行動（フロイトら何人かが研究テーマにとりあげている）など、極端な形態の集団行動にのみ意を注ぐきらいがあった。大衆心理学のこうした傾向によって、集団精神の根底にあるより一般的な原理が見過ごされ、それが過去から現在にいたる人類史におよぼす支配的な影響を、すっかり見失うことにもなった。人間は群衆のなかにいなくても、集団精神に感化されるものだ。精神的接触がなくても国家、教会、政治運動と自己を情動的に同一視する可能性は十分にある。便所のなかでさえ、人は集団的狂信のえじきとなりうる。

あるいはまたすべての集団が、先に述べたように権限をいただいた個人的指導者や「父親像」を必要とするかといえば、かならずしもそうではない。なるほど宗教的、政治的運動にとって、ことをおこすには指導者が必要だ。そしてことが確立されてもなお、有能な指導者がもたらす益は多い。しかし集団にとって基本的に必要なもの（すなわち集団に社会的ホロンとしての結合力を与えるもの）は、信条であり、信仰システムの共有であり、結果的に生じる行動の規準だ。その象徴は人間の権威でもよいし、部族内に神秘的感覚の団結を呼びおこすトーテムや呪物でもよい。あるいはまた崇拝の対象としての聖なる偶像でも、戦中の兵士がわが身を犠牲にしてしがみついた連隊旗でもよい。神とともに特別な修道会をつくったのはわが先祖なりという選民意識に、集団精神が支配されることもある。わが先祖は白人の半神半人であったとか、わが皇帝は太陽から降臨されたといった優秀民族意識に支配されることもあろう。そうした信条は、ある種の規則や儀式を遵守すれば死後の世界で特権をもったエリートたりうるという確信にもとづくものかもしれない。あるいはまた、人は肉体労働によってエリート階級の歴史に名をつらねられるという確信にもとづくのかもしれない。批判的な議論は集団精神にほとんど影響を与えない。なぜなら、自己を集団と同一視すればかならず個人の批判能力は消えうせ、逆に集団共鳴によって情動傾向が強化されるからだ。

くりかえそう。ここで言う集団はひと所に集合した群衆に限定されておらず、集合体を定義しそれに結合力と「社会的輪郭」を与える規模（たとえば言語、伝統、慣習、信仰など）に支配されたすべての社会的ホロンをさしている。集団は一個の自律的ホロンとして独自の機能形態をもち、独自の行動規範に支配されている。それゆえ集団を個人的規範——すなわち集団を構成する人間が集団の部分としてではなく「自律的個人」として行動するときの行動規則——に還元することはできない。個人として殺人は禁じられていても、部隊の精鋭のひとりとしては人殺しが義務づけられている兵士は、その明白な例だ。

このように、個人的行動を支配する規則と集団全体を律している規則とを明瞭に区分けすることが重要である。

集団は一個の準自律的ホロンとみるべきであって、単純な個人の部分集合体などではない。その活動は部分間の相互作用に依存するだけでなく、ヒエラルキーの高位のレベルにある他の社会的ホロンとのホロン対ホロンの相互作用にも依存している。そしてその相互作用にもまた、ホロンの自己主張傾向と統合傾向の両極性があらわれ、他の集団との競合と協力の狭間をゆれ動く。健全な社会的ヒエラルキーにあっては、両者の傾向はほどよくバランスしている。しかしひとたび緊張が生じると何がしかの社会的ホロンが過剰に励起され、他の社会的ホロンにその全体性を押しつけたり、他の社会的ホロンから全体性を奪ったりする。歴史を見れば、そうした緊張、対立、闘争の例は枚挙にいとまがない。

こうした慢性的不均衡をもたらしている要因については、すでにそのいくつかを序章で述べた。たとえば人類が民族性、国民性という点でひどく多様であること、あるいは言語の多様性が分裂傾向に拍車をかけること、などである。これらは一体になって、局地的であれ、地球的であれ、つねに人類の破壊力を結合力より優勢なものにしてきた。しかしここにもっと重大な要因がある。社会的ホロンの行動を律する規範には、ホロンの構成メンバーの行動を支配する規則だけでなく、普遍性を標榜する道徳的教訓や命令が含まれていることだ。こうした教訓や命令は高い情動性を帯びているから、集団精神はその信条をおびやかすいかなるものにも（現実のものであれ、想像上のものであれ）、激しく反応する。

これまで述べたことを総合すれば、つぎのように結論できるだろう。集団精神における自己主張傾向は平均的な個人レベルの自己主張より顕著である。また個人は集団を自己と同一視することで個人的規範とは趣を異にするべつの行動規範を受け入れる。ローレンツ殿には申し訳ないが、一個の人間は殺し屋ではない。集団が殺し屋なのだ。集団を自己と同一視することで、人間は殺し屋に変ずる。

このパラドックスは戦場において、あるいはリンチの制裁もいとわぬ暴徒の間に見られるだけでなく、じつはあとで述べるように厳粛な心理学研究所でも見ることができる。そのパラドックス的性格は、集団と自己の同一視という自己超越的行為が集団の自己主張傾向を強化する事実に由来している。集団と自己の同一視は献身の行為であり、共同体への忠実な服従行為だ。自己の、そして個人的自己主張傾向の部分的または全面的降伏である。本書の言葉を使って表現すれば、ホラーキーの高位のレベルにある大きな全体のなかの「部分性」のために、自己の「全体性」を放棄することである。人間はいろいろな意味で、ある程度まで脱人格的（つまり没我的）になれる。危険に対して無頓着になることもあるだろう。自己を犠牲にするほどに利他的英雄的な行為を演じ、現実であれ幻想であれ集団の敵とおぼしきものに、非情なまでに残酷にふるまおうとする。その残忍な行為は無人格であり、没我的だ。全体のために、あるいは全体とおぼしきもののためにかくふるまう。全体の名において人を殺し、必要とあれば自らも死ぬ。集団の自己主張的行動は、その構成メンバーの自己超越的行為のうえになりたっている。もっと簡単に言えば、集団のエゴイズムはメンバーの利他主義を頼みにしているのである。

〈悪魔の弁証法〉とも言うべきこのプロセスは、さまざまな社会的ホラーキーのあらゆるレベルに姿をあらわしている。愛国心。それは国家のために自己を従属させるという気だかき徳行である。にもかかわらず、それが戦闘的愛国主義を生む。党派への忠誠は排他主義を育てる。団結心は傲慢な徒党主義に、宗教的熱情は狂信に、そして山上の教訓は戦闘教会へと変じていく。

さて、ここで本書の理論を実験的に確認した話に移ろう。実験はエール大学ほかの心理学研究室で行なわれたもので、やや驚くべき方法によっている。

3――真理追究のためのおぞましい実験

これから述べる一連のきわめて独創的な実験は、エール大学心理学部スタンリー・ミルグラム博士がはじめたもので、ドイツ、イタリア、オーストラリア、南アフリカの研究所でもくりかえされたものである。実験の目的は、平均的人間が「高尚な大義」のために罪なき人間に劇痛を加えるよう命じられたとき、権威に服従する限界がどこにあるのかを知ろうというものであった。

実験では白衣を身にまとった教授ふうの男が「権威」を演じた。以後この男を「教授」と呼ぶ。「高尚な大義」とは教育である。いやもっと正確に言うなら、生徒を罰することが学習過程にプラスであるかどうかを知ろうとする実験、というふれこみだった。実験には三人の人間が登場した。進行係の教授、学習者(罰を受ける犠牲者)、そして被験者である。被験者はあたかも教師のようにふるまい、学習者が答えをまちがうたびに学習者に罰を加えるよう「教授」から言われていた。罰は電気ショックで順次ショックの度合が強められるもので、「教授」の命令にもとづいて「教師」が執行した。学習者は電気椅子のようなものに縛りつけられ、手首には電極がとりつけられた。そして「教師」はものものしい電気ショック発生器の前にすわらせられた。発生器には三〇の鍵盤スイッチがならび、一五ボルトから四五〇ボルトまで電圧が変えられるようになっていた(つまり、ひとつスイッチをずらすたびに電圧が一五ボルト上昇した)。発生器には「弱いショック」、「強いショック」、「危険で苛酷なショック」などの表示が刻まれていた。

じつを言うと、このおぞましい実験全体は八百長のうえになりたっていた。「犠牲者」(学習者)は教授に雇われた俳優、電気ショック発生器はニセモノだった。ただ被験者である「教師」だけが、この電気ショックを、そして「犠牲者」が発する苦痛と救いの叫びを、ひたすら本物と信じていたのである。

「教師」は、年齢二〇〜五〇歳のありとあらゆる社会階級から選ばれた志願者たちで、「記憶と学習に関する科学的研究」に参加しようと、新聞広告に魅せられてエール大にやってきたのだ(かれらには一時間四ドルという妥当な金が支給された)。郵便局員、高校教師、セールスマン、技術者、肉体労働者がその代表的被験者で、総勢一〇〇〇名以上の志願者が実験に参加した。

実験の基本手順は以下のごとくであった。「生徒」(学習者)は二語で一組の語を長々と読み上げさせられた。たとえばblue box, nice day, wild duck……などである。ついで「試験」に移り、たとえばblueなる語を与えられたら、生徒はそれと組合わされるべき語を四語(たとえば、ink, box, sky, lamp)のなかから選ぶ。「教師」は生徒が答えを誤ったら生徒に電気ショックを加え、さらに解答を誤るたびにショックのレベルを一段上げるよう、教授から指示されていた。

「教師」自身が自分のしていることをまちがいなく認識するように、「犠牲者」に扮した役者は苦痛の声をあげた。その声は電圧の上昇とともに悲痛の色合いを増し、七五ボルトでは「軽い不平」、そしてしだいに不平は強くなり一五〇ボルトでは「ここから出してくれ！ もう実験なんか受けない。これ以上するな」となる(「教師」は犠牲者も志願者だと信じている)。「三一五ボルトで犠牲者は激しい悲鳴をあげ、自分はもう実験協力者ではないと再度断言した。実際かれは何も答えなかった。ただショックが加えられると苦痛に悲鳴をあげた。三三〇ボルト以上では、もう何も言わなかった……。」だが「教授」は、答えなき場合は誤答と取り扱い、計画どおりショックのレベルを増加させるよう「教師」に指示した。四五〇ボルトのショックを三回与えてから、「教授」は実験を中止した。

さて読者は、平均的な人間集団のうちいったい何人が命令に服従し、四五〇ボルトまで「犠牲者」を苦しめる仕事を遂行したとおもわれるか。答えは言わずもがなのようでもある。おそらく一〇〇〇人に一人が病的なサディストというところだろう。ミルグラムはこの実験に入る前、精神医たちに結果を予測してもらっていた。「かれらの予測は、被験者のほとんど全員が「教授」の命令を拒むだろうという点で、驚くほど一致していた。」この質問に回答した精神医たちの一致した見解は、ほとんどの被験者が一五〇ボルト（「犠牲者」がはじめて実験からの解放を求める電圧）以上にはいかないだろうというものだった。かれらはまた、全体の四パーセントほどが三〇〇ボルトまでいき、一〇〇〇人に一名ぐらいの病的な人間が最高電圧のスイッチを押すだろうと考えた。●154

実際はどうであったか。エール大の被験者は、何とその六〇パーセントが教授の命令にしたがい、極限の四五〇ボルトまで実験を継続したのである。同じ実験がイタリア、南アフリカ、オーストラリアでくりかえされたが、命令に従順な被験者の割合はそれよりいくぶん高い値を示した。またミュンヘンでは、八五パーセントにも達した。

話を進める前に、実験に関して二、三の点を明確にしておきたい。

第一に、教授は志願した被験者に対し軍の将校はおろか社長、校長ほどの権力すら有していなかった。教授には、高電圧ショックを学習者に課すのを拒む被験者に対し、それを罰する権限もなかったし、金銭などによる買収も不可能だった（被験者は一度かぎりしか雇われないことになっていた）。

では、いかにして「教授」はその権威を「教師」に押しつけ、おぞましい作業を継続するようしむけたのか。そこには威嚇も、雄弁な説得もなかった。「教授」がとる手順は厳格なまでに標準化されていたからである。

実験中さまざまな時点で被験者は実験者（教授）の顔をうかがい、ショックを加えるべきかどうかで助言を求めてきた。あるいは、もうこれ以上はやりたくないというそぶりをした。実験者は一連の「突き棒」を必要に応じて使い、被験者を作業に戻した。

突き棒1　どうぞ続けて下さい。

突き棒2　あなたが続けることが実験には必要なんです。

突き棒3　あなたが続けることが絶対必要なんです。

突き棒4　選択の余地はありません。続けねばなりません。

実験者の語調はつねに断固たるものだったが、高慢ではなかった。

たとえば被験者が「学習者は永久の身体的損傷を負うのではないか」とたずねた場合、実験者はつぎのように応じた。「ショックは苦痛かもしれないが、身体の組織が永久に傷つくことはない。だから続けて下さい。」（そして必要があれば、このあとに「突き棒」2、3、4が続いた）

また被験者が「学習者はこれ以上やりたがっていない」と言えば、実験者はこう応じた。「学習者が好むと好まざるとにかかわらず、かれが対の言葉をすべて正確に覚えるまでは、あなたは作業を続けねばなりません。だから続けて下さい。」（必要があれば、このあとに「突き棒」2、3、4が続いた）●154

こうした実験技術を「洗脳」とは呼べまい。にもかかわらず被験者の三分の二がこれで洗脳された。

「犠牲者」が心臓状態の悪化を訴え、最高電圧をかければその生命が危ぶまれるほどの情況にあっても、このやり方は功を奏した。人間は軍隊や狂信的集団の一員として行動しているときは非人間的行為を平気でおかすというのが、これまでの通説だった。この実験の重要性は、善良な市民の行動と脱人格的なナチ親衛隊員の行動とを隔てている心理的境界が、「いともたやすく打ち破られる」ことをあばきだした点にある。その境界の脆弱なことは（実際被験者の三分の二がこの境界を苦もなく横切った）、精神医にとって驚き以外のなにものでもなかった。無理からぬこととは言え、かれらの予測は完全に誤りだった。

実験結果がもたらしたこの不快な問題を快適に回避する方法のひとつは、原因はすべて被験者の抑圧された攻撃的衝動にあり、実験という場がそうした衝動に対し社会的に体裁のよい吐け口を与えた、とすることだ。こういう解釈はフロイトの「破壊の衝動」、あるいはローレンツの「殺戮本能」といった伝統的解釈にもとづくものだが、すでに述べたように、それは歴史的および心理学的証拠に矛盾する見解だ。ミルグラムはこれを論破し、つぎのように言う。

……犠牲者にショックを加える行為は破壊の衝動に由来するものではなく、被験者が一個の社会構造に統合され、そこから抜け出られなくなっているという事実に由来するものである。たとえば実験者に指示され、被験者が一杯の水を飲んだとする。これを見て、被験者はのどが渇いていたなどと言えるだろうか。もちろんそうは言えない。被験者は言われるままのことをしたにすぎない。その行動は行為者本人の動機と対応しておらず、社会的ヒエラルキーにおける高位の動機システムがそうした行動をひきおこしている。これが服従の本質である。[153]

かれはこれを証明すべく、さらに実験を行なった。その実験では教師が任意の電圧を学習者にかけてよいことになっていた。

……発生器の最高電圧、最低電圧、その中間の電圧、あるいはその任意の組合せ、どれでもよかった。

学習者に苦痛を加える絶対的チャンスを与えられたにもかかわらず、ほとんどの被験者が発生器パネルに示された最低電圧を使い、平均電圧は五四ボルトにしかならなかった（先に述べたごとく犠牲者が最初に穏やかな不満を述べる電圧は七五ボルトである）。しかしもし破壊の衝動とやらが本当に解放されるのを待っているのなら、そしてまた高電圧の使用が科学という大義のもとに正当化できるのなら、いったいなぜ、かれらは「学習者」を苦しめなかったのか。だが被験者にはそういう傾向はほとんど見あたらなかった。四〇名の被験者のうち学習者にショックを加えて満足感を引き出していたとおもわれる者は、せいぜい一、二名である。その割合は、被験者が命令されて犠牲者にショックを加える場合とは比較にならないほど低い。[153]

教師が教授の命令にもとづいて行動した最初の実験では、四〇名の被験者のうち（一回の実験は四〇名単位で行なわれた）平均二五名が四五〇ボルトの最高ショックを行使した。しかし自由選択の実験では、四〇名中三八名が一五〇ボルト（犠牲者がはじめて大声で抗議する電圧）以上には行かず、わずか二名の被験者が、それぞれ三二五ボルト、四五〇ボルトをかけたにすぎない。

議論に終止符を打つべく、ミルグラムは同僚のバスとバーコウィッツが行なった同種の実験を引用し、つぎのように言う。

> かれらは典型的な実験操作を使って被験者をいらだたせ、被験者が立腹して高い電圧を行使するかどうかを調べた。しかしその操作の効果は微々たるものだった。つまり実験者があらゆる仕掛けを施して被験者を怒らせ、いらだたせ、欲求不満に陥れようとしてみても、被験者はせいぜいショックのレベルを一段か二段あげる程度、たとえばレベル四（六〇ボルト）からレベル六（九〇ボルト）に上げるだけだった。確かにこの増加分は攻撃性が増加したことを物語る。しかしこのようにして生じた被験者の行動の変化と、命令に服した状態の被験者が見せる行動の変化とにはケタちがいの差がある。[153]

被験者の大多数は犠牲者にショックを加えて喜ぶどころか、さまざまに情動的な緊張と苦痛の症状を見せた。どっと汗をかくもの、教授に実験打ち切りを嘆願するもの、実験は残忍で愚かしいと訴えるもの。にもかかわらず、その三分の二は最後までやってしまうのである。

いったいなぜ、かれらはこの不愉快な、しかもおのれの倫理観にいちじるしく反する仕事を最後までやり通したのか。ミルグラムは、いくつか術語上の相違はあるが、わたしがこれまで述べてきたのと同じ論点からこれらを分析している。かれはヒエラルキー概念の重要性を認め、つぎのように言う。

……一個の人間がヒエラルキー支配の情況とかかわりをもつと、ふだん個人的な衝動を統御している機構は抑圧され、ヒエラルキーの高いレベルにある構成要素がそれにとってかわる。……

そうしたヒエラルキーにかかわる個人は、必然的にその機能が修正される。……この変質こそ、日ごろ上品で礼儀正しい人間がなぜ被験者に対して冷酷にふるまうのかというわれわれの実験の中心的ジレンマにぴたり符号するものである。……

責任感の消失。それは権威への服従がもたらす最大の産物だ。……

本実験の被験者の大半が「社会のため」、すなわち「科学的真実の追究」という大きな脈絡のなかで、自己の行為をとらえている。心理学研究所と言えば合法性という点でまったく問題がないから、そこで実験にたずさわる者に信頼と自信を喚起する。犠牲者にショックを加えるといった行為もそれひとつをとれば邪悪に見えるが、こうした情況にあってはまったくべつな意味を帯びる。……

道徳観念が消失するのではなく、まったくべつなところに焦点が移るのだ。隷属化した個人は権威が要求する行為をいかにこなしたかで、誇りを感じたり、恥入ったりする。言葉には「忠誠」、「義務」、「修行」など、この種の道徳観をズバリ表現するものが数多くある。[153]……

かくして、わたしが「悪魔の弁証法」と呼んだ（第二章参照）人間の条件が、実験により確認されたことになる。おとなしい市民が残虐な人間に豹変するのは、一般によく言われる「生来の攻撃性」のためではない。「教授」が象徴する大義への自己超越的献身のためである。道徳観の変化、個人的責任の放棄、「個人」からヒエラルキー「高位構成要素」への行動規範の切り替え。これらは統合傾向が媒体もしくは触媒として作用するために誘起されるのである。この宿命的な過程のなかで、一個の人間はある程度脱人格化し、自律的ホロンとして機能するのをやめ、ひたすら部分として機能するようになる。こうなるともはやヤヌスにふたつの顔はない。たったひとつの顔が聖者のごとくうっとりと、あるいは精薄のごとくぼんやりと、上を眺めている。

ミルグラムが実験からひき出した最終的な結論は、本書の理論とよく一致する。

> 今回の研究で明らかになったもっとも基本的な教訓は、単に自分の仕事をするだけで特別相手に敵意ももたないごくふつうの人間が、ひどく破壊的な過程の実行者になりうるという事実だろう。さらに、その仕事が破壊的効果をもつことが明らかになったとき、そしてまた基本的

道徳規範に反する行為を遂行するよう要求されたとき、権威に抗するだけの内面的なよりどころをもつ人間はきわめて少ないという事実だ。[154]……

本実験で明らかになった行動はごくふつうの人間の行動である。しかしそれは、われわれ自身にひそむ人類存続をおびやかす危険要素が浮き彫りになるような情況であばき出されたものである。ではいったい何がわかったのか。攻撃性？　そうではない。なぜなら犠牲者にショックを与えた者には怒りも、復讐心も、憎しみもない。それよりはるかに危険な事実が明らかになったのである。人間は必要とあらばいつでも人間性を放棄する。特異な個性を大きな団体構造に溶けこませるには、そうせざるをえないのである。

これは自然がわれわれ人類に組み込んだ致命的な欠陥であり、それゆえに人類が生きのびる可能性はきわめて低い。

われわれ人間が高く評価している忠誠、修行、献身といった美徳が、じつは破壊的、組織的な戦争を生み、悪意に満ちた権威のシステムに対し人間を盲目にするというのは、何とも皮肉である。[153]

4――人間はたまたま属した集団のために戦争する

個人の精神が集団精神に変質する場合、その個人はかならずしも集団や群衆のなかに存在する必要がないことは、前に述べた。集団精神とは集団の信条、伝統、指導性、そして(または)集団的情動を喚起する象徴などを自己と同一視する行為にすぎないのである。かくしてミルグラムの実験で「教師」は、知と権威を「教授」が象徴する目に見えない集団(畏敬の念をおこさせる学究的ヒエラルキー、すなわち科学の聖職者集団)の一員になった。しかし一度かかわりをもつと、ワナに陥る。入ることはたやすいが、なかなか脱出できない「閉鎖的組織」のワナに。統合傾向は集団内部に結合力を与えるが、ひと口に統合傾向と言ってもさまざまであることはすでに述べた。しかしそこにはつねに理性的な予測をはるかにこえた高い情動性が宿っている。それゆえにミルグラムの実験結果は精神医の予想(あるいは常識的な予想と言ってもよい)と大きな食いちがいを見せたのである。

ブリストル大学のヘンリー・ターフェル等が行なった最近の実験でも、べつな情況で同じくらい予期せぬ現象が見られた。一四歳と一五歳の学童をニセの即席心理テストにかけ、それぞれに「お前はジュリアス的人間」、「お前はアウグストゥス的人間」と告げた。「ジュリアス的人間」、あるいは「アウグストゥス的人間」がいったい何であるのか、いっさい説明しないいまま。それればかりか少年たちは同じグループにいる仲間が誰なのかも知らない。にもかかわらず、かれらは自分が属する虚偽のグループをたちまち自己と同一視し、ジュリアス的人間であることを、あるいはアウグストゥス的人間であることを誇った。そして名も知らぬ同胞のために金銭的な犠牲もおしまぬ反面、一方のグループに対しては不快感を見せた。

　実験の詳細は複雑であるので、それを述べるかわりに、ここではナイジェル・コールダーが書いた要約を引用しておきたい。かれはターフェルの仕事を世に知らせるうえで、おおいに功績のあった人間だ。

> 　ブリストルの学童にはじまった一連の実験は、人間の社会的行動という、これまで科学では渡り切れないと思われていた広大な海にとっかかりを与えた。過去、幾多の理論が登場したがどれも役に立ってはいない。フロイトやローレンツの理論のごとく、先天的な攻撃性を集団間の対立の源とする理論もあった。つまり、世界大戦は手に負えなくなった居酒屋のけんかというわけである。[027]……
>
> だが、いったいなぜ教養も理性もある若者たちがかくも容易に、激怒した大群としてではなく、訓練された隊列をなして、べつの若者たちを殺しに出ていくのか、それを説明することが大問題であった。そうしたなかで社会心理学者ヘンリー・ターフェルは、「個人主義的」視点に対し激しく異論を唱えたのである。一個の集団が他の集団に対すると人間の行動規範は大きく変化する、かれはそう指摘する。そこに作用するのは、社会の法律と構造に従いつつ、ともに行動しようとする人間の本性である。それは個人的な動機や感情とはまったく関係がない。

……一連の注目すべき実験を通して、ブリストル大学のターフェルらは、ひとりの人間の行動を第三者がおもうように変えられることを示した。お前はある集団に属している、そう告げるだけでよい。当人がその集団についてそれ以前に聞いたことがなくてもかまわない。ほとんど自動的に、これら一連の実験の被験者たちは同じグループに属している名も知らぬ相手に好意を示すだけでなく、機会さえあれば積極的に他のグループの人間を不利な立場に追い込もうとする。……人間はたまたま割り当てられた集団を強く支持する。その集団に誰がいるのか、集団の質がどのようなものか、そうしたことはいっさい知らされないまま。[027]……

人間にはたまたま属することになった集団を、積極的かつ迅速に自己と同一視する性質がある。その意味を十分理解することによってはじめて、敵意の源を探りだすための基盤が作れるのである。[028]

これら一連の実験はきわめて教えるところが多い。わたしがそうおもうのは単に理論的な立場からだけではなく、個人的な理由からでもある。それはいまでもわたしを悩ませ、楽しませている幼児期の体験にある。わたしが五歳のとき、ハンガリーのブダペストにある学校にはじめて登校した日、わたしは同級の子から答えに窮する質問を受けた。「お前はMTKか、それともFTC?」MTK、FTCとはハンガリーのサッカー・チームの略称である。サッカーの試合など連れていってもらったことのないわたしはべつとして、小学生ならだれでも知っているライバル・チームの略称だったのである。

しかしそんな度しがたい無知をさらけだすわけにはいかない。わたしは堂々と答えた。「もちうん、MTKさ!」かくして賽《さい》は投げられた。以後ハンガリーでの少年時代、いや家庭がウィーンに移っても、わたしはMTKの熱烈かつ忠実なファンであった。それどころか今でもわたしの心は、はるか鉄のカーテンのむこうにあるMTKに向いている。あの魅力的な青と白の縞シャツは頭から離れない。しかしあの卑しむべきライバル・チームの悪趣味な緑と白の縞シャツをおもい出すと、いまでも怒りがこみあげてくる。わたしの好みの色が青というのも、この昔の体験が大きな役割を演じたのではないかと考えるくらいである(つまるところ空は青、青は原色。だが緑は青と黄色の混ぜものにすぎないではないか)。わたしは自身を嘲ることもできるが、情動的な愛着という魔法のかせはいまでもそこにある。わが忠誠を青と白のMTKから緑と白のFTCに変えることなど、まったくバチ当りの行為だ。まさにわれわれは病原菌と同じように、偶然のうちに忠誠心に感染する。それで病状が悪化しても、この人類の病に気づくことなく、われわれは人生を歩き通し、人類はつぎからつぎへと悲惨な歴史をくりかえしていく。

5——社会的ホロンとしての人間

歴史の夜明けからこのかた、人類社会は個人の自己主張をかなりうまく抑制してきた。その結果、吠え犬は多少なりとも法を守る文化人になった。だが人類には、これと対応すべき「統合傾向の昇華」をものにできない悲劇がある。それは同じ歴史が証明するところだ。くりかえして言おう。人類の栄光と病はその自己超越に由来する。それはわれわれを芸術家にもするし、人殺しにもする。だが、ケースとしては人殺しが多い。ごく少数の者しか、自己超越の欲求を創造の水路に運河化できないのだ。全歴史を通じ、所属の欲求、組織への渇望を満たすため大多数の人間が行なってきた唯一のこと、それは部族、国家、教派、あるいは党派を自己と同一視し、指導者に服し、象徴を拝み、情動的に飽和した信仰のシステムを幼児のごとく無批判に受け入れることだった。一方に完全に抑制された自己主張傾向が、そして他方に、政治集会であれ、心理学研究所の中であれ、集団精神が個人の精神にとってかわったときいちじるしい形であらわれる不完全な形の統合傾向がある。この対照にわれわれは直面しているのだ。

ごく単純に言おう。過度の自己主張傾向を前面に押し出す者は社会的制裁を受け、アウトローになり、社会的ヒエラルキーから逸脱する。一方、誠実な信奉者は社会のなかに緊密に組み込まれていく。教会であれ、党派であれ、自己と同一視した社会的ホロンの内部深くへと入っていく。そしてこうした「純な」形態の同一視の過程には、すでに見たように、ある種の個性破壊そして批判能力と責任感の放棄が必然的に伴う。

では原始的な、あるいは幼稚な形態の同一視と、完全な形態の統合との基本的な差異は何か。うまくバランスのとれたヒエラルキーでは、個人はその特質を社会的ホロンとして留めている。個人は部分的全体であり、集団の利益のために課せられた制約の範囲内で自律性を有している。そこでは自律的全体がりっぱに形を留め、創意と自発によって、なかんずく個人の責任によって、個人の全体的属性を主張する。同じことは部族、宗教組織、職業集団、政党など、ヒエラルキーのより高いレベルにある社会的ホロンにも当てはまる。それらもまた理想としてはヤヌスの原理にある長所を示し、自律的全体として機能しながら国家の利益にかなうべきである。こうして順次レベルは上がり、ピラミッドの頂点にある世界社会へとつながっていくことが望ましい。この種の理想的な社会には〈ヒエラルキー的自覚〉がある。それぞれのホロンがそれぞれのレベルで、全体としての権利と部分としての義務を自覚しているのだ。

言うまでもなく、歴史という鏡には、過去も現在もこうした理想とは趣を異にする像が映しだされている。

6——集団は情動を喚起し知性を単純にする

フロイトやル・ボンの心をいたく捕えた例の集団ヒステリー現象について、わたしは軽くしかふれなかった。それは、「標準的」な集団形成の過程とそれが人類史に与えたとほうもない影響に、まず注意を向けたいとおもったからだ。すでに見てきたように、この「標準的」な過程には自己と集団の同一視、ならびに信条の容認があった。この過程の重大な副作用は、情動と理性の分離を深めることである。なぜなら集団精神を支配する信仰、伝統、道徳規範のシステムには、つねにその理性的な内容とは無関係に高い情動傾向が宿っているからだ。そしてまさにこの不合理性ゆえにシステムの爆発力が高められる場合が、じつに多い。集団の信条を信じる行為は情動的に忠誠を約すことである。そのため個人の批判能力はマヒし、理性的な疑念は邪悪なものとして拒否される。それだけではない。個人の精神はさまざまだが、もし集団がホロンとしてその結束を維持しようとするなら、「シングル・マインド」(一致団結)でなければならない。となると集団精神はすべての構成員に理解できるような知的レベルで機能せねばならないから、必然的に「シングル・マインド」は「シンプル・マインド」になる。こうしたことから集団の情動的な力は高められると同時に、知性は減少する。それは「ヒエラルキー意識」という理想に対する悲しい戯画と言ってよい。

7——古い脳と新しい脳

わたしは先に、歴史のなかを脈々と流れる妄想的傾向についてふれた。現代の人間も、そうした傾向がパプア島の首狩り族やアステカ帝国に存在したことはすぐにでも認めるだろう。なにしろアステカ帝国で神に捧げられた若い男、処女、子供らの数は年間二~五万にもおよんだのである。プレスコットはこれを評して、つぎのように言った。

こうした情況下で神は、日ごとに拡大していく野蛮な迷信から国を救うべく、帝国を他の民族に引き渡すよう適切な命令を下された。……アステカ帝国の堕落した制度を考えれば、他の民族による征服も当然至極と言えよう。確かに、征服者はそこに宗教裁判をもち込みはした。しかしかれらは、そこにキリスト教を育てた。恐るべき狂信の炎が消えることはあっても、その恵み深き光輝が消えることはない。[174]

だが、プレスコットは知っていたにちがいない。メキシコが征服されてまもなく、このキリスト教の「恵み深き光輝」が多数のヨーロッパ人を殺戮したあの三〇年戦争にあらわれたことを。アウシュヴィッツもまたしかりである。だが、こうした恐怖の根底に精神の病があることを認める賢明な知識人たちが、なぜかそれらを過去の現象として葬り去ろうとする。人類を愛することは容易でない。そしていろいろに姿を変えた妄想傾向が遠い昔だけでなく今日この時代にも存在し、しかも結果はもっと惨憺たるものになりそうだということを、またそれがけっして偶然などではなく人間の本質によるものだということを認めるのは、なおのこと難しい。

「毛沢東首席、楊子江を泳いで渡る。それは中国人民ならびに世界の革命同志にとって偉大な励ましであると同時に、帝国主義者、近代修正主義者、そして社会主義と毛思想に反対する怪物、奇形者どもへの痛烈な一撃である」――新華社通信はこう報じた。

症状は時代とともに変わる。しかし病の根源にあるパターンは同じだ。信念と理性、不合理な信条と理性的な思考の分離である。宗教的信条は永遠にくりかえされる原型的なモチーフに由来している。それは瞬間的な情動反応を呼びおこすモチーフで、すべての人間がそれをもち合わせている。しかしそれがひとたびある特別なグループの集団財産として制度化されると、硬直した教義になりさがる。それは情動に訴える力は失わないが、潜在的に批判能力をけがすものである。こうした分離を覆いかくすために、それぞれの時代にさまざまな形の二重思考が案出されてきた。それは強力な自己欺瞞の技術であり、粗雑なものもあるが、手のこんだものもある。

同じ運命は「政治的イデオロギー」という名のもとに世にはびこる世俗宗教にもふりかかっている。そこにもまた、原型的なモチーフがある。ユートピア、理想社会への願望だ。しかしひとたびそれが運動や政党に結晶化すると、それはひどくゆがみ、現実にとられる政策は理想とは正反対になる。宗教であれ政治であれ、それが必然的に戯画へ堕落する傾向は「集団は情動を喚起し知性を単純にする」という集団特質の直接的帰結である。

理性を失った信条は情動で飽和している。そしてそれは真実であるように「感じられて」いる。信じるとは「内臓で知る」などと言われてきた。内臓で知る――それが先天的であろうと後天的であろうと、そこには「古い脳」が介在している。われわれは「感情的判断」を「本能的反応」などと誤って言う。そうではない。しかしそこには本能と同じく、理性を拒否する古い脳の力がある。ここにきて本章の心理学的考察は、プロローグで述べた神経生理学の理論へと戻っていく。脳の生理機能分裂こそ、人間の歴史を通じて流れる狂気を説明するカギである。

われわれが育んできた信条はもちろん新皮質だけの産物でもなければ、人類が動物と共有する「古い脳」の産物でもない。あくまで両者の複合した活動の産物である。その不合理の度合はどのレベルの精神活動がどの程度支配的であるかによっている。「純粋な論理」と「盲目的感情」という両極の間にじつにさまざまなレベルの精神活動があることは、異なった発達段階にある未開人、異なった年齢の子供たち、異なった意識レベルの大人たちを見ればわかる。そしてどんなレベルの精神活動もいずれもが、古い脳と新しい脳の複雑な相互作用を反映した独自の「ゲームの規則」に支配されている。たとえ古い脳と新しい脳の調整がうまくとれていなくても、両者は相互作用しなければならないのだ。だからこそ抽象的な言語さえ情動を呼びおこし、内臓の反応を引きおこす。それはウソ発見器が劇的に示すところである。まして、集団精神によって増幅された教義やイデオロギーにそれがあてはまらないはずはない。だが残念ながら、ウソ発見器を使ってみても、集団信条の不合理性も、その爆発力も測定することはできない。

第五章
絶望の彼方に

1――救済は生物学研究所から

われわれ人類は潜在的に不滅で、その種の前には天文学的な長さの寿命が横たわっている――そう考えるのであれば、人間の本質に変化がおこり、徐々に、あるいは突然に、愛と心優しき理性が世を支配するのをじっと待つこともできよう。しかし、人類の生物学的進化は、五〜一〇万年前のクロマニヨン人の時代に、事実上停止してしまった。さらにこの先一〇万年、起こりそうにもない偶然の突然変異が事態を正常にしてくれるのを待つわけにはいかない。唯一の望みは、生物学的進化にとってかわるある種の技術を発明し、生き延びることである。つまり、今日のこの情況をもたらした、人類特有の生理機能分裂の治療法を、われわれは探し求めなければならない。もしそれを見つけそこなったりすれば、人類の妄想的傾向が、その新しい破壊能力と結びつき、いずれ人類を絶滅へとおいやるにちがいない。しかしわたしは、その治療法が現代生物学の手に届かぬところにあるとはおもっていないし、適切な努力をすれば、人類は生存競争に勝てると信じている。

人類の将来に対するこうした見解が前章までの悲観的な見解とは裏腹に、ひどく楽観的な感じを与えることは、わたしも承知している。しかしこうした危惧が誇張されているとはおもわないし、また危惧の回避に期待をよせることがまったくユートピア的だともおもっていない。SF的にではなく、神経化学とその関連分野における最近のめざましい発展をもとに、そうおもうのである。これらの学問分野はまだ人類の精神の病に対する治療法をあみだしていないが、「プロローグ」で念じたような治療法——ありがたいホルモンもしくは酵素を組みあわせ、それによって新皮質に、低いレベルにある古代センターをヒエラルキー的に統轄する力を与え、大脳内の新旧両構造の対立を解消し、狂人から人間への移行を促進させるもの——を最終的に産みだす可能性のある学問分野である。

とはいえ、わたしはこれまでの苦い経験から、「人間の本質を操作する」という問題をはらんだ提言は、つねに強い情動的な抵抗を惹起することを知っている。それは無知や偏見にもよっているが、社会工学、性格工学、さまざまな形態の洗脳、そしておおっぴらの、あるいはひそかなる全体主義的脅威による、人間のプライバシーと尊厳のさらなる侵害に対する反撥でもある。わたしの人生の大半は悪夢の影のなかで費された。その悪夢ゆえに、わたしもこれと同じ嫌悪感を覚えることは言うまでもない。しかしその一方で認識しておかねばならないことは、人類初の穴居生活者が寒さに震えるその体躯を動物の毛皮で包んで以来、良かれ悪しかれ、人類はせっせと人工的環境と人工的生存様式をつくりあげ、それなくしてはもはや生存ができなくなっているという事実である。住居、衣服、暖房、インスタント食品、どれをとっても、昔に戻すことはできない。メガネ、補聴器、ピンセット、義足、麻酔、殺菌剤、予防薬、ワクチンなどについても、同様である。われわれは、ほとんど赤ん坊が誕生した瞬間から、人間の本質を操作しはじめている。たとえば、母親の性器に潜んでいる桿菌がもとでおこる新生児眼炎（結膜炎のひとつで、ときおり視力喪失をもたらす）の予防として、赤ん坊の目に硝酸銀の溶液を滴下することが広く行なわれている。さらにその後赤ん坊は、ほとんどの文明国で、天然痘などの予防接種がほどこされる。このように、自然のなりゆきを操作することの価値を認めるには、アメリカ・インディアンの間で流行した天然痘をおもいおこすのがよいだろう。アメリカ・インディアンが白人に土地を奪われた主たる理由のひとつが、この天然痘にあったのである。天然痘はまた、一七世紀初頭のヨーロッパの人口を一〇分の一ほど減少させている。その惨状に匹敵するものといえば、けだし象徴的であるが、真の宗教という名のもとに行なわれた、三〇年戦争の大虐殺だけである。

あまり知られていないが、ここでとりあげておきたいのが、甲状腺腫の予防、ならびにそれと関連したクレチン病（訳注＝アルプス地方の風土病で、不具になる白痴症）である。わたしが子供の頃、アルプス地方で首の前部に巨大な腫れ物をもつ人間の数は、そしてその家族でクレチン病にかかっている子供の数は、まことに驚くべきものであった。近年、同じ地方を半世紀後に再訪してみたが、ひとりたりともクレチン病の子供に出会った覚えはない。生化学の発達のおかげで、この種のクレチン病は甲状腺ホルモンの不調によることが明らかにされた。ついでこの甲状腺ホルモンの不調が、その地方の作物にヨードが不足しているためにおこることも、明らかにされた。ヨードが十分ないと、必要な量の甲状腺ホルモンが合成されず、精神に悲劇的な結果をもたらす。かくして保健局の手で、少量のヨードが食卓塩に添加され、ヨーロッパのクレチン病は事実上過去のものとなったのである。

明らかにわれわれ人間という種は、ヨード成分が不足した土壌環境のなかで生きるために必要な生物学的装置も、あるいはマラリアや天然痘といった微生物に対処するのに必要な生物学的装置も、もっていない。そしてまた人間という種は、過剰出産を抑制する本質的安全装置ももっていない。しかし行動生物学者によると、ハナムグリからウサギ、ヒヒにいたるまで、かれらが調べた動物はすべて本能的な抑制力を有しており、それにより、たとえエサが豊富なときであっても、過剰繁殖を抑え、なわばり内の頭数《あたまかず》を一定に保っているという。その数が限界に達するとストレスが生じ、それがホルモン・バランスに影響し、寿命を縮め、生殖行動を妨げるのである。このように動物には一種のフィードバック機構があって、それが繁殖率を調節し、頭数《あたまかず》をほぼ安定したレベルに保っている。特定ななわばりのなかでは種全体が、じつは自己規制的な社会的ホロンとしてふるまうのである。

しかし人間はこのことに関しても生物学上の変種であって、この本能的な抑制機構を途中どこかに置き忘れてきた。まるで人間集団のなかでは、生態学上の規則が逆になった感がある。スラム街にしろ、ユダヤ人街にしろ、貧民国にしろ、人口密度が高い地域ほど、出生率は高くなる。大昔、人口爆発を防いでいたものは、いま述べたような、動物がそなえている自動的なフィードバック機構ではなく、戦争、伝染病、乳幼児死亡などによる大量死であった。こうした要素は、人間がコントロールできるものではなかった。しかし一方で、避妊や嬰児殺しによって出生率を調節しようという意識的な試みが、まさに歴史の夜明けから記録に残されている（最古の避妊法が、紀元前一八五〇年頃の、いわゆる『ペトリ・パピルス』にある）。嬰児殺しによる人口調節は、古くはスパルタにおいて、そしてごく最近ではエスキモーの間で、ふつうに行なわれていた。こういった残虐な方法にくらべれば、IUC（子宮内リング）とか経口避妊薬などによって直接「自然を操作する」方が好ましいことはまちがいない。しかしこうした避妊法は、根本的に、しかも永久に、性周期という重要な生理的プロセスを変えてしまう。しかしたがってこれが世界的な規模で行なわれるようになれば、それはまさに人工的に惹起された適応性突然変異と同じものになる。

有益な「人間の本質の操作」は、枚挙にいとまがない。そしてそれに比べれば、医学や精神医学の弊害、あるいはたまさかの愚行などは大した問題ではない。こうした操作を総合すれば、人間の本質の「矯正」も可能になる。この矯正が不可能なら、人間は、生物学的側面でみればほとんど存続不能であり、社会的側面でみれば、無数の災害の後、究極的な崩壊に向かうほかはない。人間の体を襲う伝染病という悪を征服したいま、時は、太古から集団精神を襲い歴史を血で彩ってきた伝染性の妄想に対する免疫法を探し出すところにきている。神経薬理学によって、われわれは毒ガスや洗脳用の薬、あるいは意のままに幻覚や妄想をおこさせる薬などを手にした。しかし神経薬理学を博愛的な目的に使うことも可能であり、またそうなるはずである。こうした方向を目指す研究例を、ひとつ紹介しておこう。

一九六一年、カリフォルニア大学サンフランシスコ・メディカル・センターの主催で、「精神のコントロール」に関する国際シンポジウムが開かれた。最初の会議で、エーテボリ大学のホルガー・ハイデン教授が披露した「大脳活動の生化学的側面」と題する論文は、新聞でも大きく報じられた。ハイデン教授はその分野の権威のひとりで、話題を呼んだのはつぎに引用する一節である(引用中にわたしのことが出てくるが、それはわたしがシンポジウムに参加していたことによる)。

精神をコントロールするという問題を考えるとき、このデータからつぎのような問いが発せられる——生物学的に活発な脳内の物質に分子的な変化をひきおこせば、情動の根本を変化させることが可能か? とくにRNAは、その分子的な変化が生成される蛋白質に変化をもたらすから、こういった思惑の主要な標的になる。人によっては先の問いを、強調点を変えてつぎのように言うかもしれない——ここにあるデータは、特定な化学的変化をひきおこして精神状態を変更する手段を提供するものか? それを暗示する結果が得られている。研究はトリシアノ=アミノプロペンと呼ばれる物質を使って行なわれた。

……RNAの生成速度や組成を変化させたり中枢神経系の基本単位中に酵素変化をひきおこしたりする物質を使用することには、否定的な側面と肯定的な側面がある。たとえばトリシアノ=アミノプロペンを投与すると、人間は確かに暗示にかかりやすくなる。つまり、大脳中のRNAのような機能的に重要な物質を適切に変化させれば、人間の行動を左右することができるわけだ。わたしは、なにもトリシアノ＝アミノプロペンだけをさして、こう言っているのではない。神経細胞や神経膠《グリア》中にある生物学的に重要な物質を変化させ、精神状態を否定的な方向に仕向けるすべての物質をさしているのである。警察国家の政府がこの物質をどう使うかは、想像に難くない。ある期間、国民を厳しい情況に置く。突然その圧制を解き、同時にその物質を水道水に加え、マスコミュニケーション・メディアを動員する。この方法は、ケストラーがその著書で述べていたように、長い間イヴァノフにルバショフを個人的にもてなさせておくよりはずっと安あがりだし、もっと手のこんだことも可能だ。しかし一方で、トリシアノ＝アミノプロペンのような物質作用に対する対抗策を考えだすのも、難しいことではない。●097

最後の一文は案じて書かれたものだが、全体の意味は明らかだろう。これがいかにショッキングなことであれ、もしわれわれ人類が救われるとするなら、救済は国連の決議や首脳会談からではなく、生物学研究所からくるのである。人類の生物学的な不調が生物学的な矯正を要することは、理の当然というものだ。

2――「大衆ニルヴァーナ」という幻想

薬物が精神にタダの贈り物を授け、そこに何かをつけ加えてくれる、などと考えるのはあまりにも単純である。神秘主義的な洞察も、哲学的な知恵も、創造的な力も、ピルや注射で得られるものではない。生化学者は脳に新たな機能を「つけ加える」ことはできないのであって、できることは適切な機能使用を妨げている障害を「除去する」ことである。生化学者は大脳に新たな回路をつけ加えることはできない。しかし既存の回路を調整し、ヒエラルキーの頂点にある新皮質の力を強化して、情動にしばられた下位のレベルとそのレベルで産みだされる盲目的な激情を支配できるようにすることはできる。鎮静剤、催眠剤、興奮剤、抗うつ剤、およびその組合せは、悪辣な扇動家やニセの救世主のがなり声にも動じないバランスのとれた精神を産みだすための、より洗練された手段への第一歩にすぎない。それは、LSDやオルダス・ハクスリーの『すばらしい新世界』のソーマ・ピルによって得られる「大衆ニルヴァーナ」をめざすものではなく、信仰と理性とが分離した家を再統合し、ヒエラルキー的秩序を回復するダイナミックな平衡をめざすものである。

3――問題は理性と和解しない情動にある

わたしはこういった期待を、『機械の中の幽霊』ではじめて世に問うた。それに対する多くの批判のなかで幾度となく耳にするのは、あらゆる感情と情動を抑圧し人間をキャベツに変えてしまうピルの製造をわたしが提唱している、といった批判だ。時として激しい口調で述べられることもあるこの種の批判は、完全に文意のとりちがえによるものである。わたしが提唱したものは情動の去勢ではなく、精神分裂病的人類史の大半にわたって敵対してきた情動と理性の「和解」だった。切断ではなく、本能的衝動から抽象的思考にいたる各精神レベルに、ヒエラルキー内の最適な位置を割りあてる調和のプロセスを提唱したのである。それは、たとえば集団精神の「盲目的」激情のような、理性とは和解しえない情動的な行動に対する、新しい脳の拒否権行使力の強化を意味している。もしこうしたものを撲滅できれば、人類は安泰だろう。

盲目的な情動もあれば、幻想的な情動もある。正気な人間のいったい誰が、モーツァルトに聴きいっているときや雨を眺めているときに呼び起こされるあの情動を撲滅しろなどと唱えようか。

4――人間の本質を操作する可能性

今日、悪魔と契りを結んだとか悪霊と交わったとか主張する者は、即刻、精神病棟へ送り込まれるだろう。しかしながら、少し前までは、そういったものの存在を信じることは当然とみなされ、「常識」――意見の一致、つまり集団精神――によって認められていた。精神薬理学は、たとえば個人的妄想（批判能力を冒すが、集団精神とは認められないもの）などの精神病の治療において、臨床的には、その役割が増大しつつある。しかしわれわれが関心をもっているのは、集団精神の犠牲になったとき暴きだされる、いわゆる「正常人」の妄想的傾向の治療法である。すでに人間の被暗示性を高める薬物があるわけだから、反対に、薬物によって人間の批判能力を強化し、見当ちがいの献身を中和し、歴史書や毎日の新聞に顔を出す殺人的でも自殺的でもあるあの好戦的な狂信をくじく日も、遠からずくるだろう。

とはいえ、いったい誰が、この献身は見当ちがいであるとか、これは人類にとって有益であるとか判断することになるのか。答えは明らかだろう。自律的な個人からなる社会である。かれらはプロパガンダや思想統制の催眠作用に対する免疫をもち、「信条を受けいれる動物」としてかれら自身がもっている被暗示性に対しても防護されている。ただしこの防護は対抗プロパガンダ的、あるいはドロップアウト的態度によってもたらされることはない。そうした態度は自滅的である。それは唯一人間の本質を「操作し」、その生理機能分裂的性向を正すことによって可能なのである。それ以外どうにもならないことは、歴史の教えるところだ。

5――ホモ・マニアカスからホモ・サピエンスへ

かりに、研究所が精神的安定をもたらす免疫化物質をつくりだすことに成功したとする。いったいどうやって、その使用を世界的に広めることができるだろうか。相手が好もうが好むまいが、それを鼻先に突きつけねばならないのだろうか?

これまた、答えは明らかだろう。鎮痛剤、興奮剤、鎮静剤、避妊薬は、良かれ悪しかれ、最少の宣伝と奨励で世界中に広がった。人びとがその効果を歓迎したからにほかならない。となれば精神の安定をもたらす薬物の使用も強制によってではなく、程度の高い利己主義によって広まるにちがいない。そしてそれからあとの進展は、すべての革命的発見のなりゆきがそうであるように、予測することはできない。スイスのある州《カントン》が国民投票によって、ある試験期間、食卓塩中のヨードや水道水中の塩素にその新物質を添加することを決定するかもしれないし、他の国ぐにがその例をみならうかもしれない。若者の間で国際的に流行することだってあろう。いずれにしろ、その擬似突然変異は進行するはずだ。全体主義的国家はそれを抑えようとするかもしれない。しかし今日、さしもの鉄のカーテンも穴だらけになった。流行は抑えようもなく拡がっていく。そして万一、鉄のカーテンをはさんだいずれかの陣営でこの流行が先行するような過渡的な時期があれば、その陣営は決定的な優位を得ることになろう。なぜなら、長期的な政策においてその方が合理的だし、怯えることもヒステリーの度合も少なくなる。最後に、『機械の中の幽霊』を引用しよう。

どんな物書きも、自分の好みのタイプの読者を頭に描いているものだ。優しいが見識の高い人物で、かれとなら間断なく中味の濃い会話にうちこめる――そんな読者だ。心優しきわたしの幻の読者はいたく想像力に富んでいるから、昨今のアッと驚くような生物学の進歩から未来を見通し、本書で概説した解決策が実行可能なものであると認めてくれるにちがいない。ただわたしが心配しているのは、もしかするとかれが、救済は精神の再生にではなく分子化学に頼るべきだとするわたしの考えに、不快感を催すのではないかということだ。わたしだって同じだが、代案がない。かれがこう言うのが聞こえてくる――「あなたはわれわれにピルを売りつけようとするが、それは、あなたが表向き反対しているあの単純な唯物主義的態度とお目出たい科学的傲慢さを、自ら採用しているということです。」わたしはいまでもそれに反対だ。しかし、人間の条件に対して現実的な見方をすることが「唯物的」であるとはおもっていない。手を打たなければクレチン病にかかってしまう子供たちに、甲状腺のエキスを授けることが、「傲慢」だともおもっていない。……幻の読者と同じように、言葉と例証だけで道徳が説けるなら、わたしだってそうしたい。しかしわれわれは精神的に病める種であり、説得に耳を貸すわけもない。預言者の時代からアルベルト・シュヴァイツァーまで、説得は行なわれてきた。……「毒を盛られ窮地に追いこまれたネズミのごとく、怒りのうちにここで死してはならぬ」――スウィフトの苦悩に満ちた叫びが、かつてないほどにさしせまったものになった。

自然はわれわれの期待を裏切った。神は受話器をはずしたままのようだ。時間は尽きていく。救済が研究所で合成されると考えるのは、唯物的とも、気ちがい沙汰とも、単純とも映るかもしれない。なるほどそれは、不老不死の霊薬を調合しようという古代錬金術師の夢のようだ。しかしわれわれがそれに期待するものは永遠の生命ではなく、ホモ・マニアカス（偏執狂）からホモ・サピエンスへの脱皮である。[122]

これが、絶望的な将来に見てとれる唯一の代案《オルターナティヴ》である。このへんで、もっと楽しい地平へ向うことにしよう。

第二部　創造的精神

ベルグソンやフロイトの理論を含め、これまでの理論はユーモアを孤立した現象とみなすばかりで、喜劇と悲劇、笑いと泣き、そして芸術的インスピレーション、喜劇的創造性、科学的発見の間にある密接な結びつきに光をあてようとはしなかった。

しかし、これら三つの創造活動の領域は連続体を形づくっており、きわだった境界はない。

第六章

ユーモアとウィット

1——創造性の深奥に通じる裏口

わたしはすでに世に送り出した本のなかで人間の創造性●115●118●120●122について論じてきたが、それらを通じわたしは、すべての創造活動（芸術、科学、喜劇の三つの領域の根底にある意識的、無意識的プロセス）に共通の基本的パターンがあることを、そしてそれがどんなパターンであるかを示そうとしてきた。一五六ページの三幅対はその三つの領域を表わしている。どの領域も明瞭な境界をもたず、連続的に他の領域へと移行する。図の意味は、話の展開とともに徐々に明らかになるだろう。

意外なことに、創造のプロセスがはっきり姿を現わすのは、ユーモアとウィットである。もっともウィットは「しゃれ」のほかに「工夫、発明の才」という意味ももつ両義的な言葉だから、意外というのもあたらない。道化師も探険家もウィットこそ生命だ。ならば道化師の謎を解けば、創造性という深奥の室に通じる裏口を見出せることにはならないか。そこで、まず喜劇の分析からはじめることにする。読者の中には、ユーモアに関してわたしが必要以上にスペースをさいているとおもうひともいるかもしれない。がいま述べたように、ユーモアの分析は科学、芸術の創造性に通じる裏口の役をはたす。あるいは、エッセイとして読んでもらってもかまわない。読者にとって軽い息ぬきになるとおもう。

2――ぜいたくな反射作用、笑い

ひと口にユーモアといっても、きわめて変化に富んでいる。だが単純に定義すれば〈笑いという生理的反射作用をひきおこす刺激の一形態〉といってよいだろう。自然な笑いは運動筋肉の反射作用であり、顔の一五の筋肉が定型的に収縮し、その際、呼吸が変動する。頬骨《きょうこつ》部の筋肉（上唇を引き上げている筋肉）にいろいろな強さの電流を流し電気的な刺激を与えると、顔の表情はかすかな笑み、満面の笑い、はては爆笑の特徴である顔面のゆがみまでさまざまに変わる[●020]（文明人の笑いや微笑には意図的なものがあって、それが自然な反射作用と入れかわったり、干渉しあったりする場合がよくあるが、ここでは自然な反射作用による笑いだけを対象にする）。

笑いはただの反射作用だ、と了解してしまうと、たちまちいくつかのパラドックスに直面する。たとえば、まぶしい光で瞳孔が閉じるという運動筋肉の反射作用は単純な刺激に対する単純な反応だが、それが生命維持に役立っていることは言うまでもない。しかし、滑稽な話を耳にしたときおこる顔の一五の筋肉収縮に、実用的価値はない。いわんや生命維持とはまったく関係がない。「笑いは反射作用だが、生物学的には何ら有用でない点がユニークである。」だから笑いを「ぜいたくな反射作用」と呼んでもいい。笑いの目的は唯一、ストレスを一時的に開放することにある。

ふたつめのパラドックス。それは、ユーモアにおいては刺激の性質と反応の性質にいちじるしい差がみられることだ。ヒザがしらの下をたたけば足は自然にはね上がる。しかしこの場合、刺激も反応も生理学的には同じ根源的レベルで機能しており、そこに高位の精神作用が介在する余地はない。ところが、たとえばアメリカのユーモア作家ジェームズ・サーバーの本を読むといった複雑な精神活動を行なうと、顔の筋肉は特別な反応収縮をおこす。これはプラトン以来哲学者を悩ませてきた現象である。講演会で聴衆をうまく納得させ

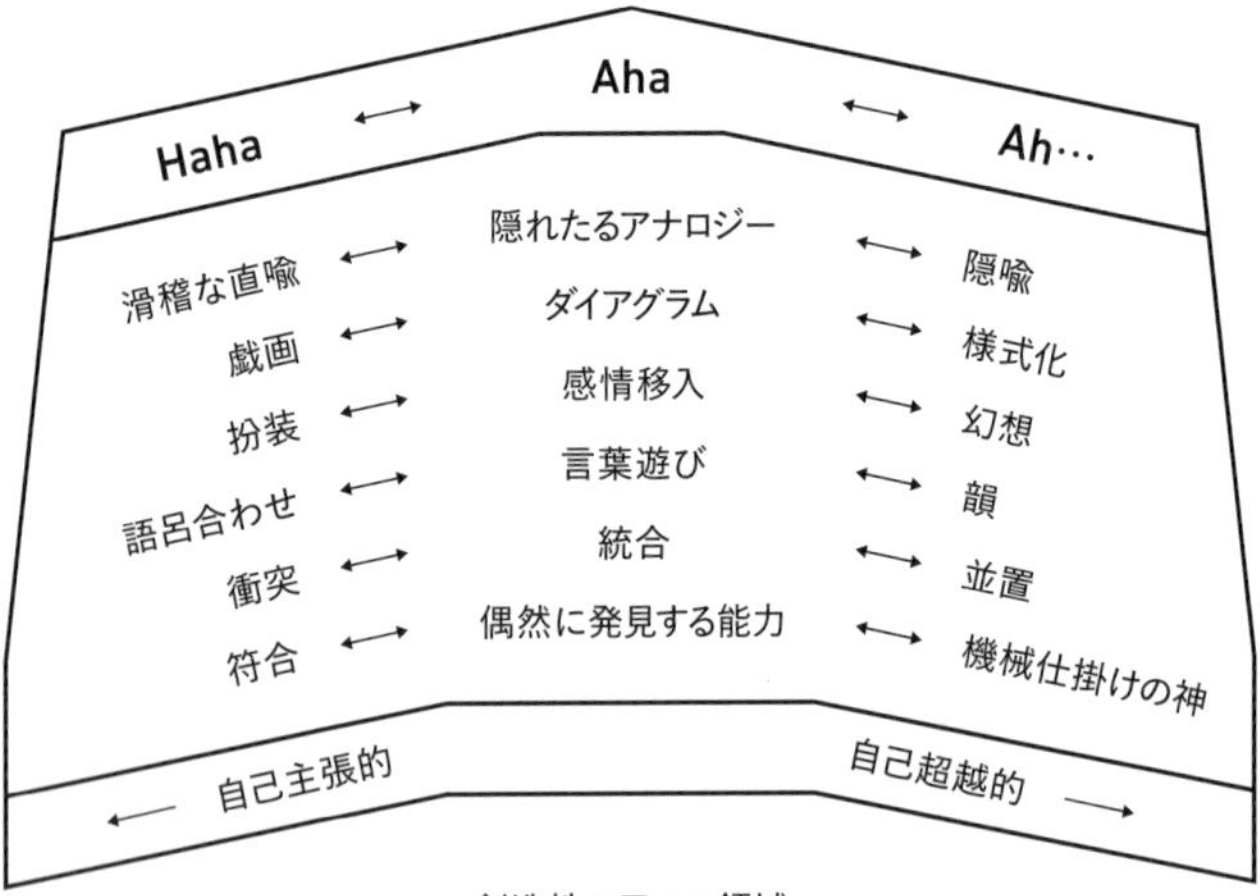

創造性の三つの領域

たかどうかを講演者に教える明確な反応は存在しないが、ジョークを飛ばしているときは笑いが聴衆の反応を測る役目をはたす。〈複雑、高度なレベルに作用した刺激が、定型的で予言可能な反応を生理学的な反射レベルにひきおこすコミュニケーション形態は、ユーモアだけだ〉。つまりユーモアという漠とした存在がその反応から推測できるわけで、放射能の存在をガイガー計数管を使って知るのに似ている。こうした例は他にはない。しかも崇高は滑稽に、滑稽は崇高に通じる。だから心理学者にとってユーモアの研究は創造性の研究に重要な示唆を与えるものとなっている。

3――ユーモアの論理構造

笑いを喚起するものは、くすぐるといった肉体的刺激から精神的刺激まで、その範囲は広い。とくに精神的刺激はきわめて変化に富み、複雑である。しかしそうした多様さのなかにも統一が、つまりユーモアの「論理」もしくは「文法」とも言える共通パターンが存在することをつぎに示してみよう。まずはユーモアの例から。

（1）マゾヒストとは、朝冷水を浴びるのが好きな人物。だから暖かいシャワーを浴びる。

（2）英国の婦人、死んだ亭主はいまごろどうしてるとおもうと友人にきかれ、「そうね。永遠の至福を楽しんでるんじゃなくって。でもそんな不愉快なこと、話題にしてほしくないわ。」

（3）医者が患者をなぐさめていわく、「これはきわめて危ない病気だ。この病気にかかると一〇人に一人しか助からん。だがわしのところに来たなんて君も運がいい。この病気にかかった患者を最近九人みたが、みんな死んだよ。」
(4)クラウデ・ベリの映画のなかでの対話。「お宅のお嬢さまの手をお借りしたいのですが。」「ああ、いいとも。あとは全部手に入れたんだからな、君は。」
(5)ルイ一五世につかえる侯爵が、旅先から不意に家に戻った。妻の室に入ってみると、何と妻は司教の腕の中。侯爵はちょっととまどいのいろをみせたが、すぐに冷静になると窓の方へ行き、からだをのりだして通りの人びとを祝福しはじめた。
「あなた。何をなさっていらっしゃいますの?」と苦悩に満ちた妻。
「なあに、司教がわしの務めをしてくれてるから、わしが司教の務めをしてるところさ。」

さて、この五つの小話の根底には何か共通するパターンがあるだろうか。まず最後の話からみてみよう。すこし考えれば、侯爵のとった行動は予想外であると同時にきわめて論理的であることがわかる。もちろん、こういった情況で通常適用される論理ではないが。それは分業の論理であり、文明の発生とともに出現した規則に支配された論理である。しかしわれわれは、侯爵の反応が性道徳規範というべつの規則に左右されるだろうと考えた。喜劇的効果が生まれるのは、まさにそこである。たがいに相容れないふたつの規範(つまり連想脈絡、あるいは認識のホロン)が予期せぬ衝突をおこすのだ。そのときわれわれは、情況が、それぞれは一貫した、だが互いに相容れないふたつの思考基準の中に同時に存在することを感じとる。われわれは波長のちがうふたつの波の上に同時に置かれるわけだ。この異常な状態が続くあいだ、出来事はひとつの思考基準と関わる（associate）のではなく、ふたつの思考基準と〈バイソシエート（bisociate）〉する。

〈バイソシエーション（bisociation）〉とはわたしの造語で、単一の論理領界内での定型的な思考（いわば単一平面での思考）と、つねに二平面以上で働く創造的な精神活動とを明確に区別するためのものだ。ユーモアに関していえば、巧妙なジョークの創造にも、またそれを理解する「再創造」の活動にも、ひとつの平面から他の平面へ瞬間的に飛びうつるという、愉快な心のゆらぎがある。

話を他の小話に戻そう。映画の会話の例では、娘の「手」は最初比喩的な意味でうけとられ、突然、文字どおり身体の一部としての「手」と解釈される。医者の話では、医者は確率的に考えているが、その法則は個々の患者に適用できるものではない。もうひとつひねってある。単純な常識に反し、患者の生存確率はそれ以前に起きたことと関係なく、あくまで一〇分の一だ。これは確率理論の深遠なパラドックスだ。数学的ジョークはクイズもどきである。

死を「永遠の至福」とみなす一方で「不愉快な話題」と考えている未亡人は、「信仰と理性が分離した家」に住むことの人間的苦悩を要約している。ここでもまた、単純なジョークのなかにさりげない含蓄と潜在的な感情がこめられているが、それを聞きとるのは心の耳しかない。

毎朝冷水を浴びるというマゾ的行為をやめることで自己を痛めつけるマゾヒストの話。この話を支配しているのは、通常の論理法則を逆用したものである（ふたつの基準を一度に逆用したパターンもつくれる。「サディストとはマゾヒストに親切な人」などはその例だ）。ただしジョークをとばしている者自身はマゾヒストがマゾ的行為として暖かいシャワーを浴びているなどと信じてはいない。信じているふりをしているだけだ。皮肉は風刺家の最強の武器である。相手の絶対的不条理や悪意を暴きだすために、その論理を受け入れたように装う。それが「皮肉」である。

結局、この五つの話の根底にある共通のパターンは、〈ある情況や趣向が、それぞれは一貫した、だが互いに相容れないふたつの思考基準(あるいは連想脈絡)のなかにおかれていることに気づくこと〉である。これを異なったルール・ブックに支配されているふたつの精神ホロンの衝突とよんでもよい。この公式はどんなタイプのユーモアやウィットにもあまねく適用できる。ただしこの公式はユーモアの一側面(つまり論理構造)をカバーするものでしかない。そこでべつの基本的側面に目を転じよう。それは論理構造に息吹きを与え、さまざまな形の笑いをひきおこす〈情動の力学《ダイナミクス》〉である。

4——情動のダイナミクス

コメディアンは話をするとき意識的に、聴き手の側にある種の緊張状態をつくりあげる。それは話が進むにつれて高まっていくが、けっして期待したクライマックスにはいたらない。落ちがいわばギロチンの役をはたし、話の論理的展開を切断してしまう。その瞬間、われわれの劇的な期待感があらわにされる。緊張感はたちまち余分なものになり、破裂したパイプから水がほとばしるがごとくそれは爆笑へと転ずる。表現を変えよう。笑いとは、目的を失ったために何らかの形で除去することが必要になった情動の高まりを最小抵抗の生理学的チャンネルを通して処理するもの、そして「ぜいたくな反射作用」は、その最小抵抗の生理学的チャンネルを与えるもの、と言うことができる。

酒場で野蛮に騒ぎたてている人間を題材にしたホガースやローランドソンの風刺画を見れば、酔っぱらいたちが顔の筋肉を縮めてしかめ面をしたり、ヒザをたたいたり、半分塞がった喉からふうっと強く息を吐きだしたりして、余剰のアドレナリンを除去しているのがよくわかる。この場合、そういった緊張解放のための安全弁を通して除去されていく情動が、残忍、ねたみ、卑猥などであることは酔っぱらいたちの赤ら顔を見れば明らかだ。しかし雑誌『ニューヨーカー』のマンガをめくるとき、粗野な笑いは楽しい洗練されたほほえみに変わる。余剰のアドレナリン分泌が蒸溜され、上品なしゃれに結晶化するのである。粗野から繊細へ、悪ふざけから知的ないたずらへ、嘲笑から皮肉へ、逸話から風刺詩へとユーモアのスペクトルを移動するにつれ、情動の気候も変化していく。粗野な笑いのなかに解き放たれる情動は目的を奪われた攻撃性である。たとえば子供たちが楽しむジョークはたいてい糞便に関するものだし、いつの時代にも若者は卑猥なものを見て喜ぶ。そしていやらしいジョークは抑圧されたサディズムから、皮肉はひとりよがりの義憤から生まれる。さまざまな形のユーモア。それに付随する多種多様な感情。複合した感情もあれば矛盾した感情もある。が、それがどのようなものであれ、そこにはいつも不可欠な基本的要素が存在している。攻撃性と恐れの衝動である。もちろん強弱の差はある。この衝動は、ある場合は悪意や軽蔑の衣を着て、ある場合は残忍に謙遜の覆いをかけて姿をあらわす。また、たんにジョークの犠牲者に対する同情心の欠如(ベルグソンはこれを「愛情の瞬間的麻痺」とよんだ)という形をとることもあろう。巧妙なユーモアでは、攻撃性はきわめて弱い。

それはちょうど味のよい料理に含めたかくし味とおなじで、注意深く分析しないかぎり気づかないが、それがないと味わいがなくなる。攻撃性を同情心にかえたら、酔っぱらいがひっくりかえって顔をぶつける情況も、もはや滑稽ではなく、哀れですらある。起こるのは笑いではなく、哀れみの情だ。ペイソスをパトスに、悲劇を喜劇に変えるもの、それが喜劇役者のもつ攻撃的要素、すなわち超然とした悪意である。ほのぼのとしたいたずらの場合は、悪意も愛情と結びつくことがある。チャップリンの不運を見て、笑うべきか泣くべきかで悩むときがそうだ。文明人の攻撃的要素は昇華されていたり、もはや意識外であることが多い。だが、子供たちや野蛮な人間に喜ばれるジョークは、残虐性あるいはほら吹き的自己主張だ。一九六一年に八歳から一五歳までのアメリカの子供たちを対象に行なったある調査結果によると、子供たちは他人の屈辱、不快、いたずらにはきわめて敏感に反応して笑いだすのに、ウィットに富んだ滑稽な話は聞き過ごすことが多いという。[051]

同様の考え方は、昔の喜劇の形態や理論にもみられる。アリストテレスは「笑いは醜悪や下品と密接に関係している」とした。滑稽の本質はある種の下劣と奇形のなかにある、としたのはキケロだ。デカルトは、笑いは「驚き、または憎悪、ときにはその両方が入り混じった」喜びの表現であると言った。そしてフランシス・ベーコンがつくった笑いをひきおこす原因一覧表では「奇形」が第一位にあげられている。この問題と関連してもっともよくひき合いにだされるもののひとつに、ホッブズが『リヴァイアサン』のなかで書いたつぎの一節だ。

笑いという激情は、他人の、あるいは以前おのれが有していた欠点と比較して、唐突に自己の優越性を認識するために生じる突然の勝利感である。

本書にそって言いかえるなら、笑いとは、突然横溢した自己主張傾向の無害なはけ口ということになろう。理論家の見解はさまざまである。しかしそれがいかに異なっていても、「笑いのなかに解き放たれた情動には攻撃的要素がある」の一点については、ほとんどが一致する。だが攻撃性と恐れは対の現象だ。心理学者の用語では〈攻撃的—防御的衝動〉という。だから笑いがおこるひとつの典型的な情況が、何か危険を想像したために生じた不安感を突然停止する一瞬であったりする。不安げな表情の幼児が突然ニッコリと安堵の笑いを浮かべることがある。笑いがあり余った緊張の流出であることを、これほどはっきりと示すものもない。それは一見ユーモアと関係なさそうだが、じつはそこにすでに述べた論理構造がある。激しく吠えたてる犬に子供はまず危険を感じるが、すぐにそれが尻尾をふっている小犬であることに気づく。たちまち緊張があり余り、あふれだす。

「張りつめた期待感が突然無に変わる」ため、笑いが生じるとカントは考えた。ハーバート・スペンサーはこの考え方を受けて、それを生理学的に表現しようとした。「情動と感情は身体の動きを産む……意識がだしぬけに大事から小事へ移ると、解放された神経の力が最小抵抗のチャンネルに沿って消費される。それが笑いという動作だ。」フロイトはスペンサーのユーモア理論を自分の理論にとり入れ、とくに抑圧された情動が笑いの中で解放されることを力説するとともに、なぜ過剰なエネルギーはそうした特殊な形で除去されねばならないかを、つぎのように説明した。

わたしの知るかぎり、笑いの特徴である口もとのゆがみとひきつりは、乳飲み子が眠そうに母親の乳房から口を離すときのあの飽食しきった表情にまず現われる。……それは、もうこれ以上栄養は不要、いわば「十分」、いや「十二分」であることを身体で意志表示するものだ。……笑いの基本的現象であるほほえみが、緊張解放という他の快楽的プロセスと結びついたのも、この原初的な快楽の充足感のためであったかもしれない。[054]

つまり、ほほえみの筋肉収縮は緊張解放のもっとも初期の表情であったが、以来、それは最小抵抗のチャンネルになったというわけだ。同様に笑いという爆発的な呼気も余分な緊張を「吹き飛ばす」ために作りだされたようで、大げさな動作も明らかに同じ役割をはたしている。

反論もあるだろう。たしかにそれほど大きな反応がわずかな刺激から生じるというのは、いかにもアンバランスである。だが、笑いは解発刺激型の現象であることを忘れてはならない。とるに足らないことがきっかけになって栓が開き、蓄積していた莫大な量の情動が噴出する。しかもその情動は、時として自覚していない源に起因している。たとえば抑圧されたサディズム、性欲の高まり、潜在的不安。退屈さえそうした源になりうる。些細なことにクラス中の生徒が馬鹿笑いをするのも、退屈な授業のうっぷんばらしだ。喜劇的な刺激に対する反応を不つり合いなまでに増幅しているもうひとつの要因は集団感染だ。ただしこれは笑いだけでなく、集団行動という他の情動表現にも共通する。それじたい滑稽でなくても、有名な喜劇的パターンを象徴するサインやシンボルの類、たとえばチャップリンの長靴、グラウチョ・マルクスの葉巻き、キャッチフレーズ、うちうちの冗談などによっても、笑いやほほえみが引きおこされることがある。その理由を知ろうとすると、場合によっては、複雑に絡んだ関係の糸を元までたどって調べねばならなくなる。この問題をいっそう複雑にしているのは、漫画や劇に登場するこの種の喜劇的シンボルの影響は瞬間的で期待感や情動的緊張が蓄積、解放される時間的余裕がないという事実である。だがここでは記憶が一役かい、いつでも放電可能な蓄電池的役割をはたしている。シェークスピア劇の舞台で、喜劇的人物フォールスタフを出迎えるあの笑顔は、記憶と期待感の交錯から生まれるものだ。それに『ニューヨーカー』のマンガに対する反応が瞬間的なようにみえても、「ジョークを理解する」までにはかならず時間の経過がともなう。マンガは、たとえ数秒に圧縮されていようと、筋があるのだ。

ユーモアの分析は香水の化学成分の分析にも似て、微妙である。まったく意識して知覚できない成分があるかとおもえば、ひとつ取り出して匂いを嗅ぐと、うんざりさせられるものもある。

5——思考に見捨てられた情動の解放

これまで、まずユーモアの論理構造、ついで情動の力学を述べてきた。このふたつから結論を要約すれば、つぎのようになる。状況や趣向を、たがいに相容れないふたつの脈絡とバイソシエートさせると、思考の流れが一方の脈絡から他方の脈絡へ急激に移り、「張りつめた期待感」に終止符がうたれる。蓄積した情動は目的を奪われ、宙ぶらりんになり、笑いによって解放される。侯爵が窓に走り寄り、通りの人びとを祝福しはじめると、われわれの思考は宙返りし、新しいゲームにうち興じる。意地の悪い出だしを読んで呼びおこされたエロチックな感情は、もはや新しい脈絡にうまくおさまらない。機知がそれを見捨てると、あたかもパンクしたタイヤから空気が吹きだすように、一気に吹きだし、笑いになる。表現を変えれば、〈情動には理性的なプロセスより大きな慣性と持続性があるから人は笑う〉となる。感情は理性に歩調を合わせることができない。理性のようにただちに方向転換ができないのだ。この事実は生理学者にとっては自明である。自己主張的情動は、交感神経という生理学的には古い大規模な神経系統とその系統下にあるホルモン腺を通して全身に影響するが、言語や論理的思考は脳の頂部にある新皮質に限定されている。新旧両頭脳のこの特別な分離は、日常的にたえず体験するところである。われわれはアドレナリン型のユーモアに、文字どおり「毒されている」。人の気持を変えるには時間がかかる。恐れや怒りは、原因が除かれてもなお持続する。思考を切り換えるのと同じ早さで気持の切り換えができたら、その人間は情動の軽ワザ師だ。残念ながら、われわれは軽ワザ師ではない。だから思考と情動はしばしば分離する。笑いの中に解放されるものこそ、思考に見捨てられた情動なのである。情動は慣性が大きい。だから話が突然違った論理展開をすると、ついてゆけなくなる。動きが直線的なのだ。『テンペスト』の中で、空気の精エーリエルは半獣人キャリバンの鼻をつかんで連れまわす。エーリエルが木の枝に飛びのると、キャリバンは木に衝突してしまう。オルダス・ハクスリーは、つぎのように書いている。

われわれには分泌腺がある。それは旧石器時代の生活にはすばらしく適合したが、今日の生活には合っているとは言えない。だから、どうしても必要以上にアドレナリンが分泌されてしまう。そこでわれわれは自己を抑圧しながら、破壊的エネルギーを内に向けるか、自己抑圧をしないで人びとをなぐりはじめるかのどちらかだ。[093]

いや、人を馬鹿にするという手もある。また、攻撃性のはけ口としてはありきたりだが、運動競技や文学批評などもある。ただし笑いがいわば天賦の才であるのに対し、これらは後天的技術ではある。情動をコントロールしている分泌腺がいちばんよく合っていたのは、人間がある進化過程の段階にあったときの時代情況だ。そのころは生存競争は今よりずっと厳しく、妙な光景や音に飛び上がったり、髪を逆立てたり、戦ったり、逃げたり、さまざまに反応した。しかしその後、安全と快適が増すにつれ、もはや情動は従来のチャンネルだけでは解放できなくなり、新しいはけ口が必要になった。笑いも明らかにそのはけ口のひとつである。しかし笑いが生じるのは、理性と「出口なき情動」とがある程度分離したときにかぎられる。人間より下等な動物では、思考と感情は不可分に一体化している。人間の場合、長い時間をへて思考と感情が分離した。そして情動が余分になればそれを余分と感じ、ただちに分泌腺のユーモアとユーモア感覚を対比させ、「やられた」と言ってニッコリするのである。

6――ジョークや風刺のゲームの規則

ユーモアを分解、分析するための道具ぞろえ、それがこれまでの話の中心だった。さて、つぎになすべきことは、衝突すると喜劇的な効果をもたらすふたつの(もしくはそれ以上の)思考基準についてまずその性質を抽出し、ついでそれぞれを支配している「ゲームの規則」、つまり論理のタイプを見つけだすことである。巧妙なジョークでは論理は姿を見せない。見せてしまえばジョークは死ぬ。となるとこれからあちこち死体がころがることになるが、それも止むをえまい。

マックス・イーストマンは、『笑いの楽しみ』の中でオグデン・ナッシュが作ったある手のこんだしゃれをとりあげ、「それは抱腹絶倒というより報復だ」と評した。しゃれとはだいたいそうしたもので、あのミルトンが残した預言者エリヤのカラス(raven)についての有名な詩の一節、

though ravenous
taught to abstain from what they brought

にさえ、ravenとravenousの語呂合わせがみられる。クリスマス休みを「アルカホリデー」(alcoholとholidaysの二文字を合わせてalcoholidays)ともじったフロイトも同じだ。だいたいが駄じゃれの印象を与えるが、それは語呂合わせがまったく異質な二本の思考の糸を音で結ぶ、きわめて幼稚なユーモア形態をとっているからにほかならない。だがこのようにバイソシエーションを音だけに託す幼稚さこそ、駄じゃれが子供たちやある種の精神異常者(これを「駄じゃれ狂」と言う)に大いにもてはやされる理由でもある。

しゃれや文字の置きかえなど、いわゆる〈語呂あそび〉は、〈言葉あそび〉、〈思考あそび〉へと発展していく。グラウチョ・マルクスがアフリカでの動物狩りを話題にして言う。「トラの子二匹をバーンとやっちゃったぜ。それしか金はなかったのに。」このジョークでは、「トラの子」をふたつの意味にひっかけている。このままでもまあおもしろいが、人間グラウチョを頭に入れないと、おもしろみは半減する。かれを念頭に置いてこそ、想像がかきたてられ期待感も高まる。例の侯爵と司教の話は、ユーモアのうちでも高級な部類にはいる。たんなる言葉あそびではなく、思考あそびである。

衝突すると喜劇的な効果を生むふたつの思考基準の性質をもとに、ジョークやウィットを分類、整理するのは、いともたやすい。もっともたいくつといえばたいくつだが。それはともかく、そうした衝突の例はすでにいくつか紹介してきた。比喩的な意味と文字どおりの意味(娘の「手」の話)、専門家の論理としろうとの論理(何でも統計的に考える医者の話)、相容れないふたつの行動律(侯爵の話)、平凡と高尚の対立(「永遠の至福」の話)、逆向きに連結されながら動く理論の列車(マゾヒストに親切なサディストの話)など、列挙したらきりがない。じつを言うと、認識のホロンを任意にふたつ選んで引っかけてつなぎ、それに悪意の雫《しずく》を注げば、かならずある種の喜劇的効果が生まれる。思考の基準は時間や天候など、抽象的な概念でもかまわない。たとえば、うっかり教授が温度を測ろうとして時計を見たり、時間を知ろうとして温度計を見たりすれば、滑稽だ。それは、ラグビーボールでピンポンが、ピンポンボールでラグビーが演じられるのを見れば滑稽なのと同じ理由である。こうした例はいくらでも可能だが、論理はつねに同一である。

ジョークや逸話には、クライマックスはひとつしかない。一方、ピカレスク小説のように〈ユーモア持続〉型の文章は、ひとつの効果に頼るのではなく、小さなクライマックスをいくつも連ねる方法をとる。『ドン・キホーテ』を例にとろう。キホーテの気まぐれな世界とサンチョ・パンサの悪知恵。話はこの対照的な二平面が交錯してできる直線部分にそって展開する。また二平面間で振幅することもある。こうして絶えまなく緊張が生まれ、それは穏やかなおかしさのなかに解放されていく。〈コミカルな詩〉は、キャロルの『キャベツと王様』のように、不調和なものを旋律的に統合するところにおもしろさがある。とくに、高尚と奇抜を対照的につかえば、効果は絶大だ。六歩格、アレキサンダー格は、英雄や貴人の悲哀を彷彿とさせる格調高い詩体だが、そういう叙事詩に突如、

熱きスープ皿で待つ
うるわしのスープよ
何と濃厚か　何と緑か

などとお粗末な文をほうり込めば、まちがいなく滑稽になる。

さて形態と内容のアンバランスを売りものにしたべつの例は〈諺《ことわざ》〉だ。「規則。きょうできぬことはあしたせよ。きのうできぬことはきょうするな。」この矛盾したふたつの文には、どこかで聞いた警句のような響きがあり、有名な格言のような錯覚をおこさせる。同様に〈戯《ざ》れ詩〉も意味ありげに装うことで、その目的を遂げている。読むものは戯れ詩の音声パターンのなかに意味を見いだそうとするが、それはリトマス試験紙についたインクのしみを見て、あれこれ解説を加えようとするのに似て

いる。

〈風刺〉はいわば言葉をつかった風刺画であり、故意にゆがめられた個人、制度、社会の像がそこにうつしだされている。風刺画家の伝統的手法はいけにえの性格を誇張し、目的にかなわぬ一切のものを排して単純化することだが、風刺家もこれと同じ手法を使う。風刺家が題材にえらぶ社会の姿は、もちろんかれらには容認できないものばかりである。その結果、読者が確固たる理由もなく心に抱いてきた社会像と、風刺家のゆがんだ鏡に映しだされたばかげた社会像とが、並置、対照される。こうして読者はばからしさのなかに見なれた像を、見なれた像にばからしさを認める。だがもしこの二重の像がなかったら、皮肉はユーモアにはならない。理性の馬フィヌムが主張するように、ヤフーが本当に悪臭を放つ怪獣であるなら、『ガリバー旅行記』はもはや風刺ではなく、たんに嘆かわしい真実を書きとめた話になる。直接的な非難は風刺ではない。風刺は、故意にマトをはずすことが必要である。

風刺家は「不愉快な姿」を誇張するかわりに、〈寓話〉という手法を用いて、動物社会など、べつな背景に問題を投影し、風刺的効果をひきだすこともある。アリストファネスからはじまってスウィフト、アナトール・フランス、ジョージ・オーウェルにいたる一連の作家がこの手法を用い、一般人がマヒした社会問題に焦点をあわせてきた。

7——人間をとりまくさまざまな笑い

もっとも粗野なユーモア形態は、〈いたずら〉である。偉い人間が座ろうとして腰をかがめたとき椅子をはらいのけるなどはそれだ。犠牲者ははじめ重要人物であったのに、つぎの瞬間から物理法則に従うただの物体と化す。権威は重力に、精神は事態にはぎとられ、人間は機械になりさがる。ひざをピンと伸ばし、ぜんまい仕掛けの人形のように動く兵隊。ロボットのごとくふるまう学者志向型人間。下痢に見舞われた軍隊長。そして、しゃっくりにおそわれたハムレット。どれも人間の崇高が、こちこちの肉体に奪われた例だ。背むし男や、びっくり箱。前まえから恨みでも持っていたかのように人をおどかすおもちゃ。そういう小道具をつかっても、同様の効果が生まれる。

ベルグソンの笑いの理論では、この繊細な精神と無力な肉体（かれはそれを「生体の表面を覆う機械」と言う）の二重性があらゆるユーモアの説明に使われている。が、これまで述べてきたことから明らかなように、それが適用できるユーモアの情況はただひとつしかない。

〈人間と機械〉。このバイソシエーションととなりあわせにあるのが〈人間と動物〉だ。ディズニーがつくりだした縫いぐるみ動物は、まるで人間であるかのようにふるまう。また風刺画家はそれを逆用し、人間の顔にウマ、ネズミ、ブタのそれを見てとる。

つぎの笑いの仕掛人は〈模倣〉〈扮装〉〈変装〉だ。扮装者は、本人でもあり他人でもあると見られている。扮装は少々品がない場合にかぎり観衆は笑う。有名人に扮装するコメディアン、ウマの足になりかわった二組のズボン、女装の男と男装の女。どの場合も対になったパターンが、それぞれを滑稽なものにしている。

扮装のなかでもっとも攻撃的なのは、〈パロディー〉だ。相手の人間的弱点をちくちくやって、ごまかしをあばき、幻想を砕き、情念を傷つける。カツラは落ち、弁士はセリフを忘れ、ジェスチャーは宙に浮く。パロディストが好む攻撃点も、やはり崇高と平凡の交線上にある。

子供や動物の〈ふざけたしぐさ〉がおもしろいのは、それが大人たちに対する望まぬパロディーになっているからだ。小犬はじつにひょうきんである。それは、そのたよりなさ、愛らしさ、当惑した表情が、成犬などより「人間味」を感じさせるからだ。あの威嚇的なうなり声が、ちょうど山高帽をかぶった子供のように、成犬のしぐさを真似ているような印象を与えるからだ。シッポのふり方、おぼつかない足どりが、小犬を「自然のいたずら」の犠牲にしているからだ。その体型、大きな足、突き出た腹、哲学者のように皺だらけの額が戯画的であるからだ。そしてもうひとつ、われわれ人間は小犬よりずっと優秀な生き物だからだ。ほんのつかのまの笑いにも、いろいろな論理要素と情動成分がある。

キケロもフランシス・ベーコンも、笑いのきっかけは〈奇型〉がいちばんだとみていた。ルネッサンス時代、王族はこびと、背むし、黒人を集めて喜んだ。現代の人間はこの種のことにきわめて人道的にふるまうようになったから、ともすると忘れがちだが、外見が違う奇型者がわれわれと同じ思考、感情を持った人間同士だとの認識に達するには、かなりの想像力と感情移入が要求される。子供はこうした想像力がまだ発達していないから、びっこやどもりの人間をからかい、妙な発音の外人を見ては笑う。同族意識がつよい社会、偏狭な社会においても、事情は同じである。かれらは外見や行動がすこしでも自分たちの基準からはずれていると、同種の態度を示す。見慣れぬものは人間ではない、ただ「われわれと同じような」ふりをしている、となる。ギリシア人は外国人とどもりに対し「野蛮な」(barbarious)という共通語を使い、外国人が発する不器用で吠えるような声色を人間会話のパロディーと考えた。今日、われわれは外国人のアクセントはがまんして聞くが、そのものまねとなるとおもしろがる。この奇妙な事実は、いまでもなおわれわれの中にギリシア人的野蛮さが残っていることを示している。とはいえ、ものまねの発音はあくまで真似だ。それがわかっているから同情は不要となり、良心にかげりを落とすことなく、子供のように笑いころげることができるというわけである。

〈部分と全体の役割が変わること〉も無邪気な笑いの原因になる。そんなとき、われわれの関心は本来の脈絡からはずれ、ある細かなことに集中する。レコード針がひっかかれば、ソプラノの声は同じリズムで同じ言葉をくりかえしつづける。すると突然、それはグロテスクなまでに独立した生気を帯びてくる。字のまちがいを見て関心が意味から綴りに移ったとき、あるいはいつもなら自動的に行なわれているようなことに意識のホコ先が向けられたときも、同じことがおこる。自分の手で何をしたらよいかわからない自意識の強い、不器用な若者も、同じ範疇の犠牲者だ。

〈喜劇〉は昔、情況、手法、登場人物によって分類されていた。手法、登場人物については、ここで論じる必要はないだろう。異なった連想脈絡をもつ独立したふたつの出来事が同時にからんだとき喜劇的効果を生むもの、それが「喜劇的情況」である。たとえば、符合《コインシデンス》、人ちがい、時と場合の混同などがそれだ。符合は喜劇と古典的悲劇共通の仕掛人でもある。

〈くすぐる〉となぜ笑うかは、昔のユーモア理論では謎とされていた。「くすぐりに対する先天的な反応形態は、くすぐられた部分を引っこめようとして身をよじり、からだを硬直させることだが、それは、足の裏、脇の下、腹、ろっ骨など、身体的に弱い部分を守るための防御反応である」と最初に指摘したのはダーウィンであった。ウマの腹にはえが止まると、皮膚に筋肉収縮の波紋が生じる。これはくすぐられた子供が身をよじることに相当する。ただしウマはくすぐられても笑わないし、子供も必ずしも笑うわけではない。子供が笑うのは、くすぐりが「いたずら的攻撃」(つまり少々攻撃的な装いをした愛撫)であることを察したときだけである。ここがいちばん重要なことだ。他人にくすぐられると笑うが、自分でくすぐっても笑わないのも、同じ理由による。

エール大学で一歳以下の赤ん坊を実験したところ、母親がくすぐると、他人がくすぐったときの一五倍の割で笑いだすことが明らかになったが、これなどはそれほど驚くに値しない。ちなみに、他人がくすぐると、たいていは泣きだしてしまったという。いたずらの攻撃はあくまでいたずらと認識される必要がある。他人ではそれは無理というもの。母親の場合でさえ、赤ん坊の側にはほんのわずかだが不安と恐れの感情が存在している。それは赤ん坊の動作に、笑いと交互して表われる。身をよじらせて笑うと解放されるもの、それはまさにくすぐりのなかにあるこの緊張の要素だ。ゲームの規則――「緊張解放を楽しめる程度に、ほんの少しだけ驚かしてください。」

このようにくすぐる者は攻撃者に扮すると同時に、攻撃者でないことも見抜かれている必要がある。くすぐりは、おそらく赤子をふたつの平面に同時に生活させる人生最初の情況だ。こわい喜劇役者にくすぐられるという楽しい試練なのである。

〈視覚的ユーモア〉にも、先に述べたのと同じ論理構造が見える。そのもっとも原初的な形は、遊園地にある例の鏡だろう。人間の姿を引き伸ばして柱にしたり、押しつぶしてひきがえるに変えるあの鏡だ。いたずらの被害者は鏡にうつった姿を、なれ親しんだ自分の姿とも、あるいはまたどんな妙な形にもなる工作用粘土の塊とも見る。さて鏡は機械的に像をゆがめるが、風刺画家は特徴を誇張し他を単純化するという技法をつかって、選択的に像をゆがめる。これは風刺家が使う手法でもある。風刺画家も風刺家とおなじく、通俗のなかの滑稽さをあばきだす。しかも風刺家同様、故意に的をはずすことが必要である。太鼓ばらもがに股も本ものではないとわかっているから、風刺家の悪意は無害なのだ。本物のぶかっこうは、もはやユーモアではなく、憐れさえさそう。

肖像画の場合も、画家は選択、誇張、単純化の技法を駆使する。しかしモデルに対する画家の態度は肯定的な感情移入に支配されており、否定的な悪意に支配されてはいない。したがって、選択する特徴もちがってくる。ダ・ヴィンチ、ホガース、ドーミエの描いた人物画を見ると、感情ははげしく、しかめ面はひどい形相で描かれているから、その絵がはたして肖像画なのか風刺画なのかは判断できない。人間の顔はそれほどゆがまない、ドーミエはただそれを「装った」だけ、とおもうなら、それを見るものは恐怖と憐みから解放され、そのグロテスクさを笑うことができる。だが、その人間ばなれした顔こそ実際にドーミエが見たものだとおもうものには、芸術作品として映るだろう。

〈音楽のユーモア〉は、異なった方法でアプローチすべき問題だ。音楽的言語は、結局、言葉に通訳できるものではない。ここでできるのはいくつか類例をあげておくことだけだ。「粗野な」音。たとえば、入るべきでないのに入ってしまったトランペットの音には、いたずら的効果がある。調子っぱずれの歌手や楽器も同じ効果を生む。動物の鳴き声を真似る場合は、それが声楽的であれ、器楽的であれ、扮装の技法が利用されている。ジャズに編曲したショパンのノクターン、ヴァルキュリアふうに奏でる流行歌。これは、両立しないものの結合だ。それらはいずれも原始的で、もっとも低いレベルのユーモアに対応する。レベルが上がると、ラヴェルの『ラ・ヴァルス』のような作品にぶつかる。これなどは感傷的なウィンナ・ワルツに対する愛情あるパロディーと言ってよい。他にハイドンの『驚愕シンフォニー』や、英雄風をちゃかしたコダーイの民族オペラ『ハーリ・ヤーノシュ』もある。しかし喜劇オペラに関して言えば、喜劇的効果のうちどれだけが歌詞から、どれだけが音楽からひきだされているかを区別するのは不可能である。音楽的ユーモアの最高の形態は、モーツァルトの屈託ないスケルツォを聞いたときに味わうあの不意の喜びだが、言語的な分析はとてもできない。

8――ユーモアを左右する三つの基準

ユーモアがおもしろいか、つまらないか、あるいはそのどちらでもないかを決定する基準は、もちろん部分的には時代感覚や個人の好みの問題であるが、部分的には〈流儀や話術〉にもよっている。あえて基準を要約すれば、〈独創性〉〈強調〉〈節約〉の三つになるだろうか。

「独創性」は、とくに説明を要しないだろう。「驚き」の不可欠な要素で、われわれの予期しえないもの、それが独創性である。ただし、ユーモアであれ他の形の技芸であれ、本物の独創性にはめったにお目にかかれるものではない。ふつうはそれにかわって、さまざまな技術を駆使した劣情をそそる「強調」が聴き手の緊張を高めている。道化師は愚にもつかない下品なユーモアを専売特許にしている。大げさにしゃべり、サド、セックス、わいせつの衝動に訴える。かれらが好んで使う手のひとつに、同じ情況、同じセリフを何度もくりかえすというのがある。これは驚きの効果を減少させてしまうが、情動をひき出し、それをなじみのチャンネルに送り込む役目をはたしている。それは破裂したパイプにポンプで水をどんどん送り込む情況に以ている。

地方色や民族色を強調するのも、情動をなじみのチャンネルに送り込む手段になる。もしそれで首尾よく喜劇の目的が達せられれば、スコットランド人もロンドンっ子も、当然戯画になるにちがいない。つまり、ここでもまた誇張と単純化が強調のための必要不可欠な道具として登場している。

しかし高度なユーモアでは、強調がまったく正反対の意味をもつことが多い。「節約」である。ただしユーモアや芸術で言う「節約」とは、機械的に簡素化することではない。はっきり口に出して言うかわりに、それとなく匂わせることである。正面きって攻撃するのではなく、遠まわしに言及するのである。イギリスのライオンとロシアのクマを主人公にした雑誌『パンチ』の古風なマンガは「しつこさ」が売り物だが、『ニューヨーカー』のマンガはクイズもどきだから、そのジョークを読みとるには読者は想像力を駆りたてねばならない。

他の形の技芸同様、ユーモアにおいても強調と節約は裏表の技術である。食べ物を無理に相手の咽に押し込めば強調になるし、相手をじらして食欲を刺激すれば節約になる。

9――科学・芸術・ユーモアをつなぐスペクトル

ベルグソンやフロイトの理論を含め、これまでの理論はユーモアを孤立した現象とみなすばかりで、喜劇と悲劇、笑いと泣き、そして芸術的インスピレーション、喜劇的創造性、科学的発見の間にある密接な結びつきに光をあてようとはしなかった。しかしすでに述べたように、これら三つの創造活動の領域は連続体を形づくっており、ウィットと発明の才の間にも、あるいは発見の芸と芸術の発見の間にも、きわだった境界はない。

たとえば、科学的な発見はそれ以前だれも見ることのなかったアナロジー（類似）を見つけることだと述べた。旧約聖書『雅歌』でソロモンがシュラムの首を象牙の塔にたとえたとき、ソロモンはだれも見なかったアナロジーをそこに見たのである。ウィリアム・ハーベーがむきだしの魚の心臓に機械式ポンプを見てとったときもそうだし、風刺画家がキュウリのような鼻を描くときもまたしかりである。じつは、ユーモアの「文法」としてすでに述べたバイソシエーションのパターンは、すべて事情しだいで芸術にもなるし、発見にもなる。しゃれには韻と共通するものがあるが、同時に言語学者が取組む問題とも共通する部分がある。相容れない行動基準の衝突は喜劇にも、悲劇にも、あるいは心理学の新しい知見にもなる。精神と無力な肉体の二重性はなにもいたずらの専売特許ではない。それは文学の永遠のテーマでもある。人間は神あるいは染色体にあやつられるあやつり人形だからだ。人間と動物の二重性はドナルドダックによく出ているが、カフカの『変身』や心理学者のモルモット実験にもあらわれている。戯画は画家がかく人物像に対応すると同時に、科学者がかくダイアグラムにも対応する。なぜなら、それらも必要な特徴だけを強調し、あとは除外している。

創造性の根底にある意識的、無意識的プロセスの本質は結合の活動である。それまで分離していた知識と体験の領域をまとめる作業である。科学者は「統合」を達成することを目的とし、芸術家は通俗と永遠の「並置」を目指す。またユーモリストのゲームは「衝突」をひきおこすことだ。そしてそれぞれ動機が異なるように、創造活動の種類によって、喚起される情動反応も異なる。発見は「探究衝動」をみたし、芸術は「大洋の感覚《オーシャニック・フィーリング》」を通して情動の浄化をうながす。そしてユーモアは悪意を刺激し、それに対する無害なはけ口を提供している。笑いは〈HaHa《ハッハッ》反応〉と言うことができるし、発見にともなう「わかった」の叫びは〈Aha!《アハー》反応〉と言える。そして美的な体験の喜びは〈Ah…《アー》反応〉である。しかし一方から他方への移行は連続的である。ウィットは風刺詩に、戯画は肖像画になる。そして建築であれ、医学であれ、チェスであれ、料理であれ、ここまでは科学の領域ここからは芸術の領域といった明確な境界は存在しない。喜劇と悲劇、笑いと泣き、それは連続スペクトルの両極なのである。

第七章

科学における発見術

1——科学的創造性の本質

二と二を合わせて五をつくる——科学的創造性とはそんなものだろう。つまり、これまで関連することのなかったべつべつの精神構造を統合し、新しい統一体からインプットした以上のものをえる、それが科学的創造性である。このほんのちょっとした手品のからくりは、統合体はたんなる部分の和ではなく部分間の関係も表わすという事実にある。新しい統合は新しい関係を生む。それは精神ヒエラルキーの高位のレベルに、より複雑な認識のホロンを生みだす。

『夢遊病者たち《スリープ・ウォーカー》』、『創造活動の理論』などにも書き記した多数の科学発見事例史から、二、三例を拾ってみよう。人は太古の時代から潮の動きを知っていた。月の運動にしてもおなじである。しかしこのふたつを結びつけ、潮の満ち干は月の引力による、と最初に発想したのはドイツの天文学者ケプラーで、一七世紀のことであった。かれは既知の事実を統合し、近代天文学にかぎりなき未来を切り拓いたのである。

磁石。それは「自然の奇石」として古代ギリシア人に知られていた。中世の時代、磁石にはふたつの用途があった。ひとつは羅針盤、ひとつは逃げた妻を引き戻すための道具であった。琥珀もまた、その奇妙な性質がよく知られていた。擦ると薄い物体を引きつける力を生じた。「エレクトロン」とはギリシア語で「琥珀」のことだが、ギリシア時代の科学はこの奇妙な電気現象に関心を示さなかった。ちょうど、現代科学がテレパシーに興味を示さないのと同じである。中世になっても事情は変らなかった。かくしておよそ二千年の間、磁気と電気は、潮と月のごとくたがいに無関係の現象と考えられてきた。一八二〇年、H・C・エールステッドは、実験中たまたま机の上に置いてあった磁石の針が、導線を通る電流に影響されることを発見した。その歴史的瞬間、それまでまったくべつな脈絡にあったふたつが融合し、電磁気という新しい統一体をつくりはじめた。以来今日もなお、一種の連鎖反応をおこしつづけている。途中、電気と磁気は光と、化学は物理学と融合した。うだつの上がらなかったエレクトロンも、原子という太陽をまわる惑星に昇格した。そしてついに、アインシュタインの悪魔の方程式$E=mc^2$により、エネルギーは物質と統合した。

科学的な探究心の起こりを見てみよう。言い伝えによれば、ピタゴラスはその生地サモス島で鍛冶屋が仕事をしているのを眺めているうち、ハンマーで棒を叩くとき出る音の高さが棒の長さで変わることに気づき、音楽的なハーモニーの秘密を知ったという。この算術と音楽の自然な融合が、おそらく物理学の出発点であったろう。

「天球の音楽」を数式化したピタゴラス学派の学者から、空間と時間をひとつの連続体に統合したその後継者にいたるまで、パターンはいつも同じだ。科学上の発見は無から有を生みだすものではない。それはもともと関連して存在していながらべつべつに取り扱われてきた概念、事実、脈絡など（つまり精神ホロン）を組み合わせ、関係づけ、統合するものである。この雑種交配（一個の頭脳のなかの自家受精とも言える）こそ、創造性の本質なのだ。「バイソシエーション」という用語の意味もそこにある。「衝突」を引きおこすため、ユーモリストがいかにして対立する精神構造をバイソシエートさせるかは、すでに前章で述べた。一方、科学者が目指すものは統合であり、それまで無関係とされてきた概念の統一である。ラテン語のcogito（考える）はcogitare（混ぜてよくふる）に語源がある。ユーモアにおけるバイソシエーションは、簡単に衝突しまた離れていく対立要素を一緒にしてふることであった。そして科学におけるバイソシエーションは、その時点まで関わりをもたなかった複数の認識のホロンを統合し、知識のヒエラルキーに新しいレベルを付加することだ。

しかし、すでに述べたようにこのふたつの領域は連続的で、そこに明確な境界はない。巧妙なウィットは悪意に満ちた発見である。逆もまたしかりであって、科学的大発見の多くは嘲笑をもって迎えられてきた。理由は、両立しがたいものを統合しているようにみえたからである。しかしその統合が実を結び、一見不両立におもえたことがじつは偏見だったとわかると、嘲笑は止む。「衝突」が結局「融合」したのである。ウィットは口述されるパラドックス、発見は解決されるパラドックスだ。かのガリレオでさえ、ケプラーの潮の理論を悪い冗談とみていた。頬をふくらませた月が、ストローで地球から海水を吸い上げているマンガをせっせと描く当時の風刺画家の姿を想像するのは難しくない。崇高は滑稽に、滑稽は崇高に通じる。スウィフトやオーウェルの風刺には、社会科学に関する全書物よりさらに深い教えがある。

粗野なものから洗練されたユーモアに、ついで液状の境界を横切って三幅対(一五六ページ参照)の中央へ進むと、パズル、論理パラドックス、数学ゲームといった問題にぶつかる。「アキレスと亀」、「クレタ島のうそつき」の謎解きは、二千年もの間哲学者をくすぐりつづけ、論理学者を創造の努力へと駆りたててきた。われわれの仕事は「ジョークを理解すること」から「問題を解くこと」へ移ったのである。もう道化の滑稽なしぐさを見たときのように笑い転げる必要はない。旅が進むと、笑いは徐々に消え、かわって楽しげなほほえみ、そして感嘆のほほえみへと移っていく。情動の気候が〈HaHa《ハッハッ》反応〉から〈Aha!《アハー》反応〉に変ったのである。

2――道化師と芸術家のはざまで

〈Aha体験〉とは、ゲシュタルト心理学者の造語で、決定的瞬間、つまりクイズなどがピンとひらめいたとき(これまでの言葉で言えば、バイソシエートした脈絡が融合して新しい統合体を作ったとき)、それにひきつづいておこる多幸感を指している。粗野な笑いのなかで爆発する情動はホコ先を奪われた攻撃性だが、ピンとひらめいたときAha反応のなかで退潮していく緊張は、主として知的好奇心(探究し理解したいという衝動）から生じている。

この衝動は、なにも研究者の専売特許ではない。近年、生物学者は〈探究衝動〉という基本的本能の存在を認めるまでになっている。それは食欲、性欲とならぶ基本的本能であり、ときにはそれ以上でさえある。ダーウィン以来無数の実験動物学者が、好奇心は先天的衝動であることをネズミ、トリ、イルカ、チンパンジー、ヒトをつかって示してきた。ハツカネズミが、報酬も罰もないのに迷路を抜ける道を探すのも、また後戻りするどころか電流の通った格子を横切って罰に敢然と立ち向うのも、探究衝動あってこそだ。子供が新しいおもちゃをばらばらにして「中に何があるかを調べる」のも同じ理由による。探険や研究の背後にある原動力、それが探究衝動である。

探究衝動は、もちろん食欲、性欲といった他の衝動と結びつく。よく「私利、私欲なき純粋科学者の探究心」などと言う。自己超越的に自然の神秘と取組むということだろうが、じつはそれが野心、競争心、虚栄心などと結びつくことも多い。だがその牛歩のごとき、忍耐を要する労働が報われる（だいたいが大したものではないが）ためには、たしかにそういう自己主張傾向を抑制しなければならない。結局、渦巻き状星雲の研究などより、もっと直接的な自我の主張方法があるということだ。

探究衝動が野心や虚栄心に汚染されることはあるとしても、その純粋な形では、探究こそ報酬なのである。

「もし真実が手に入るなら、探究するという確かな喜びをわたしは追い求める」とエマーソンは書いている。古典的な実験だが、ウォルフガング・ケーラーのチンパンジー「サルタン」は、檻の外に置かれたバナナを短い棒でかき寄せようとして失敗をくりかえしたあと、ついに二本の中空棒をつなぎ合わせれば目的が達成できることを発見した。しかしこの新発見にサルタンはすっかり悦に入り、それをくりかえすばかりでバナナを食べるのを忘れてしまった。

　主観的な虚栄心はさておき、自己主張傾向は、より深いレベルでも科学者の動機とかかわっている。フロイトは「わたしは科学的な人間ではない。……だがそういうタイプの人間にある好奇心、大胆さ、ねばり強さを持つ冒険者である」と書いている。探究衝動の目的は自然を理解することだが、それは自然（人間も含む）を支配しようという征服者的要素でもある。おそらく純粋数学を除き、どんな科学的探究心にもこの二重の動機が存在している。もちろんこのふたつは、科学者ひとりひとりの心のなかで平等に意識される必要はない。知識からは謙遜も生まれるが、力も生まれる。このふたつの対極的傾向は、プロメテウスとピタゴラスにその原型をみる。プロメテウスは神の火を盗み、ピタゴラスは天球の音楽に耳を傾けた。フロイトの告白は、数多の天才科学者たちの言葉とはうらはらだ。かれらは言う。研究の目的は自然の神秘を覆いかくしているベールを剥ぐことで、動機といえば畏怖と驚きしかない、と。「驚きが人間を自然科学の研究へとかりたてた。それは今日でもまったく同じだ」と書いたのはアリストテレスであり、「草に身を横たえ、太陽を眺め、驚き入っていた」のは、若き時代を回想するマクスウェルである。天才のなかの最大の謙遜家アインシュタインも、同様のことを書き残している。「宇宙の神秘に驚きを感じぬもの、いっさい動じぬもの。瞑想もできず、魅せられた魂が深くおののくのを知らぬもの。かれらは死んでいるに等しい。生を見る目をすでに閉じてしまっている。」かく言うアインシュタインも、物質とエネルギーを統一する驚くべき式を発見したとき、それが凶悪な魔法に転じるとは予測できなかった。

いたるところに存在する自己主張と自己超越の対極性。それは科学的な創造領域で明瞭に浮き彫りにされる。発見を「情動的に中立な芸術」と呼んでよいだろう。それは科学者が情動に欠けているからではない。科学的な創造領域ではさまざまな動機を微妙にバランスさせ、昇華させることが必要だからである。探究欲と支配欲はうまく平衡を保っていなければならない。他人を犠牲にしてウィットをとばしつつ、主に自己主張的悪意の支配を受ける道化師。想像力という自己超越的な力に創造的作品の生命を賭ける芸術家。

このふたつにはさまれて三幅対の中央に科学者がおさまる理由もそこにある。

三幅対の妥当性はAha反応の性質を理解すればいっそうはっきりする。それはふたつの反応をつないでいる。「わかった！」の叫びに象徴される緊張の爆発的解放はHaHa反応に近い。が、そこには同時に感情浄化的Ah…反応も存在する。それはアインシュタイン言うところの「魅せられた魂の深いおののき」であり、芸術家の美の体験、神秘家の「大洋の感覚」と密接につながっている。雑多な動機が入り混じった科学者の探究心。「わかった！」の叫びはその征服者的要素を、Ah…反応はその神秘家的要素を映しだしている。

では旅をつづけて三幅対第三のパネルへ進もう。そこではAh…反応が情動の気候を支配している。

第八章

芸術と科学の創造性

1――笑いと泣きの対照

喜劇に笑い、悲劇に涙する。それは連続したスペクトルの両極にある。どちらも、余分な情動を流すチャンネルを提供している。どちらも、明確な効用をもたない「ぜいたくな反射作用」である。しかし共通することはこれだけだ。他の点に関しては、両者は正反対の関係にある。

泣くことはまれな現象でも些細な現象でもないが、アカデミックな心理学はほとんど完全にこれを無視している。ベルグソンやフロイトの笑いの理論に匹敵する「泣きの理論」は見当たらない。わたしが『創造活動の理論』で提唱した理論が、アメリカの大学生向けにヒルガードとアトキンスンが書いた標準的な心理学教科書にのっている唯一の理論である。

まず第一段階として、weepingとcryingの違いを明確にしておかねばならない。このふたつを同義語に扱うのは、英語の奇習といってもよい。weepingには、基本的な反応の特徴がふたつある。涙の分泌と、独特な呼吸法である。これに対し。cryingは、苦痛と反抗を知らせる音の放出である。cryingはweepingと結びついたり、入れ替わったりもするが、weepingと混同すべきではない。cryingはコミュニケーションの一形態、weepingは個人的なものである。そしてここではもちろん「自然発生的な」weepingを問題にしているのであって、公的なものであれ私的なものであれ、芝居がかった人為的なすすり泣きについて述べているのではない。

笑うこと(laughing)と泣くこと(weeping)の生理学的プロセスを比較してみよう。笑うことは自律神経系の副腎＝交感神経系が引き金になるが、泣くほうの引き金は副交感神経系である。すでに述べたように、副腎＝交感神経系は体に活力を与え、行動のために体を緊張させる。しかし副交感神経系はこれとは正反対の作用をする。血圧を下げ、血糖の増加を抑え、体内不要物の排泄を促進し、一般的に静穏、浄化《カタルシス》の方向に作用し、文字どおり緊張一掃の役を担っている。

この生理学的な対照は、笑いと泣きのなかに目に見える形ではっきりあらわれている。笑う者の目は輝き、目尻にはシワがよるが、額と頬は滑らかで張りがあり、それが顔に輝きの表情を宿す。唇は開き、口元はほころぶ。一方、泣きでは、目が涙で「おおい隠され」焦点と輝きを失い、顔だちは崩れる。喜びのあまり、あるいは美に打たれて泣くときでさえ、その変貌した顔にはもの憂さが漂っている。

同様の対照は姿勢や動作にも、はっきり見てとれる。笑いでは、首の筋肉が勢いよく収縮して頭が後方へ投げだされる。しかし泣く者は「頭《こうべ》をたれ」、それを両手に、あるいは机の上に、あるいは誰かの肩に埋める。笑いは筋肉を収縮させ興奮した動作をひきおこすが、泣きでは筋肉はゆるみ、肩は前かがみになり、全体的に弛緩した姿勢を呈する。

笑いにおける息づかいのパターンは、まず長く深い吸気があって、そのあとハッハッハッ！ と爆発的に一気に息を吐きだすパターンである。泣きではこのプロセスが逆になる。まず短く喘ぐような吸気（すすり泣き）があって、そのあと長く溜息をつくようなアッアッアー…といった呼気がこれに続く。

笑いと泣きのこうした明白な対照は、そしてまた両者が自律神経系のべつなふたつの部分に依存していることは、両者が正反対の情動に由来することとつじつまがあう。〈HaHa反応〉の引き金は自己主張情動、〈Ah…反応〉の引き金は自己超越情動なのである。この定義の前段部分はすでに明らかなはずだが、後段は少し説明を要しよう。

2——神秘体験につながるAh…反応

わたしは、悲嘆、同情、無力感、畏敬、宗教的あるいは美的陶酔など、涙の流出につながりそうなさまざまな情況を、『創造活動の理論』のなかで詳しく論じた。いまこの場のテーマに直接関係があるのは最後の美的陶酔だけだが、涙を誘うような情動にはみな、利他的、自己超越的な基本要素が共通して存在するという事実は、注目に値する。自己超越とは、ある人物と、あるいは自然、芸術、神秘体験のようなある種の高位の実在と、いわば共生的なコミュニケーションをもちたいと願望することである。こういった「関与者的」情動は、すでに述べたごとく、統合傾向の主体的表明であって、人間ホロンの部分性、つまり自己のせまい枠を超越し、高いヒエラルキー・レベルにあるより包括的な構成単位に依存したい、あるいはそれと関りたい、という傾向を反映している。

　がらんとした大聖堂でパイプオルガンに聴きいったり、夏の夜星空を眺めたりすれば、涙を流すような情動がこみあげ、意識が広がることがあるが、それはなかば人格喪失の状態であり、もしその体験が強烈であれば、「限りなく広がって宇宙と一体になる大洋の感覚《オーシャニック・フィーリング》」へと進む。これが純粋な形の〈Ａｈ…反応〉である。

　ふつうの人間がこういう高いレベルの神秘体験に上《のぼ》りつめることはそうざらにはないが、すくなくともその上り口ならよく体験するところだ。自己超越情動は強さに大きな幅があるだけでなく、種類も、楽しいもの、悲しいもの、悲劇的なもの、情動的なものと、きわめて多様である。「うれしくて泣く」、「悲しんで泣く」。このふたつは、あらゆる情動に重畳されている快楽的色あいが相対的であることを示している。

　ＨａＨａ反応とＡｈ…反応の間には、ほかにもまだ強調すべき対照がある。笑いでは緊張が突然爆発することは、すでに述べたとおりだ。しかし泣きでは、緊張は徐々に流出する。期待感をあらわにすることもなければ、感情の連続性を損うこともない。つまりＡｈ…反応では「情動と理性が一体になっている」。さらに言えば、自己超越情動は動作を引きおこす方向には作用せず、逆に受動的な静穏をもたらす。だから呼吸、脈拍は低下する。「我を忘れる」は瞑想神秘家のトランス状態に通じる一ステップだが、その情動はいかなる意図的な行為によっても達成することのできないものである。恐れや驚きに「圧倒される」とか、ほほ笑みに「うっとりする」とか、美しさに「われを忘れる」といった表現はどれも受動的な降伏状態を言い表わしている。ありあまった情動はいくら意図的に筋肉を動かしてみても除去することはできない。それは臓器や分泌腺などの「内部の」プロセスによってのみ完結するものである。

最後に、自律神経系に関する付加的な事実にふれておこう。きわめて情動的な、あるいは病的な状況では、交感神経と副交感神経の拮抗作用（たがいにバランスをとろうとする作用）がもはや見られなくなる。そのかわり両者は、ちょうど性行為のときのように、たがいに相手を「強化する」ことがある。あるいはまた、一方の過剰興奮が他方の一時的反動（すなわち過剰な「応答作用」）を引きおこすこと[175]もある。さらにまた、副交感神経が「触媒」として働き、交感神経を作用させること[059]もある。

この三つの可能性のうち、最初のケースは、たとえばワーグナーの歌劇を聴いているときの情動状態がそれである。そこでは弛緩したカタルシス的感情が、逆説的に、多幸的な覚醒と結びついている。第二のケースは、いろいろな種類の「情動的二日酔い」にあらわれている。この場のテーマにもっとも関りが深いのが、第三のケースだ。それは、あるタイプの情動反応がいかにして対立的な情動反応に触媒として作用するのか――たとえば、なぜ自分を自己超越的に映画のヒーローと同一視すると悪漢に対して身代り的な攻撃性を放つのか、あるいはまた、なぜあるグループや信条に共鳴すると暴徒のごとき野蛮さを発揮するのか――を生理学的に具体的に示すものである。

3——創造の源はひとつしかない

七章で、創造的な科学者が有する基本的な動機——探究衝動——について述べた。しかし偉大な芸術家もまた、探究者の要素をうちに有している。たとえば詩人は「言語を操作している」（行動主義者ならそう主張するだろうが）のではなく、言葉のもつ感動的、描写的な潜在力を探究している。また画家は、その生涯をとおして、物の見方を学ぶことに（そしてそれを他人に伝授することに）専念している。このように創造の推進力は生物学的には源はひとつしかない。ただそれはさまざまな方向に運河化《カナライズ》されるのである。

もし、嘆かわしい「ふたつの文化」への分裂——それは古代にもルネッサンス時代にも知られていなかった——を克服したければ、そしてまた三幅対の連続性を再確認したければ、この点をまず心に留めておかねばならない。言うまでもなく、連続性は一様ということではない。その意味は、断絶も分割線もなく、徐々に他の色に移っていく虹の色の変化である。

創造の三幅対の横の系列は、いくつかの代表的な組合せのパターン——三枚のパネルすべてに共通して見えるいくつかの基本的なバイソシエーション・プロセス——の連続性を示している。これらのパターンは「三価」であって、ユーモア、発見、芸術のいずれにもなりうる。すでにいくつか例を示したが、ここでさらに二、三例を示して、これを解説しておこう。

たとえば、すでに見てきたように、風刺画家が描く漫画、科学者が描くダイヤグラム、芸術家が描く肖像画は、いずれも目に見える対象に選択フィルターを重ね合わせるという同一のバイソシエーション技術を使っている。にもかかわらず、行動主義心理学の言葉を借りるなら、「セザンヌは風景を見て刺激を受け、キャンバスに筆をおろすことでこれに反応する。ただそれだけのことだ」ということになる。しかし実際は、風景を知覚することとそれを再生することとは、異なったふたつの平面で——言いかえれば異なったふたつの環境で——同時に起こっているふたつの活動である。刺激は大きな三次元的環境、すなわち遠くの風景からやってくる反応はそれとはべつの環境、すなわち小さな四角いキャンバスの上に作用する。そして両者は異なった構成の規則に支配されているから、キャンバス上の筆の動きひとつひとつは、風景中の細部ひとつひとつを表わしてはいない。ふたつの平面に一対一の対応はなく、両者は芸術家の創造性のなかで、そしてそれを見る者の目の中で、全体としてバイソシエートされるのである。

芸術作品の創造には事実上まったく同時に起こる一連のプロセスがからんでいる。ただしそれを言葉で言い表わそうとすれば、かならず歪んでしまう。芸術家も、科学者同様、頭に描いたリアリティの像を特別な媒体に投影することに専心する。媒体は油絵、大理石、言葉、あるいは数式かもしれない。しかしその努力の産物は、けっしてリアリティの正確な描写でもコピーでもない。たとえ本人がお目でたいことにそう望んだとしてもである。まず第一に、芸術家は自身が選択した媒体の特性と限界を知らなければならない。しかし第二に、自分自身の知覚力や世界観もまた、その時代の暗黙の因襲や自身の気質に起因する特性と限界をもつことを、知らなければならない。それは芸術家の視点に一貫性を与えはするが、同時に、言語的にも視覚的にも、陳腐なパターンに凝り固まらせるものでもある。天才の独創性とは、科学同様、芸術においてもまた、ありふれた対象や事象を新しい光で眺め隠れた結びつきを発見し、それまで無視されてきたリアリティの側面に注意を移行させることである。

本章のテーマに関してアメリカの大学で講演をしたが、それに続く討論で、ひとりの「日曜画家」が怒ったように言った――「わたしはバイソシエートなんかしていない。椅子に座って、モデルを見て、それを絵にするんです。」

ある意味で、ごもっともである。きっとかれは何年か前に独自の「スタイル」、独自のヴィジュアル言語を発見し、それを使うことに満足し、ほんのちょっと手を加えながら、言いたいことをすべてそれで表現しているのである。過去の創造のプロセスが固定し、職人的ルーチンになったのである。もちろん、化学の研究所のなかであれ、画家のスタジオのなかであれ、職人的ルーチンが達成しうるものを過少評価することは愚かだろう。しかし妙技は妙技、創造性は創造性である。そしてわれわれがいま問題にしているのは、後者である。

4――悲劇作家、コメディアン、医者の創造活動

風刺画家の戯画、科学者のダイアグラム、芸術家の様式化の三つ組は、三幅対の三つのパネルを横につなぐ系列のひとつを構成している。こうした三価のパターンについては、すでにいくつか述べた。たとえば「音」と「意味」のもっとも粗雑な形のバイソシエーションから、語呂合わせが生まれる。し

かし「韻」もまた美化された語呂合わせにすぎず、音が意味に響きを与えている。一方、人類学者や言語学者にとって、音は意味に対する効果的な手がかりを提供するものである。

同様に、「リズム」と「韻律」が意味と結びつくと、それはシェークスピアのソネット、あるいはリメリック節を産みだすだろう。しかし三幅対の中央パネルでもまた、アルファ波から心臓収縮と心臓拡張（いわば、生命の短長格と長短格である）まで、リズミカルなパルスの研究が重要な役割を演じる。韻律的な詩がシャーマンの太鼓の響きをもち、イエイツを引用すれば、「心なごませ、恍惚とさせる」のも当然である。

ひとたび根源的な原理を認識し、創造の三つの領域が連続体であることに気づけば、他のバイソシエーションにある三価的な性格もほとんど火を見るより明らかである。こうして「隠れたる類似」を追究すれば、探究者の動機によって、詩的隠喩、科学的発見、喜劇的ほほ笑み、が生まれてくる。

少しわかりにくいのは「幻想」の三価的役割である。舞台の上の俳優や扮装者は、同時にふたりの人間になっている。だからもしその結果が「ひどい」ものであれば——たとえばハムレットがひとり芝居の最中にシャックリをするなど——幻想はあばき出され、観客は大笑いするだろう。しかしもし役者が自己をヒーローと同一視すれば、舞台の魔術として知られる二重人格という特別な状態を経験するだろう。ところがパロディストや役者以上に、ひとりの人間であると同時に他の人間にもなるという人間の能力を、意図的に用いる第三のタイプの扮装者がいる。医者である。医者は患者の心に自分を投影すると同時に、賢明なる魔術師、あるいは父親的人物としてもふるまう。「感情移入」とはいわば自分の皮膚から外に出て相手の皮膚のなかに入るという、一種の他人との精神的共生にいたるいくぶん神秘的なプロセスに対する謹厳な言葉である。感情移入は相手がどのように考え、感じているかを直観的に——言語より直接的に——理解する源であって、診断学と精神医学の科学と術《アート》の出発点である。医者は、古代も現代も、患者と双方向的関係をもっている。患者が何を感じているかを感じようとつとめると同時に、天祐、魔力、極意を授かった人間の役割も演ずるのである。悲劇作家は幻想を創り、コメディアンは幻想をあばき出し、医者は明確な目的のためにそれを使う。

符合《コインシデンス》とは、無関係な二本の因果の鎖が偶然に出合い、合体してひとつの意味のある出来事を生みだすもの、と言うことができよう。それは運命によって操作されてはいるが、それまで分離していた脈絡がバイソシエートされる典型的な例である。符合は運命の語呂合わせといってもよい。語呂合わせでは、二本の思考の糸が絡み合い、音の結び目をつくる。これに対して符合的な出来事では、二本の出来事の糸が見えざる手によって絡み合い、結び目をつくる。

符合はまた、古典的なバイソシエーション・パターンにもみられる。たとえばそれは、「喜劇」あるいは道化芝居の支柱である。喜劇は独立したふたつの出来事が交錯して生じるあいまいな情況に頼っている。その情況はどちらの脈絡でも理解——そして誤解——できるから、時と場合のはきちがえや混乱が生じる。古典的な「悲劇」では、「機械仕掛けの神」(訳注＝ギリシア劇で、入り組んだ物語を超自然的介入で解決する神。機械仕掛けで舞台上方に出現)が偶然の符合になっている。つまり神が人間の運命にちょっかいを出す。たとえばオイディプスは、人ちがいから父を殺し、母を妻にするというワナに陥いる。

最後に、「偶然に発見する能力」は、科学発見史のなかで著しい役割を果している。

しかし三幅対の高いレベルでは、バイソシエーションのパターンが微妙に変化する。風俗喜劇はもはや符合に頼ってはおらず、推理や行動の「たがいに相容れない規範」の衝突にその効果を頼っている。そしてその結果、どちらか一方の、あるいは双方のルール・ブックの偽善とか不条理が暴かれる。現代劇も同様の変化を示す。運命はもはや外部から作用することはなく、登場人物の内面から作用する。かれらはもはや糸にぶらさがったマリオネットではなく、自分自身の愚かで矛盾した感情の犠牲者なのである。「ブルータスよ、誤りは星回りにあるのではなく、われわれ自身にあるのだ。」

劇は「対立」のうえになりたっているが、小説もまた同じである。その対立の性格は明確に述べられることもあるだろうし、それとなくほのめかされている場合もあるだろう。しかし対立要素はかならず存在する必要があり、さもないと登場人物は摩擦のない世界を漂うことになる。対立は一個の人間のふたつの心のなかで闘わされてもいいし、ふたりもしくはそれ以上の人間のあいだで闘わされてもいい。あるいは人間と運命のあいだでもかまわない。人間同士の対立は、喜劇でもそうであるように、考え方、気質、価値の基準、行動規範などの違いによるものだろう。しかし、喜劇では衝突が意地の悪いすっぱ抜きに終わるのに対し、対立は、もし聴衆が対立する両者の態度を正当なものと受け入れるなら、つまりどちらも聴衆の理解のおよぶところであれば、高尚な悲劇になる。もし作者がこれに成功すれば、その対立は観衆の（あるいは読者の）心の中に投射され、観衆は相容れないふたりの登場人物を同時に自己と同一視し、それが心の中で衝突する。「他人とのけんかから生まれるのは華麗な文だが、自分自身とのけんかから生まれるのは詩である」とイエイツは書いた。コメディアンは犠牲者をねたにわれわれを笑わせる。悲劇作家はかれの共犯者としてわれわれを苦しませる。コメディアンは自己主張的情動に、悲劇作家は自己超越的情動に訴えている。そして両者のあいだの情動的な「中立」地帯では、心理学者、人類学者、社会学者が、要素を分析し対立を「解決すること」に従事している。

5――悲劇と日常性のバイソシエーション

簡単にふれておかねばならない基本的なバイソシエーションが、ひとつ残っている。悲劇的要素と平凡な要素とのつきあわせである。シェークスピアの「全世界が舞台である」に敬意を表せば、ふつうの人間の生活は、ふたつの異なったレベルにある舞台で、交互に演じられているとも言えるだろう（このふたつのレベルを、存在の「平凡な平面」、「悲劇的な平面」と呼ぶことにしよう）。大半の時間、われわれは平凡な平面の上を走っているが、特別な場合、たとえば死と対したとき、あるいは大洋の感覚にとり込まれたとき、われわれはマンホールを通り抜けて、悲劇的あるいは絶対的な平面に落ちる。するとたちまち、日常的なルーチンが底の浅い、くだらないものに見えてくる。しかしふたたび平凡な平面に戻ると、その経験を、過度に緊張した神経がもたらした幻だとして片付ける。

人間の創造性のもっとも高度な形態は、このふたつの平面に橋をかけ渡そうとする努力である。芸術家も科学者も、日常の平凡な出来事を永遠の光に照らして感知する能力を、そして逆にその絶対なるものを人間の言葉で表現し、具体的なイメージにかえる能力を、天から与えられている。われわれふつうの人間はときおり悲劇的な平面でつかの間の時間を過ごすが、それ以上の知的な装置も情動的な装置も、もっていない。無限は、明確な有限の世界と混ぜ合わされないかぎり、あまりにも非人間的で、つかまえどころがない。絶対は、それが何か具体的なものとバイソシエートされてはじめて、情動的に実感される。そしてこれこそ——つねに意識しているとはかぎらないが——科学者や芸術家が目ざしているものである。このふたつの平面に橋をかけることによって、宇宙の神秘は人間的なものになって、人間の生活過程のなかに引き込まれ、また人間の月並みな経験は形を変え、神秘と驚異の光輪にとりかこまれる。

言うまでもなく、すべての小説が読者に存在の問題を提示する「問題小説」であるとはかぎらない。しかし偉大な芸術作品はみな、間接的に、あるいは暗黙のうちに、人間の究極的な問題を提示している。地味な三色スミレでさえ根をもっている。芸術作品は、それがいかに気楽なものであれ、おっとりしたものであれ、いつかは根源的な経験の土壌により、デリケートな毛管を通じて滋養物を与えられる。

創造的な芸術家、科学者は、ふたつの平面で同時に生活することによって、時間の窓のむこうに、ときおりちらりと永遠を見る。それが中世のステンド・グラスであるか、ニュートンの万有引力の公式であるかは、気質と趣味の問題である。

6——無意識は創造性を手引きする

わたしはこれまでの各節で、ユーモア、発見、芸術の三領域が連続していることを、そして各領域における情動の気候とそれが情動の基本的両極性に由来することを、そして最後に三幅対の「横の系列」が三領域における創造活動のバイソシエーション・パターンの構造的類似を示していることを述べてきた。そこで今度は、創造活動そのものの心理学を詳しく論じておこう。

ほとんどわれわれは意識していないが、一貫性のある思考や行動は、すべて「ゲームの規則」に支配されている。心理学研究所という人工的な環境下では、たとえば「反対語を言え」というように、規則は実験者により明示される。そして実験者が「暗い」と言えば、被験者は「明るい」と答える。しかしもし規則が「同義語」である場合は、被験者は「黒」とか「夜」とか「影」などと答えるだろう。規則は固定されているが、このような単純なゲームにおいてさえ、被験者には数個の答えを選択する余地が残されていることは、注意しておかねばならない。行動主義者が言うように、刺激と反応は真空中に鎖を形成しているなどと言うのは、意味をなさない。特定の刺激がどんな反応を引きおこすかは、(a)固定されたゲームの規則、(b)規則が認める柔軟な戦略(過去の経験、気質、その他の要素できまる)によって左右される。

しかしわれわれが日常行なっているゲームは、規則が明確に示される研究所のゲームより複雑である。通常の思考、会話のルーチンでは、意識のレベルの下から、規則がいつの間にかその支配力を行使している。つまり文法や構文法の規則が言葉と言葉の間で目に見えぬ形で作用しているだけでなく常識的な論理の規則や、われわれが「認識の枠組」とか「連想脈絡」と呼んでいるもっと複雑な精神構造の規則(この中には、生来の偏見や情動的な性質も入る)も作用している。たとえわれわれが思考を支配している規則を明らかにしようとしても、それは困難であって、言語学者、意味論学者、精神医など、さまざまな専門家の助けを乞わなければならない。われわれは目に見えぬインクで書かれたルール・ブック——秘密の規則——に従いつつ、人生ゲームを演じているのである。しかしゲームを演じているだけでは十分でなく、創造的な独創性だけがワナの出口を教えるような問題情況が存在する。

『創造活動の理論』で、わたしは〈マトリックス〉という言葉を提案した。そのねらいは、不変の規範(明確なものもあろうし、不明確なものもあろう)に支配されてはいるが、問題や仕事にたち向うとき、さまざまな戦略が駆使できる思考習慣、ルーチン、技術《スキル》などすべての認識構造を統一的に記述しようということにある。つまり〈マトリックス〉とは精神ホロンであって、第一章で述べたホロンの性格をことごとく有している。それは規範的な規則に支配されているが、内外の環境からのフィードバックに左右される。それはペダンティックな堅さから柔軟な適応性まで、規範の許す範囲で変化する。それは「垂直の」抽象力のあるヒエラルキーで、「水平の」ネットワークならびに前後参照と絡み合う(第一章の「樹枝化」と「網状化」参照)。

問題や仕事とあい対したとき、われわれは過去に同じような情況をやりくりしたときの規則にしたがって、それに対処するだろう。そういった遵法的ルーチンの価値を卑下するのは愚かである。それは行動に一貫性と安定性を、推論には秩序を与える。しかし問題が困難な場合、あるいは新しい場合、しかもその状態が限度を越えている場合は、こうしたルーチンはもはや適切ではなくなる。世界は進行し、つぎつぎと新しい情況が生まれていく。そして従来の判断基準――すなわち既製のルール・ブック――では解決できない問題を提起し、挑戦をつきつける。科学の場合、こうした情況は、十分に確立された理論の基盤を揺がすような新しいデータのもとでおこる。この挑戦は、飽くことを知らない探究衝動によって、自ら招いたものである場合が多い。探究衝動が独創的な心に以前誰も問わなかったような問題を問わせ、不毛な答えには不満を感じさせるためだ。芸術家の場合、挑戦はいわば永久のものであり、表現媒体の制約から、あるいはその時代の伝統的な様式や技術が課した拘束や歪みから逃れようとする欲求から、あるいはまた表現できないものを表現しようとする努力から、それぞれに生じる。

精神がその極限に置かれると、ごくまれに、驚くほど独創的な、半ばアクロバット的な芸当をやってのける。そしてそれが科学や芸術の革命的な躍進を、あるいはまったく形の違う新しい展望をもたらすことがある。しかし革命には建設的な側面だけでなく、破壊的な側面もある。科学における「革命的な」発見とか、芸術の様式における革命的な変革とかを口にするとき、われわれは暗にその破壊的な側面を説いている。破壊はそれまで神聖で侵すことのできなかった教義や、思考習慣にまでなった一見明白な思考の原理を放棄することによってもたらされる。創造的な独創性と職人的なルーチンをわれわれに見分けさせるものが、これである。既製のゲームの規則にしたがって解決された問題、あるいはそれにしたがって成し遂げられた仕事は、技術《スキル》のマトリックスを何ら変えることはない。ところが創造的な独創性には、つねに知識の破棄と再学習、ご破算とやり直しがある。そこには石化した精神構造の粉砕と、もはやその役目を終えたマトリックスの破棄と、べつのマトリックスの再統合がある。言いかえれば、創造的な独創性とは、精神ヒエラルキーのいくつかのレベルを巻き込んだ、ディソシエーション（分離）とバイソシエーションの複合作用である。

こうした徹底的な改造作用には、理性の下面にある——あるいは意識の薄暮帯《トワイライト・ゾーン》にある——精神的プロセスの介入が必要であることは、あらゆる伝記が示すところである●120。創造的プロセスの決定的な局面では、理性的な統制は弛められ、創造者の精神は専門的な思考から一般的で流動的な精神作用に「退行する」。これは、たとえば、明確な言語的思考から漠としたヴィジュアル・イメージへの後退などに、よく見られる。世間には、科学者がきわめて理性的で厳密な言語をつかって推論し、発見にたどりついているものと単純に信じこんでいる人がいる。かれらは、いっさいそのようなことはしていない。一九四五年、ジャック・アダマールはアメリカの数学者にアンケートを出し、かれらの研究方法を調査したが、その結果は驚くべきものだった●070。ほとんど全員（例外は二名）が、言語をつかったり、あるいは代数記号をつかったりして問題に取り組んではいなかった。かれらは漠としたヴィジュアル・イメージに頼っていたのである。アインシュタインもそのひとりであった。かれはこう書いている。「話し言葉も書き言葉も、私の思考のメカニズムにおいては何の役割も果していない。……わたしの思考法は明確なヴィジュアル・イメージに頼っている……いわゆる全意識とは、意識そのものが狭量なものであるから、けっして達成しえない極限状態であるように、わたしにはおもえる。」[172]

自分たちの研究方法を書き記した創造的科学者の大半が、ウッドワースと見解を一にするヴィジュアル派である——「物ごとを明確に考えるために、言葉から離れなければならないことがよくある。」言葉をつかった推論は精神ヒエラルキーのきわめて高いレベルとかかわっているが、まかりまちがえば堅いペダンティックなものになり、それがリアリティと推論者のあいだに壁をうちたてる。創造性はしばしば言語が姿を消したところに——つまり前言語的、前理性的な精神活動のレベルまで退行することによって——生まれてくる。その精神活動の状態はある点で夢にたとえることもできるだろうが、おそらく睡眠と完全な覚醒との間にある一時的な状態の方がそれに近いだろう。

こうした退行は、われわれの理性のルーチンを統御している「ゲームの規則」を一時たなあげにすることを意味している。そして精神は、堅苦しい、あまりにも厳密な図式的論理から、あるいは生来の偏見から、一時的に解放される。さらにまた、精神は知識を捨て、かわりに新しい純粋な目と柔軟な思考を獲得し、それによって隠れたる類似を発見したり、いつもならとても受け入れるはずもない無謀な思考の組合せを考えだしたりする。偉大な科学者の伝記には、こうした話がいくらでもある。かれらは異口同音に自然発生的な直観や未知の力を強調するが、それは、芸術だけでなく精密科学においても、創造的なプロセスにはつねに多くの不合理が深くかかわっていることを示唆している。

わたしはかつて、こうした無意識の手引きがどうしておこるのか、言いかえるなら、より単純な精神レベルへの一時的退行がどうしてすばらしい思考の組合せ（つまりバイソシエーション）を産み、問題解決をもたらすのか——あえて推論を試みた。●120●123 誰もがよく経験することだが、眠りから醒めるとき夢を記憶にとどめようとするが、ふるいから落ちる砂のように、それは意識の手から逃げていく。この現象を「夢融解」と呼んでもいいだろう。夢自体は（そしてある程度までは白日夢もまた）、それが続くかぎり、この話からあの話へと自由奔放に漂っていく。論理の規則や、時間、空間、因果といった月並みな制限には無頓着である。またそれは一風変わった結びつきをつくりあげたり、キャベツと王様のあいだに類似点をひねりだしたりする。しかし、眠っている者が目を醒ました瞬間、それは崩壊し、正確な言葉では描写できなくなる。何かが何かを想い起こさせたと言えるが、もはや何が、なぜかはわからない。さて、創造的な妄念のさなかにあっては、つまり無意識層を含み、精神ヒエラルキーのあらゆるレベルがひとつの問題で飽和しているときは、夢融解というなじみの現象が逆転し、いわば「夢統合」になり、漠然と感じていた結びつきが原初的な類似を形成しはじめるかもしれない。それはアインシュタインの言う「ヴィジュアル・イメージ」のような、ぼうっとした不安定なものかもしれない。あるいはファラデーが幻のなかにはっきり見た、磁石を取り巻く「力線」みたいなものかもしれない。そして、その形は、ハムレットの雲のように、ラクダからイタチまでさまざまに変わっていくかもしれない。創造力に富む精神の無意識部分は、こうした原初的な類似、雲のような「知られざる物の形」であふれているにちがいない。しかし忘れてならないことがある。雲は形をなし、ふたたび崩壊するということだ。土砂ぶりはまれな出来事である。

7──創造的ジャンプのための撤退

フランス語にはreculer pour mieux sauter（訳注＝一歩後退二歩前進）という諺があるが、これに相当する英語の諺をわたしは知らない。意味は「跳ぶために退く」である。わたしが論じているプロセスも、これと似たようなパターンを踏む。つまり一時的に、原始的で拘束のない観念作用のレベルに退行し、ついで前方に創造的なジャンプをする。崩壊と再統合、ディソシエーションとバイソシエーションも同じパターンである。cogitation（熟考）はco-agitation、つまりそれまで分離していたものを一緒にして振るという意味だが、意識的、理性的な精神は最良のカクテル・シェーカーではない。たしかにそれは日常的なルーチンでは貴重ではある。しかし科学や芸術の革命的な前進はつねに「跳ぶために退く」というパターンを示すのである。

これを原型的なパターンと呼んで、さしつかえないだろう。なぜなら、他の分野においてもほぼこれに相当するものがある。たとえば、シャーマニズムから現代的なものまで、精神治療法《サイコセラピー》はつねに特別なご破算とやり直しのプロセスに頼っている。エルンスト・クリスはそれを「純粋我《エゴ》のための退行」と呼んだ。強迫、恐怖症そして複雑な防衛機構をもつ神経症患者は、一風変わった、それでいて堅苦しい「ゲームの規則」に支配されている。治療者《セラピスト》のねらいは一時的な退行を引きおこし、患者を物ごとが悪くなった点まで連れ戻し、変態、再生させることにある。

同じパターンは神話のなかの死と復活（あるいは撤退と復帰）のモチーフにも見られる。ヨセフは井戸にほうり込まれ、ヨナは鯨の腹から再生し、イエスは墓から復活した。

さらにまた、後で述べるように、「跳ぶために退く」は精神の創造性だけでなく、高度な生命形態の創造的進化でも、重要な役割を演じている。後でわかることだが、生物的な進化とは、やり直しとご破算のプロセスによって停滞、過度の特殊化、そして調整不良という袋小路から、脱出することであるとも言える。そしてそのプロセスは基本的に精神の進化現象と類似するばかりか、ある点で精神の進化現象の前兆にもなっている。しかしこの大きな問題にうつる前に、科学と芸術の創造性に関して整理しておかねばならないことが、まだいくつか残っている。

8――科学と芸術の相補性

ひどく骨を折ったが、前章まででわたしが強調したことは、芸術家と科学者はばらばらの世界に住んでいるのではなく、一個の連続スペクトルの異なった領域に住んでいるにすぎないということだった。連続スペクトル――それは、赤外線の詩から紫外線の物理学まで広がっている虹である。そして両者の間には建築、写真、チェス競技、料理、精神医学、SF、陶芸など、さまざまな中間的領域がある。しかし類似点を強調したあとは、過度の単純化を避けるため、ここで連続体の両極の差異(見かけのものもあるし、本物もある)について、簡単にふれておこう。

もっとも明白な差は、われわれが科学的業績と芸術的業績を評価するときの判断基準の性質にありそうだ。両者をわけ隔てている仮想の壁のひとつは、科学者は、芸術家とちがい、理論を実験と照らし合わせることで「客観的な真実」に至る立場にある、という一般的信念である。が、じつは、実験的な証拠によって理論にもとづいた予測が確認されることはあっても、理論それ自体が確認されることはないのである。まったく同じ実験データでも、いろいろに解釈できることがままあるのだ――この事実こそ、科学の歴史が文学批評の歴史とおなじくらい多くの悪意に満ちた議論で埋めつくされている理由である。かくしてわれわれは、実験によって科学的な理論を検証するという相対的に客観的な方法から、美学的価値という相対的に主観的な判断基準まで、一連の連続的な変化をふたたび手にすることになる。しかし強調されるべきは「相対的」である。じつは科学が進んできた道は、ちょうど古代の砂漠の道のように、かつては永遠の生命を有するとみなされた理論が破棄され白骨となって散乱している。芸術の歴史を見ても、既製の価値観、判断基準、表現様式の見直しに同じように苦しんでいる。たとえば過去二世紀のあいだに、ヨーロッパ文学は古典主義、ロマン主義、シュールレアリズム、さらにはダダイズム、社会派小説、実存主義、新ロマン主義などの盛衰をみてきた。絵画の歴史では、変化はさらに大きい。しかし生理学や医学（心理学は言うにおよばず）の歴史を見ても、あるいは進化生物学を見ても、あるいはまたアリストテレスからニュートン、アインシュタインの宇宙観まで物理学という「中核的」科学の急激な世界観の変化を見ても、同じジグザグ・コースが科学の進行を特徴づけていることがわかる。データはロールシャッハ・テストのインクのしみの輪郭とおなじくらい「はっきり」しているが、そこに何を読みとるかは、べつの問題だ。もちろん物理学の理論を判断する方法と芸術作品を判断する方法とのあいだには、厳密さと客観性の程度に、かなりの差がある。しかし再度言うなら、その差は程度の問題であって、両者の間には連続的な移り変わりがある。

発見の検証と判断は発見の行為の「あと」にくるという事実も、忘れてはならない。創造活動自体の決定的瞬間は、芸術家にとってもそうであるように、科学者にとっても意識の暗闇あるいは薄暮帯《トワイライト・ゾーン》への跳躍である。そこでは両者ともおなじように、あてにならない直観に頼っている。だから、まちがったインスピレーションや妙な理論が、くだらない芸術作品にまけずおとらず、科学史に豊富に見られる。にもかかわらず、そうしたものは、後に正しいことを証明された幸運な発見とおなじく、力強い確信と多幸感を犠牲者の心のなかに引きおこす。この点に関しては、科学者の立場は芸術家と何ら変わることはない。創造のプロセスという苦しみの中では、真実の道案内も、美の道案内とおなじように不確かで、主観的なのである。そして偉大な科学者のなかには、決定的な瞬間においては科学者は論理に手引きされるのではなく、口には言い表わせない美的感覚に手引きされていると言う者もいる。

ボティチェリの聖母マリア像とポアンカレの数学理論とをみくらべても、創造者の動機や熱意に関して、何の類似性も見出せない。にもかかわらず、無意識の暗中模索のなかで「新たな発見をもたらす適切な組合わせ」に向けて自分を手引きするものは「数学的な美、数の調和、形、幾何学的エレガンス、などの感覚」であり、「これはすべての数学者が知っている真の美的感覚である」と書いたのは、ほかならぬポアンカレであった。存命中のイギリス最高の物理学者、ポール・ディラックなどはさらに極端で、つぎのような言葉を残している——「式が実験と一致することより、式に美しさがあることの方が重要だ。」ショッキングな発言ではあったが、かれはノーベル賞をもらった。
そしてこれとは逆に、画家、彫刻家、建築家はつねに科学的な、あるいは準科学的な理論に手引きを受け、ときにはそれに悩まされてもきた。ギリシア人の黄金分割、透視図の幾何学、デューラーとダ・ヴィンチの「完全調和の究極的法則」、セザンヌの「自然のあらゆる形態は球と円筒と円錐に帰すことができる」という教義、等々である。論理的手法の前に美を置いた数学者の弁解。それと好対照なのが、スーラのつぎの言葉である――「わたしの作品には詩があるという。とんでもない。わたしは自分の手法を使う、ただそれだけのことだ。」（訳注＝スーラはヘルムホルツの光学理論をもとに点描法を創始した）
このように科学者も、芸術家も三幅対の連続性を認める。科学者は理論を手引きする直観力によっていることを自ら認め、芸術家は直観力に規律を課す抽象的な論を評価、あるいは過大評価する。ふたつの要素はたがいに相手の不足を補っている。そしてそれがどのような割合で結びつくかは、一にかれらの創造的衝動が何の媒体をとおして表現されるかにかかっている。
同種の考え方は、音楽の理論的側面である和声と対位法の規則にも適用できる。小説家も詩人も劇作家も、真空のなかで創作するわけではない。かれらが認識していようがなかろうが、かれらの世界観はその時代の哲学的、科学的思潮に影響されている。ジョン・ダンは神秘主義者であったが、かれはガリレオの望遠鏡の意味をただちにみてとった。

人間は網を編み、
網は天に投げられた
そしていま、天は人のもの

ニュートンもこれに匹敵するだけの影響力をもっていた。もちろんダーウィンも、マルクスも、『金枝篇』のフレイザーも、フロイトも、あるいはアインシュタインもそうだった。キーツの『ギリシアの壺に書かれた頌詩』は有名な文句で終わっている。

美は真《まこと》なり、真は美なり
それがこの世で汝らの知るすべてだ。
そして汝らに必要なのは、知ることだ。

これは確かに詩的な誇張表現であるが、それはまた、教育、社会システムの奇習によって人工的に引き裂かれたふたつの文化が本来ひとつであるという信念の吐露である。偏見のない心のなかでは、独創的な科学的発見はすべて美的な満足をもたらす。たとえば、苛立たしい問題の解決は不協和音から協和音を産む。そして逆に、美の経験は、その経験を引き出すように意図された作用（どんなものであってもよい）の有効性を知性が是認したときのみ、起こる。知性の啓蒙と感情浄化は創造活動の一対の報酬である。そして前者は真実の瞬間、すなわちAha反応を構成し、後者は美的経験のAh…反応をもたらす。両者は目に見えぬプロセスの相補的な側面なのである。

9——科学と芸術の進化サイクル

もうひとつ論じておかねばならないことは、一見本質的ともみえる科学の歴史と芸術の歴史の差である。

ソルジェニーツィンの小説『煉獄のなかで』で囚人たちが科学の進歩について議論している。そのうちのひとり、グレブ・ネルジンが激怒して言う。

進歩だと！　誰が進歩なんか望むものか。
あれさ、俺が芸術の気に入ってるところは——芸術にはちっとも進歩がねえってことよ。

かれはそれから一九世紀のテクノロジーの驚くべき進歩を論じ、あざけるように言う。「だが、『アンナ・カレーニナ』に少しでも進歩があったか？」

サルトルは『文学とは何か』で、正反対の態度をとっている。かれは小説をバナナにたとえ、新鮮なときしか楽しめないと論じた。この見解でいくと、『アンナ・カレーニナ』は遠の昔に腐ってしまったにちがいない。

ソルジェニーツィンの主人公の考え方は、科学は塔が建てられていくように、ひとつひとつ累積的に進歩するのに対し、芸術は時間を超越したもので、永遠のテーマに新しい変化をつける遊びだという伝統的な考え方を、そのまま反映している。ある程度までは、そして相対的な意味では、この伝統的な見解はもちろん正当なものと言える。なぜなら科学の大発見では、それまで分離していた脈絡（電気と磁気、物質とエネルギー、等々）がバイソシエートされ、新しい統合が生まれる。ついでそれは、ヒエラルキーのより高いレベルにある他の統合と合体するだろう。しかし芸術の進化は、一般に、こうした総合的なパターンは示さない。芸術家の創造的プロセスに取り込まれる知覚の対象は、それらに美的な特質があるか、情動的な潜在性があるかを基準に選択されている。そして芸術家のバイソシエーション活動はそれらを「並置」するのであり、知性の「融合」ではない。なぜなら、それらは、まさにその性質ゆえに、知性の融合にはただちに役立たないからである。

しかしふたたび、この差は相対的であって、絶対的ではない。もしグレブ・ネルジンの見解をまるごと受け入れるなら、そのときは、文学、絵画、音楽の「進歩」の客観的な判断基準を探し求めることに意味はない。そして芸術は進化せず、その時代の習慣と様式のなかで、同一の原型的な経験をくり返し述べるものにすぎなくなる。また言葉（画家のヴィジュアル言語も含む）は変われど、偉大な芸術作品に含まれているメッセージは不変で、時間の矢で刻印されることもなく、また世俗的な進歩ともかかわりをもたないことになる。

しかしよく調べれば、この見解は歴史的に擁護しえないものであることがわかる。たとえば、ある芸術形態をとりあげてみると、科学の進歩と比較しうるほど明確な累積的進化を示す時代がたしかに存在している。美術史家の第一人者、エルンスト・ゴンブリッチを引用しよう。

> 古代においては、絵画と彫刻は必然的に自然の模倣に集中した。そしてそのゴールを目指す美術の進歩は、古代人にとっては、現代のテクノロジーの進歩と同じものであったとも言えるだろう。
>
> つまりそれ自体、進歩のモデルなのである。たとえばプリニウスは彫刻と絵画の歴史を発明の歴史として語り、自然描写における明確な業績に対し、芸術家ひとりひとりの名をあてた。画家のポリュグノトスは開いた口と歯をつけて人間を描いた最初の人物、彫刻家ピタゴラスは神経と血管を描写した最初の人物、光と影に関心をもったのは画家ニキアス、という具合である。こうした時代（BC五五〇〜BC三五〇頃）の歴史はそれがプリニウスやクウィンティリアヌスにもあらわれているように、征服の叙事詩のように代々伝わっていった。……ルネッサンスの時代にこの手法を一三世紀から一六世紀までのイタリアの美術史に適用したのはバザーリであった。バザーリは、表現技術に著しく貢献したとかれがみなした過去の美術家に対して、けっして賛辞を呈することを怠らなかった。「美術は卑賤から身を起こし熟達の頂点に達した」（とバザーリは言う）のは、ジョットのような天才たちが光彩ある事跡を残し、他の者がかれらの業績に頼れたからである。◉066

「もしわたしが他の人たちより遠くを見ることができるというなら、それはわたしが巨人の肩の上に立っているからだ」とニュートンは言った。レオナルド・ダ・ヴィンチも、ほぼ同じことを言った――「師を凌駕しない者は、劣等な弟子である。」デューラー等も同種の意見を表明した。かれらが言った意味は、一三〇〇年頃ジョットに始まった爆発的な発達の期間に各世代の画家たちが新しい秘訣や技術を発見したから――遠近法、透視画法、光、色、質感の処理法、動き、顔の表情の表現法など――弟子たちはその発見を師から受け継ぎ新たなる出発への基線に使うことができた、ということである。

文学に関しては、ほとんど言う必要もないだろうが、過去の流派と様式はけっして静的なものではなかった。それは、その限られた寿命期間中に、洗練と技術的完成へ向けて――あるいはデカダンへ向けて――進化したのである。今日の物理学者がデモクリトスよりも原子について多くの知識を有していることは、誰もが認める。だがジョイスの『ユリシーズ』もまた、ホメロスの『オデュッセイア』より人間の本性について多くを知っているのである。もっと短い期間でも、たとえばわずか二〇年前の映画でさえ――例外はつねにあるとしても――今日から見ると驚くほど時代遅れに見える。見えすいている。おおげさである。はっきりしすぎている。過去にも現在にも、自分の書風や書法がそれ以前のものにくらべ、知的にも情動的にもリアリティに近いと信じなかった、あるいは信じていない物書きはほとんどいないだろう。ホメロスやゲーテに対する畏敬の念は、神童に対する態度と同じで、少しばかり謙遜すれば軽減される。あの時代(あの年)にしては、何と賢かった(賢い)ことよ!

かくして、科学はレンガ積みの職人のように累積的であるが、芸術は時間を超越し、噴水に踊るカラー・ボールみたいなもの、とするグレブ・ネルジンの見解を、われわれは過度の単純化とみなし、拒絶してさしつかえないだろう。芸術の歴史もまた、ある期間、累積的な進歩を見せる(進歩しない期間もあるが)。たとえばヨーロッパの絵画の歴史には、自然の描写に関して、急速かつ持続的な累積的進歩が見られる顕著な時代がふたつある。それはほとんど技術の進歩と同じくらい明白なものである。ひとつはおよそ紀元前六世紀の半ばから紀元前四世紀の半ばまで、もうひとつは一四世紀の初めから一六世紀の半ばまで、双方とも六〜八世代続き、そのなかで各世代の巨人が先輩巨人の肩に立ち、広い視野を眺めたのである。もちろん、このふたつが累積的進歩の「唯一」の時代であったなどと言うのは、馬鹿げていよう。しかしながら、急激な進化を見たこのふたつの時代の間には、それよりずっと長い停滞と衰退の期間があったことは事実である。そのうえ、孤独な巨人もいる。かれらはどこからともなく現われるが、つぎつぎと肩にのってバランスをとっていくサーカスの整然としたピラミッドの中には入れない。

結論は明らかだろう。博物館や図書館は、すべての芸術に、ある限られた意味で、ある限られた方向で、ある限られた期間内で、累積的な進行があることを証明している。しかしこうした短期間の足跡は、いずれ薄暮と混乱のなかに消え失せる。そして新たなる方向への新たなる出発の模索が始まるのだ。

しかし、一般に信じられていることとは違い、科学の進歩が芸術の進歩より一貫性をもっているわけではない。その前進が連続的、累積的であったのは、唯一、過去三〇〇年間だけである。しかし科学の歴史になじみのない者は――そのなかには大多数の科学者も入るが――知識の獲得がこれまでつねに究極の頂に向けて一本の道を着実にのぼってきたという誤信に陥りやすい。

じつは、科学も芸術も連続的に進化してきたわけではない。かつてホワイトヘッドは、一五〇〇年のヨーロッパは紀元前二一二年に死んだアルキメデスほどの知識も有していなかったと言った。ふりかえれば、アルキメデスとガリレオを、そしてサモスのアリスタルコス(地動説の創始者)とコペルニクスを隔てているステップはただひとつしかない。しかしそのステップが生まれるのに、ほぼ二〇〇〇年を要している。そしてその長い期間、科学は冬眠をむさぼっていた。つまりギリシア科学の短い栄光の三世紀(それはギリシア美術の累積時期とほぼ一致している)のあと、およその六倍の長さの人事不省の期間が訪れた。ついですさまじい覚醒がおきたわけだが、以来これまでわずか一〇世代しかたっていない。

科学の進歩は、芸術の進歩と同じく、安定したものでも絶対的なものでもない。それは、再度言うなら、限られた意味、限られた期間、限られた方向での進歩である。長い安定した曲線ではなく、ギザギザしたジグザグの線である。

どんな科学分野の歴史でも、それをいわば鳥瞰的に見るなら、長い、比較的平和な進化の期間と、短い、革命的な変化の期間がリズミカルに変動しているのがわかる。厳密な意味では、大躍進の直後の平和な期間において唯一、科学の進歩は連続的で累積的である。それは新しく開拓した領地の地固めの期間であり、新しい統合の確認、吸収、洗練、拡張の期間である。それは数年、あるいは数世代続くかもしれない。しかし遅かれ早かれ、新しい実験データや哲学的思潮の変化があらわれて停滞が生じ、マトリックスは硬化して閉鎖系になる。そしてここから危機が、そして対立理論が繁殖する肥沃なアナーキーの期間が生まれる。そしていずれ、新しい統合が達成され、再び同じようなサイクルがはじまる。しかし今度はべつなパラメータにそってべつな方向を目ざし、べつな種類の問いを発していく。

とすれば科学、芸術の進化のなかに反復パターンを見出すことは可能である。たいていこのサイクルはそれまで支配的だった学派あるいは様式に対する激しい反乱と拒絶ではじまる。そしてその後、大躍進がおこって新しい領地へ向う。ここまでを「第一局面」と呼ぼう。このサイクルの「第二局面」には、楽観主義と多幸感がある。前進の急先鋒に立った巨人たちの足元では、大勢の従者と模倣者が新しく開かれた領域へと入り、富をもたらしそうなものを探求、開拓する。すでに述べたようにこれは科学の新しい洞察と技術を、そして芸術の新しい様式を洗練、完成させる累積的進歩であり、いちだんと優れた局面である。「第三局面」は飽和をもたらし、ひきつづいて欲求不満と行き詰まりがおこる。「第四局面」と「最終局面」は危機の時代と疑いの時代であり、それはアリストテレスの宇宙観が崩壊したことを嘆いたジョン・ダンの言葉に要約されている——「すべてはバラバラだ。一貫性はすべて消えてしまった。」しかしそれは荒々しい放縦な実験（芸術の野獣主義、ダダイズムそして科学のそれに相当するもの）の時代でもあり、またつぎの革命を準備し、企て、新しい出発をもたらす創造的アナーキー（「躍ぶために退く」）の時代でもある。かくしてサイクルはふたたびはじまる。

この反復パターンは、ある点で、ヘルムホルツとグラハム・ウォラスが提唱した個人的な発見プロセスの一連の段階（意識的準備――無意識のもくろみ――解明――証明と強化）と類似している。しかし個人の発見プロセスがこれらの段階の最後で完結するのに対し、歴史的な規模では、サイクルの最後の段階がつぎのサイクルの第一段階へと消えていく。

『創造活動の理論』で最初に提案し、いまここで概要を論じた「歴史的サイクル」の概念ときわめて類似している最近の理論は、よく引用されるトーマス・クーンの『科学革命の構造』である。クーンはサイクルの累積的局面を「通常科学《ノーマル・サイエンス》」と呼び、革命的な大躍進を「パラダイムの変化」とした。用語のちがいはあるものの、クーンの理論とわたしが『創造活動の理論』で提案した理論とのあいだには、いくつか著しい類似点がある。もちろん、両者はそれぞれ独自に考え出されたものである。両者は、科学の歴史こそ累積的進歩を示す唯一の歴史であり、それゆえ科学の進歩は人類の進歩を測り知ることのできる唯一のものさしである、と主張したジョージ・サートンの古めかしい理論からの根本的離脱を指摘するものである。

すでに見たように、歴史の線図の上で科学の進歩は連続的な上昇カーブにはならず、芸術の歴史と同じく、ジグザグの線になる。もちろんそれは、前進がないということを意味するものではなく、両者とも予測しえない、そしてしばしば突飛な線上を進行しているということだけを意味している。

過去一〇〇年、歴史はロケットの離陸のように速度を増し、あっと言うような速さでつぎつぎと新しい発見を産みだしてきた。しかし同時にかつてないほどの危機、変化、そしてご破算とやり直しも産みだされた。これは科学と芸術のあらゆる分野——絵画、文学、物理学、大脳研究、遺伝学、宇宙論——にはっきりあらわれている。各分野では破壊軍団が建設労働者とおなじくらい熱狂的に活動しているが、われわれは後者が建てたものにだけ目を向け、破壊された正当理論の栄光の砦のことは忘れがちだ。この先二、三〇年のうちに、われわれがさらに壮観なご破算とやり直しを目撃することは疑いない。この問題については、以下の章にゆずるとしよう。

第三部——創造的進化

一九世紀の物理学における原子論の滅亡と同じように、遺伝学的原子論も亡びた。
生物体はそれぞれのかけらが別個の遺伝子によって支配されているモザイクではない。
また進化は、かけらをひとつずつでたらめに置き換えたら、
なんと魚が両生類に変わっていたという具合に進行するわけではない。

第九章
崩れゆく砦

1――ネオ・ダーウィニズムの矛盾

前章で述べた崩れゆく正統派の砦のひとつに、ネオ・ダーウィニアン進化論〈総合説〉ともいわれる）がある。W・H・ソープ教授は、ネオ・ダーウィニアンの教条を否定する「おそらく何百名もの生物学者がこの二五年来抱いてきた思想底流」と記して、この状況を要約している（シンポジウム『還元主義を超えて』の火つけ役になったのは、ソープのこの一言だった。第一章参照）。総合説の矛盾点と同語反復とは、じつはかなりの以前から公然の秘密として知られていたが、反論者は学界から追放するという地味ではあるが効果的な刑罰で、現在までその教条は固く擁護されてきた。このパラドックスには二重の理由があるようだ。第一に、ひとつの科学理論に対する誓約には、宗教的信条とおなじく、情動的な面がおおいにある（これは科学史を通じてよくみられる事態である）。また第二に、ネオ・ダーウィニズムにとってかわる筋道のとおった理論がないため、多くの生物学者たちは理論が皆無であるよりは芳しくない理論でもあった方がましだと感じている。これをすぐれた科学的策略と考えるかどうかは、見解の問題である。

この理論の本質を伝えるには、生物学におけるネオ・ダーウィニズムと心理学における行動主義とを対比させてみるのが、おそらくもっとも簡便であろう。両者はともに今世紀前半を支配した還元主義哲学の時代思潮からインスピレーションをえている。行動主義は、第一次世界大戦の直前にジョン・ブローダス・ワトソンによって創始され、「意識」や「精神」は現実の基盤をなんらもたない空虚な語であると言明することで、センセーショナルな衝撃を与えた。これより半世紀をへて、ハーバード大学のスキナー教授（おそらく当代もっとも影響力をもつ理論心理学者であろう）が、同じ見解をよりいっそう極端な形で表明した。スキナー著の定評ある教科書『科学と人間行動』では、心理学を志す学生にとっぱなから、「精神」や「観念」等は実質をもたず、「みせかけの解釈のために考えだされたにすぎない。……精神的もしくは心理的事象は自然科学的次元を欠くと言われているから、そこにもその存在を否定するもうひとつの理由がある[195]」と説いている（この論理でいくと、電磁波の存在をも否定できそうである。なぜなら電磁波はなんら物理的性質をもたない真空中の振動だからである）。

この、どうみても不合理な学説が、いまなお心理学界を席巻している事実を、学界外の友人たちに納得させるのはじつに難しい。最近、ある批評家はつぎのように書いている。

意識は存在しないという説の意味するところを意識してみるのは、おもしろい頭の体操になる。初期の行動主義者たちがこの難業を試みたかどうかは定かでないが、意識は存在しないという学説が今世紀の心理学におよぼした莫大な影響は、いたるところに大きな痕跡となって残っている。[101]

われわれはいまきわめて重大な問題にさしかかりつつあるが、この点に対して、行動主義もネオ・ダーウィニズムも驚くほど似かよった姿勢をみせている。それは生物学的進化の、そしてまた文化的進化の背後にある原動力にかかわるものである。まず文化的進化をとりあげよう。いったい行動主義者の精神を欠いた論法で、科学上の発見や芸術的独創性をどのように説明できるというのか？　ワトソンはこのように答えている。かれがその著作中で創造性について記しているのは、つぎに引用する一節のみであることを指摘しておきたい（傍点はワトソン）。

> 人間は、いったいどのようにして、詩やエッセイのごとき新たなる言語創作を行なうのだろう。これは、しばしば問われる自然な疑問のひとつである。その答えは、われわれは新たなるパターンに行きあたるまで、言葉を操作したり動かしたりしているということである。……パトゥーはどのようにして新しいドレスを作るのだろう？　ドレスの出来上りを「頭に描いて」いるのだろうか？　いやそうではない。……かれはモデルを呼び、新しい絹地をとりあげてモ

デルの体に巻きつける。そしてあちらこちらをつまみあげたり引き寄せたりする。……かれはドレスの形になるまで、素材を操作する。……新たなる創作が自他共の賞賛と称揚を呼ぶまで、操作は完了しない――ネズミがエサをみつけるのと同じである。……画家が絵を描くのもこれと同じであり、詩人とて自分はちがうといいばるわけにはいかない。[229]

ここで留意すべきふたつの点は、(a)何回ものランダムな試行の後で、「偶然」解決に「行きあたる」点、および(b)是認という「報酬をえる」ことから作業が続けられる点である。

ワトソンの本が刊行されて三〇年後、スキナーは科学上の発見も同様に行なわれるという結論を下した――ただしこの時点までに、行動主義特有の難解な用語ができていた。

問題解決の結果とは、その解決が反応という形で出現することである……個人の行動における反応の出現は、他の生物行動における反応の出現と同様、驚くにはあたらない。[195]

ここでスキナーがいう「生物」とは、行動主義者たちが心理学の研究にもっとも有効な手段であるとする、いわゆるスキナーボックスの中にいる実験用のネズミである(『生物の行動』や『科学と人間行動』といったスキナーの野心的な書名には、書物中のデータがほぼ全面的にネズミとハトを用いた条件づけ実験からえられた事実を示唆する何ものもない)。

この箱には、餌皿とバーが装備されている。このバーはスロット・マシンのレバーのように押し下げることができ、そうすると丸めたエサが皿の中に落ちる。ネズミをこの箱の中に入れると、早晩まったくの偶然からそのレバーに行きあたり、自動的にエサという報酬をえる。こうしてネズミはエサをえるにはバーを押す必要があることを、そのうちに学習する。この実験操作はオペラント条件づけと呼ばれる。バーを押すのは〈オペラント反応の放出〉であり、丸めたエサは〈強化子〉と呼ばれる。エサを与えないことは〈負の強化子〉である。所定の時間内にネズミがバーを押した回数が〈反応率〉であり、これは自動的に記録されて図表にプロットされる。こうした実験は、行動主義者が公言している目的──「行動（人間の行動をも含む）の測定、予測、制御」──の実現を意図するものである。

行動主義者がネズミを用いてえた知識の詳細は、ここでは無関係である（『機械の中の幽霊』第一──三章および付録を参照）。当面問題となるのは、またしても、ネズミがレバーのからくりを発見するのはまったく「偶然」であるとする点、そしてネズミがレバーを押す技術を身につけるのは「報酬」によって「強化」されるからであるとする点のふたつである。

原初的粘液《スライム》の一滴からどのように人間が進化したかという問いに対するダーウィニアンの答えを考察すると、それが、パトゥーは布地からどのようにエレガントなドレスを作るかという問いに対するワトソンの答え「かれはあちらこちらをつまみあげたり引き寄せたりする……こうしてかれはドレスの形になるまで、素材を操作する」と非常に似ていることに気づく。ダーウィニアンの唱える進化も、これと同じ原理にもとづくようである。すなわち、器官という素材をランダムに操作する──こちらに尻尾をつけたり、あちらに一対の翼をつけたり、そして適当なパターンに行きあたり、生存に適したパターンが存続するという具合だ。

言い換えると、現代の生命科学にともに主要な位置を占める行動主義とネオ・ダーウィニズムは、二段階にわかれて作動する本質的に等しいモデルにもとづいて、生物学的ならびに文化的進化を説明している。第一の段階はまったくの偶然に、第二の段階は淘汰的な報酬にそれぞれ支配される。したがって生物学的進化とは、（a）（タイプライターをうつサルのような）突然変異の所産が、（b）自然淘汰（適応がその報酬である）で存続したものに「すぎず」、また文化的進歩とは、（a）ランダム試行の結果が、（b）強化（アメとムチ）で存続したものに「すぎない」となる。

生物学的進化	文化的進化
（a）偶然の突然変異	ランダム試行
（b）自然淘汰	強化

これまでこの対比になんの関心も払われなかったとは、おかしな話である。おそらく心理学者たちは進化に興味をもたず、また進化論者のほうは心理学に興味をもたないからであろう。（a）の「偶然がはたす役割」についての検討はあとまわしにしよう。（a）の「強化」と「自然淘汰」と

いうふたつの概念については、なんの説明もなされていないことは、古くから知られている。まず「強化」をとりあげることにして、もう一度スキナー教授の言に耳を傾けよう。

「ごはんですよ」という言語的刺激の場合は、食卓に行って腰を下せばたいてい食物によって強化される。そこでこの刺激はその行動の確率を増大させるのに有効なものとなる。[195] だから話し手はこうした言葉を口にする。

あるいは読者はこれをパロディーではないかとおもわれるかもしれない。だがこれは一九五七年刊行のスキナーの著書『言語行動』からの引用である。かれはまた、「人がひとりごとをいうのは……自分で強化を受けるためである[196]」とか、思考はじつのところ「行動に自動的に影響を与え、そうすることによって強化する行動である[196]」とか、「音楽家がそれを耳にすることで自身が強化されるものを演奏したり作曲したりするように、あるいは画家がそれによって視覚的に強化されるものを絵にするように、言語の世界にいる者はそれを聞くことで強化を受けるものを話し、それを読むことで強化されるものを書く[196]」とか、創造的な芸術家は「強化の偶然性に完全に支配されている[196]」などと記している。

ネズミを訓練して箱の中のレバーを押させたり、迷路を抜けでる道をさがさせたりする場合には、「強化」という言葉には具体的な意味があった。すなわち報酬を与えたり与えなかったりすることで実験者はネズミの行動を意のままに条件づけることができる。しかし「強化」を「機械仕掛けの神」としてつかって、スキナー箱から画家のアトリエを類推しようとする行動主義者の英雄的な試みは、すでに述べたように、無残な愚挙をもたらした。だがそれでも行動主義哲学は、人間の行動がネズミの行動の洗練されたものに「すぎない」ことを証明しようと、その信奉者を駆り立てている。つぎにかかげるスキナーからの最後の引用は、要点をいいあてているであろう。作家の「言語行動は何世紀にもおよぶかもしれないし、同時に何千人もの聴衆や読者に届くかもしれない。作家は何度も、あるいはただちに強化されることはないかもしれないが、かれが受ける最終的な強化は大きい」[196]。

ここに何か意味があるとすれば、それは作家はすべて不朽の名作を書きたいとおもっているということだ。作家は強化を受けるために努力を続ける[122]。そして強化とは、それが何であれ、作家に努力を続けさせるものを意味する。チョムスキー[034]らが指摘したように、強化の概念は同語反復《トートロジー》の上に成り立っている。したがってその説明は無意味である。

2――自然淘汰と適者生存の堂々めぐり

自然淘汰や適者生存といったダーウィニアンの概念も、同様の運命をたどる。先に述べたように、これらの概念は行動主義の「強化」を進化論に置き換えたものである。

かつて、事態はきわめて簡単にみえた。自然は、適者に報酬というアメを与え、不適者を絶滅というムチで罰した。適応を定義するにいたって、事態ははじめて面倒になった。ピグミー族はジャイアント族よりも適応しているのだろうか？　黒髪《ブルネット》は金髪《ブロンド》よりも適応しているのだろうか？　左利きは右利きよりも適応しているのだろうか？　「適応」の正確な基準とはいったい何なのか。まず頭に浮かぶのは、もっとも長く生存する者が、もっとも適した者であるという答である。だが種の進化を考えるときは、各個体の寿命は争点にはならない（寿命が一日の昆虫もいれば、一世紀も生きるカメもいる）。問題は一年の間「どれだけ子孫を作るか」である。つまり自然淘汰とは最適者の生存と繁殖に気を配ることであり、また最適者とは繁殖率がもっとも高い者ということになる。かくしてわれわれは進化を進化させるものは何であるかという、論点を完全に避けた堂々めぐりの議論をするはめになる。マイヤー、シンプソン、ウォディントン、ホールデンといった進化論のリーダーたちは、何十年か前にこの致命的な欠点に気づいた――これは先にわたしが述べたように公然の秘密であったし、また現在でもそうである。だが満足できる代替がみあたらないため、崩れゆく殿堂は守られなくてはならない。たとえばジュリアン・ハクスリー卿は一九五三年に、つぎのように述べている（傍点はハクスリー）。

> われわれが知るかぎり、自然淘汰は必然的で、進化をもたらすひとつの有効な力であるだけでない。それは進化の唯一無二の有効な力である。◉095

この権威的な見解を、故ウォディントン教授による痛烈な論評と比較してみよう（ウォディントン自身もネオ・ダーウィニズム派の有力メンバーではあったが、決定的な疑念を抱いていた）。

当然ながら生存とは、メトセラ（訳注＝九六九年生きたといわれるユダヤの族長）をしのぐほど長生きするといった、一個体の肉体的持続を意味するものではない。現在では生存とは、永続的に世代をかさねてゆく源であると解釈されている。すなわち、もっとも多くの子孫を残した個体がもっともよく「生存」する。またある動物が「適者」であるというのは、かならずしも最強であるとか、もっとも健康であるとか、あるいは美人コンテストに優勝するとかいう意味ではない。「適者」という言葉の本質的な意味は、最多数の子孫を残すことにほかならない。じつは、自然淘汰の一般的な原理は、もっとも多くの子孫を残す個体は、もっとも多くの子孫を残す、と言明するものにすぎないのである。これは同語反復《トートロジー》である。[●223]

フォン・ベルタランフィの指摘はもっと辛辣である。かれは正統派の理論を評して「なぜ進化がウサギやニシンやあるいはバクテリアといった増殖能力においては他にひけをとらぬ連中を置きざりにして、先に進んでしまったのか理解しがたい」と述べている。[●012]

誤解を避けるためいっておくが、生命の要求に対処しきれない生物学上の不適格者《ミスフィット》は進化の過程で絶滅するであろうことを否定する批評家は、当然ながら誰もいない。しかし奇形の絶滅は、より高度な形態の進化の説明にはならない。除草剤は有効な作用をもつが、新たな植物の種の発生の説明にはならない。不適格者《アンフィット》の絶滅を、進化の過程がなんらかの否定しがたい「適応」の理想をめざしていると混同するのは、進化論者たちに共通した誤りである。総合説の擁護者たちは、「自然淘汰」という不確かな言葉を「淘汰的絶滅」と言い換えることで、この混乱を簡単にかたづけてしまった。だがかれらはせいぜい「適者生存」というスローガンを、少しはましな「差次生殖」に変えたにすぎない——しかしこれでは、われわれがいま検討したように、同語反復の迷宮からの脱け道はみいだせない。

また適応のもうひとつの同義語である「順応」をもちだしても、事態の解決にはならない。フォン・ベルタランフィを再度引用して、手短かに話をしよう。

> ……単純な生物から複雑な生物への進歩という意味の進化は、より順応するとか……より多くの子孫を産むとかいったこととは無関係であるというのが、わたしの意見だ。順応とはいかなるレベルにおいても可能である……アメーバや蠕《ぜん》虫や昆虫、あるいは無胎盤哺乳動物は、有胎盤動物に劣らず順応している。もしそうでなければ、かれらははるか昔に絶滅しているはずである。●012

言い換えれば、環境に適応できる種のみが生存できるという自明の理には誰も疑念を抱かない。しかし、「おなじひとつの環境に対しても無数の順応法」が存在する。そしてこれらの順応法のなかには、とてつもなくまわりくどい複雑なものもあるため、「順応」という言葉は意味をなくしてしまう。アリスター・ハーディ卿の『リビング・ストリーム』から引用したつぎの例を考察してみよう。

ランの花のなかには、特定の昆虫のメスの色や形や匂いをまねて、その種の昆虫のオスを性的に魅きつけるものがある。これに刺激されて生殖行為を行なおうとやってくるオスは、花粉を運んでくることによって、自分ではなくてランの花の生殖過程を完了することになる。[075]

あるいは、フォン・ベルタランフィをさらにもういちど引用すれば、

> わたし個人は……コマッキョ湖のウナギが危険を冒してサルガッソー海まで旅することがなぜ淘汰上の利点をもつのか、あるいは回虫は宿主の腸という快適な居場所にとどまらずに、なぜ体内をめぐるのか、またはおなじように草食性でかつほぼおなじ大きさのウマはひとつの胃で十分にあっているというのに、ウシの複数の胃にはどのような生存的価値があるのかといった問題の理解に、いまだにとまどっている。[012]

さらにチョウやガの幼虫のサナギへのとてつもない変態——みずからをマユに紡ぎこみ、その中で幼虫時代の器官や組織の解体をも含んだ完璧な変身を行なう——や、羽をもつ成虫への再生を、「順応」はどう説明するというのだろう？　博物学の書物には、種として「生きてゆく」ためのこうしたありそうもないような方法の例が無数にとりあげられている。しかし、こうした事例は進化についての理論的な著作にはまずみあたらない。なぜなら、これらはこの理論が根源的な疑問を回避していること

を、あまりにもはっきりとさせすぎるためである。したがって「自然淘汰」の機械仕掛けの神としての「順応」は、「適者生存」や「差次生殖」といった先住者と運命を分けあうはめになる。

3――だれが進化のルーレットに賭けるか?

ネオ・ダーウィニズムの教条によれば、自然淘汰の魔術がはたらく素材は、ランダムな突然変異（すなわち遺伝形質を伝える遺伝子の化学変化）によってもたらされる。こうした変化は、放射線や有害な化学物質や過熱がひきがねとなって起き、その生物の要求や繁栄、またはその自然環境とはまったく無縁であるという意味において、ランダムである。この変化は微妙なバランスを保つ生物体の正常な機能を妨げる偶発事といった性質をもつ。したがって大部分の突然変異は悪影響をもたらすか、あるいはわずかな影響しか与えないかのいずれかである。だがこの説のいうところによれば、何度も回を重ねてゆくうちにラッキー・ヒットがうまれる。この変異遺伝子をもつ生物はたまたまちょっとした利点を授かったため、この変異は自然淘汰されずに維持されてゆく。そして十分な時間が与えられれば、ジュリアン・ハクスリー卿がいうように「どんなことでも起こる」。「目や手や脳が盲目的偶然《ブラインド・チャンス》によって進化するなどありそうもないという古めかしい反論は、効力を失くした」――なぜなら「地質学的な長期間にわたって作用する自然淘汰[094]」がすべてを説明するからだという。

この意見を、つぎに記すウォディントンのものと比較してみよう。

すばらしく順応した生物学的機構が、それぞれ盲目的な偶然によって生じた一連のでたらめな変異から淘汰だけで進化してきたと考えるのは、レンガを放りなげて山積みしていくと、おしまいにはまったく望みどおりの家ができあがると考えるようなものである。[222]

それにもかかわらず、ジャック・モノー（一九六五年度ノーベル賞受賞者）は、進化を「巨大な富くじ遊び」[157]あるいは「自然のルーレット」[157]と呼び、つぎのような結論を下している。

> 偶然のみが、生物圏内のあらゆる改変やすべての創造の源である。完璧に自由ではあるが盲目的な純粋な偶然こそ、まさに巨大な進化体系の基幹である。現代生物学の中枢をなすこの概念は、いまやその他いくつかの考えうる仮説の中のひとつではない。これは今日考えられる唯一の仮説であり、観察や実験がなされた事実と符合するのはこれだけである。この点に関して、われわれの立場がいずれ修正されるだろうという仮定（もしくは希望）を保証するものはなにもない……。

宇宙は生命をはらんでいたのでもなければ、人間の生活圏でもなかった。モンテ・カルロのゲームにおいて、われわれが賭けた数字が適中したのだ。[157]

しかしルーレットとの類推は、どんな主要な進化も偶然の突然変異によってもたらされるという、とてつもなく不可解な話をわかりやすすく説くものではなく、むしろそれを覆いかくしている。なぜならこうした現象が起きるには、ルーレット・テーブルで所望の数字（たとえば一七としよう）が指されるだけでは不十分である。カジノで同時に一ダースほどのルーレット・テーブルが一七を指し、続いて一八、一九、二〇と全テーブルが同時に同じ数字を指さなくてはならないのだ。

若干の例を引いて説明してみよう。最初の例はきわめて単純で平凡であり、わずかに四個のルーレット盤が関与しているだけである。ジャイアント・パンダの前肢には六本目の指がある。これは有害な偶然の突然変異による奇型の典型例といえよう。だがたまたまパンダにとっては、この六本目の指は竹の若芽を扱うのにとても都合がよい。しかしこの指に必要な筋肉と神経と血管とが備わっていないとすれば、当然ながらそれは無用の長物にすぎない。考えられるすべての遺伝的突然変異のなかで、この余分の骨と神経と筋肉ならびに動脈とが、「同時に」かつそれぞれ「独立して」生じるという機会はきわめて小さい。しかもこのケースでは、わずか四個の主要素（四個のルーレット盤）がはたらいているにすぎない。ダーウィニアンの理論における古典的なつまずき石である脊椎動物の目といった、網膜や桿状体、円錐体やレンズや虹彩や瞳孔等々をもった驚異的な複合をとりあげると、その各部分がそれぞれ独立したランダムな突然変異（すなわち「盲目的な偶然」）によって調和した進化をとげたという確率は、ハクスリー卿には失礼ながら、まさに馬鹿げている。ダーウィン自身もこのことを明確に認識して、一八六〇年にエイサ・グレイにつぎのような手紙を書いている。「わたしは目について考えると、背筋が冷くなったのをよく覚えています。[141]」これは教条の支持者たちにいまだに影響を与えており、かれらはこの問題については討論を避けるか、あるいは巧みに言い逃れる。

おなじように背筋がぞっとするのは、ある種の爬虫類の先祖が、さまざまな器官に影響を与えるランダムな突然変異によって一歩一歩変化し、トリに形を変えたという考えである。実際、うろこを羽に、中味のつまった骨を中空の管にそれぞれ変え、気嚢を発達させて身体の各部分となし、肩の筋肉と骨を運動に適するように発達させる等々、それらに要するモノーのいうルーレット盤の数を考えただけでも鳥肌がたつ。このような身体の再構築は、排泄を含む内臓系の抜本的な変更をともなう。トリはけっして小便をしない。トリは含窒素老廃物（重いバラストである）を水で希釈するかわりに、それを腎臓から半固体状の形でとりだし、排泄腔から排泄する。さらにまた、冷血から温血への「盲目的な偶然」による転換もありそうにもない。爬虫類を飛行性に変えたり、あるいは生きたソフトウェアからカメラ・アイを構築するために満さなければならない設計仕様書は、かぞえればきりがない。

この項の結論として、両生類の卵から爬虫類の卵への進化という、穏当であまりドラマチックでない例をあげよう。わたしはこの過程を『機械の中の幽霊』中に記したが、ここで再度とりあげることにする。なぜならダーウィニアンの方式によるこの過程の説明は、不可解なだけでなく、論理的にも不可能だからである。

脊椎動物の陸地征服は、ある種の原始的な両生類の形態が進化して爬虫類になったことからはじまった。両生類は水中で生殖し、その子は水生である。爬虫類が決定的に新しいのは、両生類とちがって乾燥した陸地で産卵する点である。爬虫類はもはや水には依存せず、陸地を自由にさまよった。しかし卵からまだ出ていない爬虫類の子供は、依然として水生環境を必要とした。子供は水分を確保しておかないと、初期の段階で干上ってしまう。またこの子供には大量の食物も必要である。両生類は幼生型で卵からかえって自分でエサをみつけるが、爬虫類は完全に成長してから卵からかえる。したがって爬虫類の卵には食糧としての大量の卵黄と、水分を供給する卵白とが必要である。卵黄も卵白も片方だけでは、なんの淘汰上の価値ももたない。また卵白には水分が蒸発してしまわないように容器も必要となる。そこで進化のセット販売の部分のひとつとして、レザー質か石灰質の卵殻が必要となった。だが話はこれでおしまいではない。爬虫類の胚は卵殻があるため老廃物を外へ捨てられない。両生類の胚の場合は殻が柔いので、池全体へ垂れ流しできたが、爬虫類の胚は一種の嚢をもっていなくてはならなかった。これは尿膜と呼ばれ、ある意味では哺乳動物の胎盤の前身である。この問題は解決したとしても、胚は依然固い殻の中にいるので、なにか脱出の道具が必要である。卵がゼラチン質の膜で包まれたある種の魚や両生類の胚の場合は、期が熟すると膜を溶かす化学物質を分泌する腺が鼻先にある。だが固い殻に閉じこめられた胚の場合は、機械的なてだてが必要となる。たとえばヘビやトカゲは缶切り状に変形した歯をもっているし、またトリはカルンクラ(同様の役に立つくちばしの先あたりに発達した固い突起であり、成鳥後脱落する)をもつ。[●122]

さてダーウィニアンの方式によれば、こうした変化はすべて漸進的であり、各小段階は偶然の突然変異によって生じるとのことである。しかし、どれほど小さなものであれ、各段階の変化は同時に、しかも独立しておこり、必要な要素を「すべて」含んでいたことは明らかである。たとえば卵白中の貯蔵液は、殻がなければ卵の外にでてしまう。だがその殻は、尿膜がなかったり、缶切りがなかったりすると、無用なばかりか、実際は致命的である。こうした変化のどれをとってみても、もし単独に起きたとすれば有害であろうし、その変化を受けた生物は自然淘汰（というよりむしろ先に述べた「自然絶滅」）によって滅ぶであろう。単独に生じた突然変異Aが、同じ方向をめざす突然変異Bが起きるまで無数の世代をへて保存され、以下同様にC、Dと続いていくなどとはとてもおもえない。どの変異も単独に起きたならば、他のすべての突然変異と結びつく前に消し去られるであろう。生物におけるこれらの変異はすべて相互に依存しあっている――モザイクではなくて、機能的全体なのである。必要とされる諸変化がすべて偶然の符合でもたらされるという説は、常識に対してだけではなく、科学的説明の基本原理に対しても非礼である。ピエール・グラース教授（彼は三〇年にわたってソルボンヌ大学の進化学の教授をつとめているが、そのフランス式のウィットは色あせない）は、最近出版された重要な著書の中でつぎのように評している（傍点はグラース）。

いかに頭に血がのぼっているにせよ、ランダムな進化のルーレットの賭をするほど酔狂なギャンブラーがいったいどこにいるだろう？　DNA分子にふりかかった災い（目の将来機能とはまったく無関係な災い）から目がつくり上げられる確率と比べれば、風が運んできた一粒の塵からデューラーのメランコリーができあがる可能性のほうがはるかに大きい。

白日夢をみるのもよかろう。だが科学が白日夢に屈してはならない[068]。

4——行動の進化の謎

われわれは種の進化について話をする場合、たいていは博物館に展示されているような新たな形態や身体構造の出現を頭に描く。だが進化は新たな形態を生みだすだけではなく、新しいタイプの行動や、生得的で遺伝性の新しい技能《スキル》をも創造する。新しい構造の出現の背後にある力が不明瞭だとすれば、生得的技能の進化の原動力はまったく闇に包まれている。ノーベル賞を受けたニコ・ティンバーゲンが嘆いているように「行動生物学は驚くほど遅れている……行動の遺伝学のいっそうの進展が必要である[219]」。

その理由は簡単である——ネオ・ダーウィニズムは、こうした問題と取り組む手段をもたないからである。動物のとほうもなく複雑な生得的技能について、ネオ・ダーウィニズムの説明はただひとつである。すなわち、これらもまた動物の脳や神経の回路になんらかの影響を与えるランダムな突然変異によって生じ、それが「自然淘汰」で保存されてきたというのだ。クモが巣を張るのを見ても、アオガラの巣作りを見ても、アナグマがダムを作るのを見ても、ミヤコドリがエサを空中から硬い岩めがけて落とすのを見ても、ミツバチのすぐれた社会的行動を見ても、例のおきまりの説明をサンスクリットの呪文よろしくくりかえすのは、生物学を専攻する大学院生たちには結構な練習となろう。ダーウィニアンの呪文によるいかなる説明もしりぞける、さまざまな動物の呆然とさせられるほどこみいった生得的行動のパターンの例をあげていけば、ゆうにひとつの図書館をいっぱいにできるだろう。ここでは、ティンバーゲンによるあまり有名でない例のひとつを引用したい。

この種（いわゆるジガバチ）のメスは、産卵する場合に穴を掘り、イモムシを殺すかしびれさすかしてその穴の中に運び込む。そしてイモムシの表面に一個の卵を産みつけて、それをしまっておく（段階a）。これが終わると、このジガバチはもうひとつの穴を掘り、べつなイモムシの表面に産卵する。そのうちに最初の卵が孵化し、幼虫は貯蔵食物を食べはじめる。そうすると母親は、再度最初の穴に注意を向け（段階b）、この穴にもっとガの幼虫をもってくる。ついで、二番目の穴にも同じことをする。母親は最初の穴に三度戻って、最終的に六ないし七匹のイモムシを運び込む（段階c）。この後彼女は穴を閉じて、ずっとそのままにしておく。こうして母親は幼虫が異なった発育段階にある二個もしくは三個の穴で順番に作業をおこなう。ベレンドは、ジガバチがどうして各穴に適正な量の食物を運ぶかを研究した。かれは、ジガバチが毎朝捕食にでかける前に、全部の穴を訪れることに気づいた。ベレンドは穴の中味を変えてジガバチの行動を観察して、つぎの発見をした。（1）穴の中味を減らしておくと、母親は通常よりはるかに多量のエサをもってくる。(2)穴の中にガの幼虫を加えておくと、母親は通常より少ししかエサを運んでこない[219]。

だがべつのハチ(*Eumenes amedei*)はもっとうまくやる。つぎにかかげるいささかぞっとさせる記述は、ノーマン・マクベスによる「ダーウィンの再検討」からの引用である。

多くの同類のように、イモムシの表面や内部に卵を産みつけはしない。イモムシは部分的にしびれさせられているだけであり、ツメを動かしたり、かみついたりはできる。万一イモムシが幼虫をかじろうとすれば、幼虫の所までくねっていって傷つけることができる。だから卵と幼虫とは両方とも防護されていなくてはならない。そこで卵は穴の天井部に固定された絹糸でつりさげられる。イモムシはのたうったり身をくねらせたりはできるが、卵に近づくことはできない。

卵から孵った幼虫は、卵殻を食べた後、絹のような小さなリボン状の鞘を作り、尾をいちばん上にして頭をたらした格好でこの鞘にくるまれる。この隠れ家に身をひそめた幼虫は、生きた食物の山の上にぶらさがることになる。幼虫はイモムシをかじることができる位置まで降りてこられる。イモムシたちがあまりにも活発に動きまわっていれば、幼虫は騒ぎがおさまるまで絹状の鞘の中で待ち、それから食事に降りてくる。幼虫が成長して大きく強くなると、もっとずうずうしくなる。絹状の隠れ家はもはや不要となり、幼虫はおもい切って降りてきて、残りのエサをたいらげることができる[141]。

ここにいたっては、例の呪文はいかに傾倒したネオ・ダーウィニストに対しても催眠効力をなくしてしまうと、私はおもう。ティンバーゲンがいうように「行動の遺伝学のいっそうの進展が必要である」。だが総合説は、そのてがかりを与えはしない。

5――ダーウィンのためらいとメンデルの夜明け

あらゆる基本的な疑問を事実上回避するような説が、いったいどうして生物学者たちに広く受け入れられ、かつおおやけに絶対的な真実と考えられたのだろうか？（行動主義についても同じ疑問が生じる）その答えの一部は、またもやフォン・ベルタランフィの著書中にみいだされる。

これほどまでに曖昧で立証が不完全で、「厳格《ハード》な」科学に適用される基準がまったく満たされていない理論がなぜ教条となったのかという事実の説明は、社会学的見地に基づいてはじめて可能になるとわたしは考える。社会と科学とがともに、機械論や功利主義といった観念や自由競争という経済学上の概念にあまりにも夢中になりすぎた結果、「淘汰」が「神」の代わりに究極的実在という王座を占めたのである[012]。

これが答えの一部であることはまちがいがない。しかし他の要因も絡んでいる。第一に進化論は基本的な真実を含んでいる。化石を見れば進化が事実であり、ダーウィンが正しくてウィルバーフォース僧正がまちがっていることが証明される。こうしてダーウィニズムは、啓発され進歩的なすべての人びとにとってひとつの信条になったが、反面その理論の細部は専門家たちに一任されてしまった。

だがダーウィン自身をも含めた専門家たちは、ほどなく困難に直面した。ダーウィニズムの初期の歴史には、この主題にぴったりのあまり知られていないエピソードがある（以下は『サンバガエルの謎』に記したエピソードの要約である）。

『種の起源』の出版後八年をへた一八六七年、エジンバラ大学の工学部教授であったフレミング・ジェンキンは、ダーウィンの説に対する完全な反駁となる論文を発表し[104]、驚くほど単純な論理的演繹によって、当時受け入れられていた遺伝の機構では「偶然の変異からなんら新しい種は生じない」と表明した。話はこうである。ダーウィンの時代における遺伝理論は、赤ん坊は両親の資質を約二分の一ずつあわせもっているという仮定にもとづいていた。そしてダーウィンのいとこであるフランシス・ゴールトンが、いわゆる「先祖伝来の遺伝的性質の法則」を数式化した。しかしそれによれば、ある種においておもいがけなく現れた有用な偶然の変化（のちに突然変異と呼ばれる）を受けた一個体が、通常（すなわち個体群の大多数を占めるもののひとつ）の配偶者をえたとすれば、かれらの子供は有用な新しい性質を五〇パーセントもっているにすぎず、孫の場合はわずか二五パーセントであり、曽孫の場合は一二・五パーセントとなり、以下同様である。自然淘汰がこのすぐれた新しい性質を拡めるはるか以前に、それは大海中の一滴のように消えうせてしまうのである。

驚くべきことは、アリスター・ハーディ卿が書いているように、[075]「ビクトリア朝期のすぐれた識者たち」はジェンキンが指摘した基本的な論理上の誤りに気づかなかった。ダーウィン自身は非常に動揺したため『種の起源』の第六版に新たに一章を設けて、以前は「ばかげた話」としてかたづけていたラマルクの進化論（獲得形質の継承をいうものであり、ダーウィニズムにおいては現在でも異端とされる）を復活させている。ウォーレスへ宛てた手紙をみれば、ダーウィンには他に解決法がみいだせなかったことがわかる。しかしダーウィン信奉者たちは、師がラマルク説という異論へ逆戻りしたこと（どのみち必要な答をあたえるものではなかった）を無視し、一九世紀末の何十年かでダーウィニズムは行きづまってしまった――だが大衆はそれに気づきはしなかった。当時イギリスにおけるダーウィニズムのリーダーであったウィリアム・ベイトソンは「進化の研究の進展は、ほとんどストップしてしまった。より精力的でおそらくより賢明な人びとは、この学問分野にみきりをつけてしまった」と回想している。[005]

しかし一九〇〇年に、おもいもよらないドラマチックな事態の急転により危機は解決した――あるいは当時の感覚でいえば、暗雲が消えてダーウィニズムはネオ・ダーウィニズムに生まれ変った。

このきわめて重大な事件とは、一八六五年刊行のモラビアのブリュン自然科学協会報に記載された、アウグスティヌス修道士グレゴール・メンデルによる「植物の交雑に関する実験」と題される論文の再発見である。メンデルの没後三五年もたって、異なる三国の三人の生物学者たちが、ほぼ同時に、それぞれこの論文を発掘した（ウィーンのチェルマク、ライデンのドフリース、ベルリンのコレンス）。この三人はそれぞれ袋小路を脱出する手がかりとなる文献はないかとさがしていたところ、メンデルの雑交エンドウマメの雑種の重要性に気づいた。こうしてメンデルのエンドウマメはニュートンのリンゴとおなじく、科学伝説上で不可欠の地位を占めるようになった。メンデルの実験によって、エンドウマメの色や形やその他の性質を決める「遺伝の単位」（のちに遺伝子と呼ばれるようになった）は、「混ざり合って」薄まるのではなくて、むしろしっかりと安定した大理石のようなものであり、組合わさってさまざまなモザイク・パターンを作るが、みずからの独自性は保持し損われずに元のままで次の世代に伝わる――「優性」遺伝子と組合わさった「劣性」遺伝子の作用は潜伏するとしても――ことが判明した。

　こうしてついに、ジェンキンによる根源的な反論に対する答えがでたのである。なぜなら偶然の突然変異が起きた場合、それは混合によって徐々に減っていくのではなく、世代から世代へと受け継がれてゆくので、その変異した性質は「自然淘汰」をまぬがれる機会があるわけである。

　こうしてすべてが落着した。遺伝的な特性を決定する一個一個の因子がメンデルの法則による遺伝子に含まれ、各遺伝子はちょうどビーズを糸にとおしたように、染色体中に定められた位置をもった。進化にはもはや謎はなくなった――あるいはそのようにみえた。ベイトソンは列車内でメンデルの論文を読むと、たちどころに絶望状態からたちなおり、ボヘミアの修道士に敬意を表して末の息子をグレゴリーとなづけた。「メンデルがもたらしてくれた夜明けの前の闇の深さを覚えている者にだけ事の重大さがわかるであろう」とかれは二〇年後に記している。[005]

ここではメンデルの学説の詳細にはふれないで、進化論におよぼしたその衝撃を言及するにとどめておく。これはまさに決定的であった。

ベイトソンは、メンデルの遺伝法則が植物にも動物にも同様にあてはまることを明らかにした最初の人物であった。かれは家禽類を用いて実験した。だが新しい遺伝学の実験動物として好まれたのはコガタショウジョウバエ(*Drosophila melanogaster*)であった。このハエはひじょうに速く繁殖し、また四対の染色体をもつだけである。このためこのハエを用いると、自然の突然変異、または人工的(照射や加熱等)な突然変異によって産まれた多数のハエの遺伝的変異の研究に、統計的手法を用いることが可能となった。そのかぎられた分野においては、遺伝学はすばらしい成功を収めたし、現在でもまたそうである。だがこの道の専門家の中でもより思慮深い人びとが、自分たちの研究は小さな遺伝的「変異」のメカニズムについての新たな洞察を与えはするが、進化の梯子の主要な各段階の起源や、なぜどのようにして梯子が昇られてきたか、あるいは高等生命や新しい生命様式の誕生といった「進化」という基本的問題とはほとんど(もしくはまったく)関連していないということを認識するには、長い時間を要した。ソルボンヌ大学で進化論を三〇年間にわたって講じている例のピエール・グラースは、つぎのように語っている(傍点はグラース)。

変異と進化とはまったくべつなものである——これはいくら強調してもしすぎるということはない……。

もう一度くりかえしておこう。変異は進化現象の性質や時間的な順序を説明するものではない。変異は進化過程の新生物を作り出しはしないし、またひとつの器官を構成する各部品の精巧な適合や各器官同士の調和を説明することもできない……。

変異は変化をもたらす。だが進歩はもたらさない……。

ひとつの種の変異の領域または変異スペクトルは、進化とは無関係である。その動かしがたい証拠はヒメナズナ（*Erophila verna*）、野生サンシキスミレ（*Viola tricolor*）、オオバコ（*Plantago*）、キャンデータフト（*Iberis*）など、きちんと分類がなされた豊富な変種である。ヒメナズナや野生サンシキスミレなどは、多数の変種をもってはいるが、結局のところ進化していない。これは事実である。

犬やその他の家畜のさまざまな品種は、たんに人為淘汰のくりかえしによる種の変異スペクトルをあらわしているにすぎない。園芸植物についても同じことがいえる。これらはすべて進化とは結びつかない。[068]

さらに付け加えれば、メンデルのエンドウマメや遺伝学者たちのショウジョウバエは、「自然淘汰による進化」になんの収穫ももたらさない。メンデルの観察は、黄色の豆とか緑色の豆とか、あるいは紫色の花とか白色の花とかいった単一の特徴を扱っている。これは単一の遺伝子にもとづくものであり、進化の見地からはなんの重要性ももたないという意味で「とるにたらない」。同じようにショウジョウバエを用いた半世紀以上にもわたる実験において観察または誘引されたすべての変異（ハエの体の剛毛の生え方や目の色の変化）も、有害かとるにたらないかのどちらかである。生物全体の機能に関連もしくは干渉しないこうした個別の性質は、実際ルーレット盤に支配されずに生き残ることができる。事実、数百万匹のショウジョウバエについて観察された変異のうち、進化的利点をもつ子孫を残したものはひとつもない。

こうしてダーウィニズムは、メンデリズムの導入により息を吹きかえしたのもつかのま、またもや行きづまってしまった。イギリスにおいて「メンデルの夜明け」を最初に見たベイトソンは、正気に立ち帰ったのも最初であった。彼は死去する二年前の一九二六年に、メンデリズムに自分の生涯を捧げたのは誤りであり、メンデリズムとは種の分化にも進化全般にもなんら光明を与えない袋小路であると、息子グレゴリーに語っている。

これより早い時期においてさえ、ベイトソンは『遺伝の問題』の中でつぎのように述べている。

多数の証拠が、きわめてはっきりと、進化過程による生命形態の起源という中心事実を指しているので、われわれはこの推論を受け入れざるをえない。だがほぼ全部の本質的性質についで……われわれはほとんど何も知りはしないと告白する必要がある。淘汰によってごくわずかずつ個体群全体が変化していくという考えは、今ではわれわれのほとんどが知っているように、変異についてにせよ種の特性についてにせよ、事実にはとうていあてはまりそうもない。したがってわれわれは、こうした主張を支持する人びとの洞察力のなさと、たとえ一時期にせよそれを受け入れさせた弁舌の巧みさとの両方に驚愕するのみである[006]。

「遺伝学（genetics）」という新語を創案したベイトソンは、ケンブリッジ大学でこの新しい分野における初代の教授を務めた。デンマークにおけるネオ・ダーウィニズムのパイオニアであるヴィルヘルム・ヨハンセンは「遺伝子（gene）」という新語を考え出した。またかれは一九二三年までには、この説に反対して提出されたすべての実験的根拠を理解していた。「種や進化といった問題は、メンデリズムをもってしてもあるいは突然変異についての最近の関連諸説をもってしても、まっとうなアプローチはされないようである[107]」。

それにもかかわらず、機械論的伝統に染まりきったダーウィニズムの擁護者たちが、単一因子（遺伝の「原子」）のランダムな突然変異と進化的進歩の中枢をなす問題とは無関係であると理解できなかったのは明らかである。進化の前進には、生物のホラーキーの構造と機能における関連要因が、すべて同時に調和のとれた変化を起こすことが必要である。ショウジョウバエの剛毛にとりつかれた遺伝学者と、ネズミのレバー押しにとりつかれた行動主義者たちは、表面的な類似以上のなにかを示している。どちらも、生物とは遺伝性ビット（メンデリアン遺伝子）もしくは行動のビット（条件反射またはオペラント反応）といった元素の集合体である、とみなす還元論哲学に由来しているのである。

6――サミュエル・バトラーの嘆き

これまで、学界において主要な地位にある生物学者たちの異議をいくつか引用した。こうした正統的教義に対する批判者（つねに卒直であるとはかぎらないが）は他にも多数存在し、その数は着実にふえつつある。こうした批判によって壁に無数のひび割れを生じながらも、砦は依然として立っている――その主要な理由は、先述のように納得のいく代用説がないからであろう。科学史をひもとけば、いったん定着した理論は、攻撃を受けて矛盾と混乱との様相を呈しても（歴史的サイクルにおける「危機と疑い」の第四期、第八章参照）、突破口ができて新たな出発がはじまり新しいサイクルが開始されるまでは、擁護され確立されていることがわかる。

しかしそんな光明は、いまだに視野に入ってこない。一方では教養ある人びとが、ダーウィンはランダムな突然変異に自然淘汰を加えた魔法の式を使ってあらゆる適切な回答をひきだしたと、いまでも信じている――突然変異は的外れで、自然淘汰は同語反復《トートロジー》であるという事実にはまったく気づいていない。

前世紀の終わりに、いまひとりダーウィニズムの迷いから醒めたサミュエル・バトラーは『ノートブックス』につぎのように記している。

私は『エレホン』の中で道徳の基盤を攻撃したが、誰も関心を示さなかった。また『良き港』

ではは十字架に懸けられた救世主の傷口を開いてみせたが、人びとはむしろそれを好んだ。ところが私がダーウィン氏を攻撃するやいなや、人びとはたちどころに武装したのである。[025]

およそ一世紀近くをへたいまとなっても、こうした不敬罪に対する情動的反応はほとんど変ってはいない。

7――遺伝子の原子論のあやまち

一九五〇年代には、ニュートンのリンゴやメンデルのエンドウマメに新たにポピュラーなシンボルが加わった――二重らせんである。「遺伝の青写真」を伝える染色体中の核酸であるDNAの化学構造の解明は、それじたい画期的な業績であり、分子生物学や分子遺伝学といった新しい学問分野に対する関心を喚起した。はじめ二重らせんは（メンデルの法則がそうであったように）、ネオ・ダーウィニズムにとって天からの授かり物であった。が、やがてそれはむしろトロイの木馬であると判明した。「遺伝子の戦略」の背後に潜むかぎりなく複雑な生化学に対してえられた新しい洞察は、最後にはあまりにも単純素朴すぎたメンデリアン遺伝学を破壊に追いやってしまった。

これより以前は、染色体は何百万個もの鍵をもつグランドピアノの鍵盤のようなものとされていた（第一章参照）。受精卵は鍵盤全体を自由に使うことができ、胚が発生し各細胞が分化するにつれて、鍵盤の大部分が「セロ・テープ」で覆われて、その細胞に特有の機能を果たす鍵のみを残す。遺伝学用語ではこの「セロ・テープ」を「抑制因子《リプレッサー》」と呼び、必要に応じて鍵を打って遺伝子を活性化するものを「誘導因子《インデューサー》」あるいは「オペレーター」と呼ぶ。突然変異を起こした遺伝子は、調子の狂った鍵である。そして、相当な数の鍵が相当に調子を狂わせてしまった場合に、新たなすばらしいメロディーができあがる——爬虫類が鳥類になったりサルがヒトになったりする——と信じろというのである。この説は明らかにどこか変である。

すでに見てきたように、遺伝子を原子論的概念でとらえている点がこの説の誤りである。遺伝学がその歩みを開始した当時、一九世紀的原子論は物理学者たちには見放されてきてはいたが、生命科学の分野では依然として隆盛をきわめていた。反射は行動の原子であり、遺伝子は遺伝の原子的単位であるとされた。あるひとつの遺伝子は直毛か巻毛かを決定し、またべつのひとつは血友病をつかさどる。生物体は基本的単位の寄せ集めよりなるモザイクとみなされていたのである。しかし今世紀半ばまでには、メンデル遺伝学のこうした融通のきかない原子論的概念はかなり柔軟になった——実際、流動的になったといえる。ひとつの遺伝子が広範囲の異なる性質に影響をおよぼしうることが理解された（多形質発現）。またこれとは逆に、多数の遺伝子が相互に作用しあってひとつの性質を作り出すこともある（ポリジーン遺伝）。たとえばアヤメの色といった些細な性質は、一個の遺伝子で決まるかもしれない。だが生物体のすべての重要な特徴の遺伝的決定は、遺伝子全体——遺伝子複合体または全体としての「ゲノム」——にもとづいてなされる。したがって一九五七年には、すぐれた生物学の教科書を読めばつぎのような記事をみいだすことができた。

遺伝情報に集約されたすべての遺伝子が、成長の制御においてあたかもひとつの統合された全体であるかのように作用する傾向がある……生物体は所定の数の性質をもつ（ひとつの遺伝子がおのおのひとつの性質をコントロールする）という考え方に陥りやすい。だがこれは、完全なまちがいである。遺伝子は、けっしてべつべつにははたらかないことが、実験によってわかっている。生物体は、ひとつの遺伝子がひとつのパッチをコントロールするといったパッチワークではなく、協調的に作用する一連の遺伝子全体によって成長を制御される、統合された全体なのである。[191]

当時の理論としては、抜きんでた考えである。当時の遺伝学では「優性」と「劣性」とに区別されるだけであった。しかし分子生物学の発達につれて、かつてはおもいもよらなかった複雑な現象が解明し（素粒子物理学の場合と同様である）、つぎからつぎへと新語が考案されて語彙に加わった——抑制遺伝子（補抑制因子とアポ抑制因子を伴う）、変更遺伝子、きりかえ遺伝子、他の遺伝子を活性化する作用遺伝子、相互作用遺伝子のサブ・システムを構成する「シストロン」と「オペロン」（モノー：これらは「遺伝のホロン」と呼べよう）、さらには遺伝子の突然変異率を調整する遺伝子もある。染色体の作用は、以前はテープ・レコーダーのように直線系列がほどけてくるものと考えられていた。しかし成長する胚の細胞における遺伝的制御は、どの細胞のまわりにもある環境のヒエラルキー（第一章参照）からのフィードバック装置を備えた「自己規制的なミクロ・ヒエラルキー」として作用することが、しだいに判明してきた。

このようなホラーキーは、録音テープや「青写真」とは違って、安定性と柔軟性をもつものとしてとらえる必要がある。しかしこれはかなり自己規制的で、しかも自己修復が可能でなくてはならない。このホラーキーは、直面する危機や苦難から成長上の胚を保護するだけではなく、種族の進化史上の危機（自身の染色体遺伝子に生じる突然変異）から種を保護する必要もある。

総合説を堅持する人びとは依然として、「遺伝のミクロ・ヒエラルキー」（私が知るかぎりでは、この言葉を最初に提唱したのはL・L・ホワイトである）という概念を懐疑と敵意をもってうけとめる――その主な理由は、こうした考えは進化過程についてのわれわれの見解の抜本的再検討をうながすからであろう。これについては次章で明らかにする。

8――遺伝子のミスプリントを修正するもの

広く知られている「遺伝の青写真」という隠喩は、機械的にコピーされたトポロジー的な地図といった印象を与えるが、「遺伝のヒエラルキー」という概念はこれとは違って、複数のレベルにわたって作用する生物体内における淘汰的で調節的な制御といった意味あいをもつ。

最下位のレベルは遺伝物質中の有害な変異の「排除」にかかわり、またより上位のレベルは許容しうる変異がもたらす影響の「調整」に関与する。あとでわかるように、神秘的なのは上位のレベルにおける作用――両生類の卵を爬虫類の卵に変え、爬虫類を鳥類となすといった変化の調整（もしくは編成）

——である。しかしまずは下位レベルでの作用について、若干述べておく必要がある。

生物学者の中には、進化上の濾過過程——「淘汰的除草剤」の作用——が、ゲノム自体の分子化学的レベルにおいて生物体内で作動しているにちがいないと提案した人びとがいる(フォン・ベルタランフィ、ダーリントン、スパーウェイ、リマ・デ・ファリアやまた最近ではモノーもそのうちのひとりである)。突然変異は染色体上の一連の化学的単位(遺伝学のアルファベットの四文字)上に起きた変化である。これは古文書を書写した中世の修道士の写しまちがいにたとえられてきた。[068] 先述の生物学者たちが言いはじめた「内部淘汰」という概念には、こうしたミスプリントを除くための補正や校正を行なうヒエラルキーが存在するといった意味が含まれている。正統派の理論においては、自然淘汰は外的環境に完全に支配されるものである。その圧力によって不適者は殺され、適者は優遇されて多数の子孫を残す。しかし先述の説に照らすと、染色体のいかなる変化もその原因が何であるかにはかかわりなく、進化上の新顔として出現する以前に、物理学的、化学的ならびに生物学的適性についての「内的」淘汰のテストを通過したことになる。したがって遺伝のミクロ・ヒエラルキーという概念は、ランダムな突然変異の範囲と進化におよぼすその影響に厳然とした枠をはめ、かつ「偶然因子の重要性を最小限にとどめる」。例の「タイプライターをうつサル」は、じつはきわめて精巧な機械であって、意味のある言葉だけを文字にし無意味な音節は自動的に消し去るように設計されているのだ。

こうしてヒエラルキーのモデルによって、われわれは少なくともサルのタイピストやモノーのルーレット盤からは脱することができた。これはまだ、この驚嘆すべきタイプライターを設計したのはいったい何者かという究極的な問いに対しては答えていない。しかし遺伝のヒエラルキーによって、疑問符は本来あるべき場所に置かれた。そしてわれわれはこのヒエラルキーを一段階ずつ上昇していけば、先の問題に到達できるのである。

つぎの段階では、遺伝子複合体全体またはこれに続くそのサブ・アセンブリーに備わっている再生と自己修復の驚異的な能力をみてみよう。こうした能力は実験発生学によって明らかにされた。読者もご記憶のこととおもうが（第一章9参照）新しい胚の成長の初期段階において、本来ならば尾になるべき組織を前肢の位置に移殖すると、この組織は尾ではなくて足に成長する。このような魔術は個体発生にかぎられるわけではなく、系統発生においても見ることができる。その多数の例のひとつを、私は『機械の中の幽霊』に記しておいた。

> ショウジョウバエはひとつの劣性の突然変異遺伝子を持つ。すなわち通常の遺伝子とペアを組めば何も認めうる作用はもたらさないが……二個のこうした突然変異遺伝子が受精卵中でペアを組むと、その子孫は眼のないハエになる。純系統の眼なしバエを交雑させた場合、その系統全体が「眼なし」遺伝子のみをもつことになる……それにもかかわらず、何世代かのうちに「眼なし」系統内の同系交配の中から、まったく正常な眼をもつハエが現れる。この驚くべき現象に対する従来の説明は、遺伝子複合体中の他の構成因子が「消失した通常の眼を形成する遺伝子の代用をつとめるべく、まぜなおされて組換えられた」というものである。◉122

しかし、まったくの偶然によって新しい眼ができた（すなわち数百万年を要する進化の過程が、数世代のうちにくりかえされた）などといいはるほど頑迷な生物学者はまずいない。また自然淘汰の概念も少しも助けにならない。消失した遺伝子の代用となる遺伝子をもたらす組換えは、遺伝子複合体全体の作用を支配するなんらかの大局的な計画（または一連の規則）に基いて調整されたのにちがいない。数百万年間にわたる種の遺伝的安定性と、生物学的に受け入れられるラインに沿ったその進化的変化との双方を保証しているのは、遺伝のヒエラルキーの頂点に端を発する、この調整活動にほかならない。「この生命の源泉である調整活動はどのように行なわれているかというのが、進化論の中枢をなす問題である。」これが大きな問題なのである。ルーレット盤の元締めからオーケストラの指揮者へと、隠喩が変わった。

ネオ・ダーウィニズムの創設者でありながら後には異論を唱えた何名かの人びと（たとえばベイトソンやヨハンセン）は、すでにこうした変化を予知していた。ヨハンセン（ご記憶のこととおもうが「遺伝子」という語の発明者である）は、メンデルの突然変異を詳細に考慮した後で、謎を解く鍵を秘めた「偉大な中心となる何か」がまだ存在するであろうと記している。●030

ウォディントンは正統理論に対して二重の態度をみせた。わたしは偶然の突然変異による進化を揶揄するのにかれの言を引用したが、一方かれはダーウィンの教条の完全な破滅を避けたいとも望んだ。ウォディントンはジレンマから脱出する方法として、つぎのような有名な説を披露した。すなわち人間の眼のような複雑な器官の進化では、ひとつの偶然の突然変異が「器官全体に調和した影響をおよぼす」というのである。この考えは、単一の部分（たとえば水晶体）に影響を与える突然変異は、「調和した方法で」反応するようにあらかじめセットされた複雑なシステム（先述の「うまく設計されたタイプライター」）のひきがねとして作動するにすぎず、このプログラムもまた遺伝する（すなわち遺伝のヒエラルキーにおけるより上位のレベルにあらわれる）ことを意味している。さらに一見関連がなさそうな各器官（すなわちトリの翼と気嚢と消化系統）の調和のとれた進化は、よりいっそう上位のレベル――ヒエラルキーの頂端にある「偉大な中心となる何か」によって編成されているとする。

　ジャック・モノーもこれと同じジレンマに直面した。四面楚歌の砦を死守しようとする『偶然と必然』におけるかれの果敢な試みは、カスター将軍の最後の反撃にたとえられよう。かれは「生物圏内のあらゆる生物の源となるのは偶然のみである」などとくりかえしてはいるが、偶然以外の進化の第二の原理としてかれのいわゆる合目的性《テレオノミー》を想定することによって、自身の専門分野からえた根拠から「偉大な中心となる何か」の存在を認めざるをえなくなった。

　すべての生物に例外なく共通する基本的な特徴のひとつは、生物が目的や計画を与えられた物体であるということだ。生物はそれをその構造に示すと同時に、動きをとおしてそれを遂行している。

　科学的方法の第一歩は……ある現象を究極的原因（すなわち目的）で解釈することによって「真

の」知識に到達しうるという考え方を系統的に否定することである。それにもかかわらず、客観的にみればわれわれは生物の合目的性格を認めざるをえないし、また生物がその構造と機能とをもって、計画的にある目的を実現し追求していると認めざるをえない……。[157]

だがしかし、モノーのいう「合目的性」と古き良きアリストテレス流目的論《テレオロジー》とはいったいどう違うのかという疑問が生ずるかもしれない。コンサイス・オックスフォード辞典によると「目的論」とは「究極原因論。発展は、発展することでかなえられる目的や計画に起因している、という考え方」と定義される。そしてよりいっそう衝撃的なことには、先に引用した文章はラマルク派の異論（進化とは生物の要求に対する自然の反応であるとする）をおもい起こさせはしないだろうか？　グラースはつぎのように述べている。

ダーウィニアンたちは究極的原因を表す擬似目的論や合目的性といった新語を作り出したが、これと同時に究極的原因の存在を否定もしている。かれらは、外観はあてにならず、生命を構成するものはすべて偶然の産物であり、われわれが究極性ととらえているものは自然淘汰によってでたらめに積み重ねられた積み木にすぎないと言う。……が、じつは、偽善が美徳に仕えるのと同じく、擬似目的論や合目的性は究極性をたたえているのである……。[068]

しかしジャック・モノーは偽善的ではなかった。かれは自分の専攻分野では輝かしい存在であったが、その理論は無邪気なほど単純である——彼の同胞は「恐るべきジェネラリスト」と呼んでいる。もちろんこれはネオ・ダーウィニズム派の他の有力メンバーたちにもあてはまる。かれらは（おそらくは無意識のうちに）「へぼな理論もないよりゃまし」というわけで、自分たちが守っている砦が崩れ陥ちてゆくことを認めることができない（もしくは認めようとしない）のだ。

第一〇章 ラマルク再訪

1――遺伝学的原子論の滅亡

一九世紀の物理学における原子論（原子とは分割することができない固くて小さなビー玉のようなものだとされた）の滅亡と同じように、遺伝学的原子論も亡びた。生物体はそれぞれのかけらが別個の遺伝子によって支配されているモザイクではない。また進化は、かけらをひとつずつでたらめに置き換えていけばなんと魚が両生類に変わっていたという具合に進行するわけではない。わたしは『機械の中の幽霊』において、進化論が現在直面している危機を中世の宇宙論の衰退と比較した。ここではこの論議をさらにもう一歩進めることにしよう。

2――獲得形質の遺伝をめぐる攻防

サミュエル・バトラーは一八七九年に出版された著書『新旧の進化論』において「ラマルクはこれまできわめて組織的に冷笑されてきている。だからその代弁者になろうとすることはほとんど哲学的自殺行為といえる」と書いている。約半世紀のちに、当時もっとも傑出したラマルキアンであったパウル・カンメラーは、生物学者仲間の冷笑と敵対を苦に、実際自殺してしまった（『サンバガエルの謎』参照）。これよりさらに五〇年をへた現在でも、ラマルキズムは依然として一種の感情的地雷敷設地であり、学者たちはみずからの名声と経歴とが木っ端微塵に吹き飛ばされることを覚悟の上でそこに立ち入るのであろう（フランスではこの点に関してより寛容である――結局のところラマルクはフランス人でダーウィンはイギリス人なのだ）。

現在にいたるまで論議の爆心となっているのは、一九世紀初頭にラマルクが『動物哲学』中で公表した「獲得形質の遺伝」という、一見どうということもない仮説である。「獲得形質」とは、各個体が環境に対処するための、あるいは環境が提供する機会を利用するための努力をとおして獲得した、体格や技能や生活様式上の改善をいう。言い換えれば、獲得形質とは「種に不可欠な需要に対応する」改良であり、かつ――ここが物議をかもす点であるが――ラマルクによれば、親から子孫へと遺伝によって継承されてゆく。したがって後に続く世代は、祖先の苦闘と努力による恩恵を、年長者を模倣するといった間接的なやり方ではなく、遺伝によって身体に直接こうむることになる。

初期のラマルキアンの中には、鍛冶屋の息子は父親の作業をいく度もくりかえしたからではなくて、生まれつきふつうの人間よりも二頭筋が強いとか、ピアニストの子供には親の獲得技能がある程度遺伝しているとかを、本気で信じる人もいた。だがネオ・ラマルキアンたちはこうした素朴な見解はとうに脱していた。環境によって「何世代にもわたって」加えられる強くて永続的な圧力。それに反応して獲得された生物学上不可欠な形質のみが、終局的に遺伝する（すなわち遺伝子複合体中に取り入れられる）というのがかれらの意見である。このような修正が加えられたとはいえ、ラマルキズムの真髄は、親の努力は完全に無効になるわけではなく、その経験と労苦からえられた利点のいくらかは子孫に伝承され、これが「アメーバから人間へ」いたる進化の原動力となるという信念である。

すなわち、ラマルキズムの見解によれば、進化は生物の目的をもった奮闘の所産（モノーのいう合目的性《テレオノミー》とさほど違わない）である「累積的」過程であるが、ネオ・ダーウィニズムの見解によれば、進化は親自身が受けついだものと、遺伝物質中のなんらかの（ほとんどの場合有害な）変調のみを、親が遺伝経路をとおして伝えることのできる「偶発的」過程である。したがって子孫の視点からは、祖先の苦闘と努力は無効となり、伝道の書の言葉を借りれば「無に帰って風に消える」。両者の対照的な姿勢は、つぎのふたつの引用に要約されよう。最初はラマルキアンであるカンメラーからの引用である。

> 生命の機械を形づくりかつ改良しているのは、無慈悲な淘汰ではない。自暴自棄な生存競争のみが世界を支配しているわけではなく、むしろあらゆる生物はその強さにかかわりなく、光と生の喜びに向かって懸命に努力し、不用なものだけを淘汰の墓地に葬っているのだ。

二番目に引用するのは、著名なネオ・ダーウィニアンであるハーバード大学のシンプソンの言葉である。

（進化の）問題はいまや本質的に解明され、適応のメカニズムが判明したとおもわれる。これは基本的に唯物的な現象であり、生命の歴史に目的が作用している形跡はみあたらない……人間とは無目的で唯物的な過程の所産である[190]……。

このような対立姿勢が、過去の神学上の論争にひけをとらないほど感情的なものになったとしても驚くにはあたらない。J・A・トムソン卿は一九〇八年につぎのように記している。

親の生存中に身体的に獲得された形質が継承されるかという疑問は……たんに生物学者の専門的問題ではすまされない。この問題の判定は、生物進化論全体のみならず、われわれの日常生活にも影響をおよぼす。この問題は親や医師、教師やモラリストや社会改革家といった、ようするにわれわれ皆に関心をもたれるにちがいない[212]。

ダーウィン自身が生涯の半分をダーウィニストとして、また半分をラマルキストとして過ごしたという事実は、歴史的興味以上の意味をもつ。一八六八年に出版された『家畜と栽培植物の変異』や覚え書きの中に、かれは獲得形質に関する一連のでたらめな例を記している――「シュールズベリで尻尾を切られた猫の子供は、皆尻尾が短かった」とか、「父親の小指の一部が欠ければ、息子たちは全員生まれつき小指が奇型である」とか、その他多くの同様の迷信をかれは本気で信じていたのである。ダーウィンはその生涯も終わりに近づいた一八七五年にゴールトンに宛てた手紙に、偶然の変異と自然淘汰だけでは進化の現象の説明にあきらかに不十分であるため、自分は年々獲得形質遺伝説に戻らざるをえなくなってきている、と書いている。かれが引用した例はでたらめには違いないが、ラマルキズムが（ダーリントン教授がいうように）「恥ずべき古代の迷信」だとすれば、ダーウィン自身もそれに加担していたことを立証するものである。[●038] またダーウィニズムの主唱者であるハーバート・スペンサーも同様であり、『生物学原理』においてつぎのように述べている（傍点はスペンサー）。

諸事実を深く考えれば考えるほど、以前にもましてつぎのふたつのうちのどちらかだという印象が強くなる——獲得形質の遺伝があったのか、あるいは進化など存在しなかったのか。[●202]

このように初期の進化論者たちにとっては、ラマルキアンであると同時にダーウィニアンであることが可能であったばかりか、ふつうのことでさえあった。だがネオ・ダーウィニズムの出現とともに、こうした友好的な共存は終わりを告げた。ラマルクは放逐され、初期の進化論者たちの折衷主義は偏狭な党派主義へと姿を変えていった。

この分裂の表向きの原因となったのは、ダーウィンの没後三年をへた一八八五年にドイツの動物学者アウグスト・ワイズマンが発表した「生殖質の連続性と非可変性」という学説である。ワイズマンのいう「生殖質(germplasm)」とは、遺伝的性質のにない手(現在では「遺伝子の青写真」と呼ばれる)である。生殖質は性細胞(精子と卵子：胚発生の初期の段階に体の他の部分となる体細胞と分かれる)中に存在し、その不滅の形質を卵巣や精巣中に宿らせている個体にたまたま生じた現象にはなんら影響されることなく、不変のままで、「連続的発生経路」にそってつぎの世代へ継承させてゆく。いかなる獲得形質も生殖質の防御壁を崩すことはできず、遺伝的性質を変えられないというこの学説は、ネオ・ダーウィニズムの肝要な綱領となり、現在でもクリックとワトソンが「セントラル・ドグマ」という物議をかもす名称をつけた説に受けつがれている。「セントラル・ドグマ」によれば、染色体中の遺伝DNA鎖は体の他の部分からみごとに隔離されており、潜在的に不滅の分子構造をもち、生命の危機から保護され忌まわしい放射線などの妨害がないかぎり、世代から世代へと果てしなく不変のまま伝承されてゆくという。真偽のほどはべつとして、気が重くなる教義である。が、事実はそうではなさそうだ。

実際ネオ・ダーウィニズムは、人間の進化は「盲目的偶然」に支配された「無目的な唯物的過程」の所産であると主張することによって、一九世紀の唯物主義を極端なものにした。そしてそのひねくれた哲学的魅力は、まさにつぎの諸点にある。すなわち生命現象に認められるあらゆる目的の徴候に対する断固とした拒否、倫理的価値や精神的現象を物理学的基本法則に還元するいかめしい決断、およびかかる還元が不能な生物学的事象は科学的関心に値しないと烙印を押すやり方である。

この形而上学的偏向が科学的方法論にどのような影響を与えてこれをゆがめていったかは、教科書にはめったに記されないおかしなエピソードによくあらわれている。「生殖質」は獲得形質に影響されないという自説を立証するために、ワイズマンは二二世代にわたってネズミの尻尾を切断し、尻尾のないネズミが生まれるかどうかを調べた。このようなネズミは生まれなかったので、ラマルクは論破されたということになった。しかしラマルキズムを捨てなかったある人が評しているように、ワイズマンは義足の遺伝について研究していたようなものである。なぜならラマルクは、生存に不可欠なものとして動物が自然に発達させた獲得形質のみ遺伝すると主張しているのであって、尻尾をちょん切られることがネズミにとって不可欠だとはとても考えられないからである。

3——覆されたセントラル・ドグマ

ワイズマンもあるいは他の誰も、ラマルク遺伝説が誤りであると証明することはできなかった。なぜなら、ラマルク説は本質的に否定が困難なのである。ラマルキアンたちは、進化はいかに忍耐強い研究チームでも、比較にならないほど長いタイム・スケールで作用することをつねに主張しうる。J・B・S・ホールデーンのような筋金入りのダーウィニアンでさえ、このことは認めている。

いかに多数の実験が失敗に終わろうと、獲得形質が……実験で立証できる速さではないが、地質学的なタイム・スケールでは十分に意義をもちうる速度で、種に影響を与えている可能性はつねにある。[◉072]

先に述べたように、危機に瀕したダーウィン遺伝説を擁護するために、ジュリアン・ハクスリー卿がまさに同じ論陣を張っているのは興味深い——眼や手や脳が盲目的偶然によって進化することなどありえないといった「古めかしい反対論」は、「いまやその力を失った」。自然淘汰は「地質学的タイム・スケールにわたって作用する」のである。[●094]

しかしダーウィン説もラマルク説も実験によって「誤りであるとは立証できない」が、おなじように両論とも「正しいと立証する」ことも不可能である。ラマルク説側では、レニングラード大学の偉大なパブロフやハーバード大学のマクドゥーガルが、ネズミを用いて条件づけの結果が遺伝することを証明しようとしたが、失敗に終わった（おそらくこうした証拠にもっとも近づいたのは、『サンバガエルの謎』に記され議論の的となったカンメラーの実験と、プラナリアを用いたJ・マコーネルの実験であろう）。一方、数千世代におよぶショウジョウバエを研究したダーウィニアン遺伝学者たちの地道な努力も、進化上いかなる前進も生みださずに失敗に終わった。実験から直接得られる根拠については、両者とも断念したようである。

にもかかわらずネオ・ダーウィニアンが当面の勝利をえたとすれば、その理由は、形而上学的偏向はべつとして、ネオ・ダーウィニズムが進化過程のある種の様相に関して、ラマルキズムでは不可能な「近代的」で科学的な説明をはっきりと行なうことができたからである。メンデルの法則の発見や、統計的手法を用いた遺伝学へのアプローチ、そして最後に「遺伝コードの分割」は、当初はダーウィンの予言が新たに確認されたかのようにみえた（本人自身のラマルキズムへの傾倒は忘れ去られた）。ダーウィンが提唱した進化のメカニズムは荒けずりで修正や改良を要したが、ラマルクの方は現代の生化学と歩調をあわせたメカニズムをいっさい提示できなかった。たとえば放射線や非毒性化学物質に誘発される染色体中のランダムな突然変異は、一見したところ自然淘汰の基盤として科学的に受け入れられるかのようであったが、身体上または精神上の獲得形質がどのようにして「遺伝子の青写真」（染色体のミクロな構造中に含まれる）を変えることができるのかを説明する納得のゆく仮説はえられなかった。こうしてへぼな理論もないよりゃましといった原理が再度幅をきかせる破目になる。そしてラマルキズムは、今日の科学の言葉ではメカニズムを説明することができない自然の原理を仮定したために、「恥ずべき迷信」という汚名をきせられてしまった。

しかしこうした状況は、科学史上数多く見うけられる。ケプラーが潮の干満は月の引力によって起きると提唱した際、あのガリレオでさえ、遠隔作用を説明するメカニズムがおもい描けないからといって、ケプラーの説を「超自然的夢想」として片づけた。この後、何人かのきわめてすぐれたニュートンの同時代人たちは万有引力が、ニュートン自身が言うところでは、「幽霊の指で遠い物体をつかむ」ことを意味するといって拒否反応を示し、力学の法則を否定した。必要に応じて変更を施されたラマルキズムは、生物体が獲得した経験がその遺伝染色体の構造に影響をおよぼすという主題が「セントラル・ドグマ」に要約される遺伝学の法則に矛盾するという理由で、否定された。

実際のところは、セントラル・ドグマはその公表後二〇年もたたないうちに、急速に蓄積されていった新しい証拠の重圧に屈してしまった。一九七〇年六月二五日に『ニュー・サイエンティスト』(センセーショナルな見出しは好まない)は「生物学のセントラル・ドグマは大混乱」と報じ、また『ザ・タイムス』のサイエンス・レポートもこれにならって「生物学のドグマの大転換」を伝えた。セントラル・ドグマを覆し、その六年後にはノーベル賞を受賞(テミン、ボルチモア、ダルベッコーの三人)したこの研究は、ここで詳細に記すには専門的すぎる。ただ、ある種のバクテリアにおいては、害をもたらす場合もあれば良性の効果をあげる場合もある外部物質(ウイルス)を取り入れることによって、「遺伝子の青写真」を変化させられることが、議論の余地なく立証されたといえば十分であろう。[068] あるいはグラースはつぎのように要約している。

この結果、所定の状況下では外部からの情報を生物体内に送り込み、この情報を生物の遺伝コードに組み入れる分子機構が存在することがわかった。これは進化論者にとってははかりしれないほど重要である。[068]

まったくそのとおりである。だからこそわたしは分子遺伝学を砦の中のトロイの木馬と呼んだ。ウイルスが細胞内で遺伝的変化を起こすことができるからといって、親がピアノの練習を続ければその子は音楽の天才になるといった結論に飛躍するのは、もちろんナンセンスである。それにもかかわらず、最近一〇年間になされた分子遺伝学上の諸発見は、「発生経路の非可変性」といったワイズマンの説を最終的に打ち砕き、さらにその近代的解釈である「セントラル・ドグマ」にも修正を施した。先に検討した批判とあわせて考えれば、これらは当代の教科書に記されているようなネオ・ダーウィニズムの終焉のはじまりを告げる信号なのかもしれない。ダーウィンのいう淘汰が、進化過程に一定の役割をはたしていることはまちがいない。しかしそれは補助的な役割（淘汰的除草剤の作用にたとえられる）にすぎず、進化現象という広大なキャンバスには、べつな原理や原動力が作用しているという認識がたかまってきている。言い換えれば、進化はすべての起因要素が結びついた結果であることを、証拠が示唆している。こうした要素のなかには既知のものもあれば、漠然と推定されているものもあり、また、いまのところまったく知られていないものもある。

4――ラマルキズムの意味するもの

わたしは『サンバガエルの謎』で、広範囲の起因要素の中に「ある種のめったに起きないかぎられた進化現象を説明するため、一種の修正ミニ・ラマルキズムがつつましい場所《ニッチ》をみいだすかもしれない」と提案した[126]。だが最近の進展に照らして考えれば、そのニッチがそんなにつつましいものであるとか、こうした現象がそれほどめったに起きないなどとは、もはや確信がもてない。当然ながら、ダーウィン本人が受け入れたような素朴なラマルキズムへ戻るのは不合理であろう。前にも述べたようにラマルキズムは、獲得形質の遺伝が、何世代にもわたる永続的な環境からの圧力と挑戦に反応して生物が獲得した身体的特徴と技能とに限定されたときのみ、意味をもつ。

この限定は不可欠であり、その理由は簡単な類推で説明できる。人間の視覚や聴覚の器官は、きわめてかぎられた範囲の振動数の電磁波や音波のみを受け入れる、幅の狭いスリットもしくはフィルターのような作用をもつ。だがこのように減らされた入力《インプット》でさえも、人間が対処するには多すぎる。ウィリアム・ジェームスの古典的表現「花盛りの騒乱」でつねに受容器を攻撃してくる数百万もの刺激に、いちいち注意を払わないといけないとしたら、われわれの精神は機能を停止してしまうであろう。したがって神経系統と脳とはそれ自体が濾過装置と分類装置とを備えたマルチレベルのヒエラルキーとして機能し、入力のほとんどを無関係な「雑音」として切り捨て、関連する情報を意識にさしだす前に統一性をもったパターンに組み立てる（第一章13参照）。この濾過＝合成過程の典型的な例は、心理学者が「カクテル・パーティー現象」と呼ぶものであり、鼓膜を打つごちゃまぜの音の中からわれわれは驚異的な能力でひとつの声をよりわけて注意を払う。

ワイズマン説やセントラル・ドグマがまさにいわんとするのは、生殖細胞中においてもこれに匹敵する濾過機構が、種の連続性と安定性とを混乱させる生化学的侵入者の「花盛りの騒乱」から、遺伝の青写真を防護しているのにちがいないという仮説である。しかしこれは、何世代にもわたって獲得されたなんらかの永続的で生存に不可欠な性質が、徐々にこの濾過機構をとおして浸透し遺伝性のものになるかもしれないという可能性を、かならずしも排除するわけではない。つぎにかかげるのは、文献中に何度もくりかえし引用されたいささか古典的な例ではあるが、これはダーウィニズムでは得るものがないところから、ラマルク派の説明を懸命に求めているようである。

たとえば、われわれのかかとの皮膚はなぜ他の部分よりもはるかに厚いのかという、古くからいわれてきた問題がある。この肥厚化が誕生後の圧力と摩擦によって生じるのだとすれば、なにも問題はない。だがかかとの皮膚は、裸足であるにせよないにせよ、まだ一度も歩いたことのない胚の段階ですでに肥厚しているのである。これと似てはいるがよりいっそう衝撃的な現象は、アフリカ・イボイノシシの前肢にある硬化角質部分であり、イボイノシシはこれを支えにしてエサを食べる。ラクダの膝にも同じような硬化部分がある。これらのなかでもとりわけ奇妙なのは、ダチョウの胴体の下部にある二個のふくらんだ肥厚（一個は前に、一個は後にある）であり、この不格好な鳥はこのふくらみの上に体をおろす。こうした硬化はすべて、人間の足の裏の肥厚と同様に、胚の段階において出現する。これらは遺伝形質である。だが、動物が必要とするまさにその部位に、こうした硬化が突然変異によって生じたなどと納得できるだろうか？　あるいはわれわれは、傷つきやすい部位を保護しようとする動物の必要性と、その必要性を満たす遺伝的突然変異との間には、ラマルクのいう因果関係があると考えなくてはいけないのであろうか？[122]

論争の開始以降ラマルキアンたちはこれらの例や、またここで引用するにはあまりにも専門的すぎる多数の例をかかげて応酬してきた。これに対してダーウィニアンたちは満足のゆく説明ができなかったので、一貫して論点を回避するか、あるいはサミュエル・バトラーの言葉を借りれば「頭を隠して尻を隠さないダチョウのように」根拠を隠蔽してきた。バトラーから一世紀をへたいまも、このような小手先の言い逃れは広く流布している（アルプバッハ・シンポジウム、ウォディントン「現代の進化理論」発表後の討論参照）。

獲得された硬化が、どのようにして染色体を変化させたかは、きわめてわかりにくい。だがウォディントン自身が初期の著書で指摘しているように[223]「たとえありそうもないにせよ、こうした過程を理論的に説明できないわけではない。こうしたことが起きるかどうかは、実験を行なって決定すべきである」。ウォディントンは、適応酵素を用いて体細胞の行動の変化が、生殖細胞中の遺伝子の行動にどのような影響を与えるかを示す「理論的モデル」まで作ってみせた。彼の説によれば、このモデルは「環境と関連して方向性をもった、ノン・ランダムな突然変異の可能性を、頭から問題外として排除するのは危険であることを示唆しようとしたにすぎない[223]」。

5——獲得形質を保護する要因

遺伝子の担い手である生殖細胞を体の他の部分と区別するために想定された「ワイズマン境界線」が、植物や下等動物（たとえば扁形動物やヒドラのように、体のほとんどの部分の破片から生殖器官をも含む個体全部を再生することができるもの）にはあてはまらないことは、古くから知られている。最終的に生物学者たちは、「不変の発生経路」を外界から防護している「非透過性の壁」という説に固執して、進化上のすべての変化は純粋な偶然によるものであるとするか、あるいはこの壁は透過性であり、生存に不可欠な情報のみを選択して生殖細胞中の遺伝の聖域内に入ることを許す微細な網目状のフィルターであると認めるかの、二者択一を迫られることになろう。分子遺伝学は現在にいたるまで、この機構がどのように成り立つかを説明してはくれていない。だがこれは新しい科学であり、生存に不可欠な経験に対する系統発生的記憶が染色体中にコード化される可能性を、頭から除外しているわけではない。こうした系統発生的な学習と記憶の形成以外にいったいどのような方法で、トリの巣作りやクモの網張りといった複雑な遺伝性技能が生じるというのだろう？　これまでにみてきたように、こうした妙技の遺伝については、正当理論はなんの説明も行なってはいない。

要約すれば、神経系統において無関係な刺激から精神を保護している濾過装置と、有害な突然変異から遺伝的性質を守ってその効果を有用なものに編成する遺伝のミクロ・ヒエラルキーとの間に、類似性をみいだすことができる。そしてわれわれはこの類似性を拡大して、進化の過程にはラマルキアンのいうミクロ・ヒエラルキーが作用し、獲得形質が遺伝の青写真を妨げないようにしていると提案することもできる——ただし人間の胚におけるかかとの皮膚の肥厚のように、何世代にもわたる環境の圧力のもとで発生した種に不可欠な必要性と対応する選択的な獲得形質はこのかぎりではない。こうしてわれわれは、主として進化の階梯の同じ段上でのきわめて豊富な変異にかかわるダーウィニアンのミクロ・ヒエラルキーと、より高いレベルへの進化に主としてかかわるラマルキアンのミクロ・ヒエラルキーとを手に入れた。そしてまた、われわれの現在の地平線を超えて、さらにべつの要因がはたらいていることは疑うべくもない。

ダーウィニズムが一九世紀における視界に与えた革命的な衝撃を否定する愚か者はいないであろう――ある生物学者によれば[246]、当時の知識人たちは「ダーウィンをとるか進化に反対するか」という選択を迫られた。だが現代における視野の狭い党派主義的ネオ・ダーウィニズムは、まったくの別問題である。さほど遠くない将来、生物学者たちはいったいどのような無知蒙昧から、先輩たちはネオ・ダーウィニズムのとりこになったのだろうといぶかるかもしれない。わたしがここに引用してきた批評家の中にはわたしと同じ予想を抱く人がいるであろうし、またより若い世代の大多数もおそらく同様であろう。ダーウィンの『種の起源』のエブリマン・ライブラリーズ・センチネリー版の序文に、著名な昆虫学者が正統的立場に対してつぎのような鋭い異論を記しているのは、じつに意義深い。

> 科学者が結集し、かれらが科学的に定義することも、いわんや厳密に証明することもできない教義を防衛し、批判を抑え問題を排除することで大衆の信頼を維持しようとする情況は、科学においては異常であり望ましいことではない[198]。

のちのエブリマン版『種の起源』には、この序文がもはやみられないのは、おそらく意味があるのだろう。

第二章

進化における戦略と目的

1――生命界の相同現象

第一章10において、脊椎動物の前肢は爬虫類であれ、トリであれ、クジラであれ、人間であれ、骨や筋肉や神経系統等の基本的設計は同じであり、したがって相同器官と呼ばれているという古典的な例を述べた。足や翼やひれ足の機能はそれぞれまったく異なるが、これらはすべて単一の主題に施された変奏――共通の祖先であるかつて存在した爬虫類の前肢の構造に加えられた戦略的修正――である。自然はひとつの生命器官の「特許をとる」とそれに執着するので、その器官は安定した進化のホロンとなる。その基本的な設計は「進化の規範」に支配されているようであり、また水泳や歩行や飛翔に対するその適応は、進化の「柔軟な戦略」の問題である。

この原理は、下位細胞レベルから霊長類の脳にいたるまで、進化のヒエラルキーの全レベルに容易にあてはめることができる。染色体核酸――DNA――中の四種類の化学塩基（遺伝コードのアルファベットの四文字となる）は動物界を通じて共通であり、細胞内小器官を機能させるものは同じであり、エネルギーを供給するのは同じ化学燃料――ATP――であり、アメーバと人間の筋肉の動きとをつかさどっているのは同じ収縮性タンパク質である。動物と植物とは相同する分子や細胞内小器官から構成されており、より複雑な下位構造でさえも相同している。これらは進化の流れにおける安定したホロンであり、生命の樹の節となっている。

先に検討してきた各進化論は、ヒエラルキーの底部である根から高等生命である枝を形成する、進化の「戦略」（ダーウィニアン、ラマルキアン等）に主としてかかわっている。しかし生物学者たちは植物や動物にみられる驚異的な「多様性」に眩惑されるあまり、これらがもつ基本的単位の「一様性」（相同現象に反映される）と、この惑星上の現存する（ならびに生存の可能性をもつ）すべての生命形態に課せられる「限界」とに、しだいに関心を向けなくなってしまった。細胞を構成する細胞内小器官の基本的な一様性は、要するにアミノ酸、タンパク質、酵素といった有機物の化学的性質に由来している。より高位のレベルにおいては、遺伝のミクロ・ヒエラルキーが遺伝的変異に対してさらなる拘束を加える。さらに高位にある「偉大な中心となるなにか」は、われわれには未知の方法によって、遺伝的変異を「調和のとれるように編成している」。これらをあわせた作用が進化の規範《カノン》である。おびただしい量の変異を許容するが、「かぎられた数の主題に」沿ったものに限定しているのはこの規範である。進化は飛び入り自由のゲームではなくて、われわれの図式に立ち戻れば、数百万年にわたって行なわれてきた、不変の規則と柔軟な戦略を有するゲームである。

このようないくぶん抽象的な考え方を説明するため、『機械の中の幽霊』で用いたオーストラリアの有袋類の例をここでもう一度かかげることにしよう。わたしはこれを謎に包まれた判じ絵と呼んだ。この判じ絵を二八四ページに示す。この判じ絵がはらむ問題点を、進化論者たちがなぜ拒絶したのかというのがその謎である。

2――有袋類と有胎盤類の驚くべき相似

哺乳動物の綱はふたつの主要な亜綱をもつ（カモノハシのような絶滅に瀕している卵生哺乳動物はのぞく）――すなわち有袋類と有胎盤類である。両者は共通の祖先（現存するテラプシドか、あるいは哺乳動物に似た爬虫類）から、それぞれ別個に進化してきた。有袋類の胎児はきわめて未成熟な発育段階で母親の子宮から外に出されて、母親の腹部にある伸縮性にとむ袋の中で育てられる。カンガルーの新生児は半分くらいしか完成していない――長さは約一インチで、毛がなくて目は見えず、その後肢は胚の原基にすぎない。人間の新生児はカンガルーよりは発育が進んでいるとはいえ、誕生時にはまだまだ介助を必要とするので、母親の袋の中で育てられた方がいいと考える人がいるかもしれない。またアフリカや日本の母親たちが、赤ん坊を背中に紐でゆわえておぶっているのを連想するむきもあろう。だがとにかく、有袋類のやり方が有胎盤類と比べてすぐれているにせよ劣っているにせよ、両者がちがっているという点が肝要である。袋と胎盤とは、哺乳類生殖という一般様式の範囲内の、戦略上の相違ということができよう。

すでに述べたようにこの二系列の分岐は、後期白亜紀にオーストラリアがアジア大陸から分離する以前のいずれかの時期に起きているが、それは哺乳類の進化のまさに出発点でのことだった。有袋類（有胎盤類よりも早い時点で共通の祖先から枝分かれした）は、分離される前のオーストラリアに行ったが、有胎盤類の方は行かなかった。こうして両系列は、約一億年間にわたってべつべつに進化した。先述の判じ絵というのは、オーストラリアの動物相のなかで有袋類の独立した進化系列によって生じた多くの動物がなぜ、有胎盤類中の多くの動物とはっとするほどよく似ているのかという点である。次ページの図では、左側に有袋類の見本を三種類示し、右側にこれに相当する有胎盤類を示す。これはまるで会ったこともなければ同じモデルを使ったこともない二人の画家が、ほとんど同一といえる一連の肖像画を描いたかのようだ。

オーストラリアが島になったとき、からくもそこに移り住んだ哺乳動物は、ネズミに似た小さな有袋動物だけであった。この動物は現存する黄色の足をした有袋ネズミと似てはいるものの、よりいっそう原始的であった。だがこれらの古生物は、島大陸にとじこめられるとさまざまに枝分かれして、われわれになじみ深い有胎盤類のモグラ、アリクイ、ムササビ、ネコ、オオカミ、ライオン等の有袋変種をもたらした——これらはそれぞれ有胎盤類の若干不出来なコピーのようである。もしも進化が飛び入り自由のゲームであるとすれば、なぜオーストラリアには、SFにでてくる出目怪物のようなまったく異種の動物が登場しなかったのだろうか？　一億年にわたって孤立していたこの島で作られ

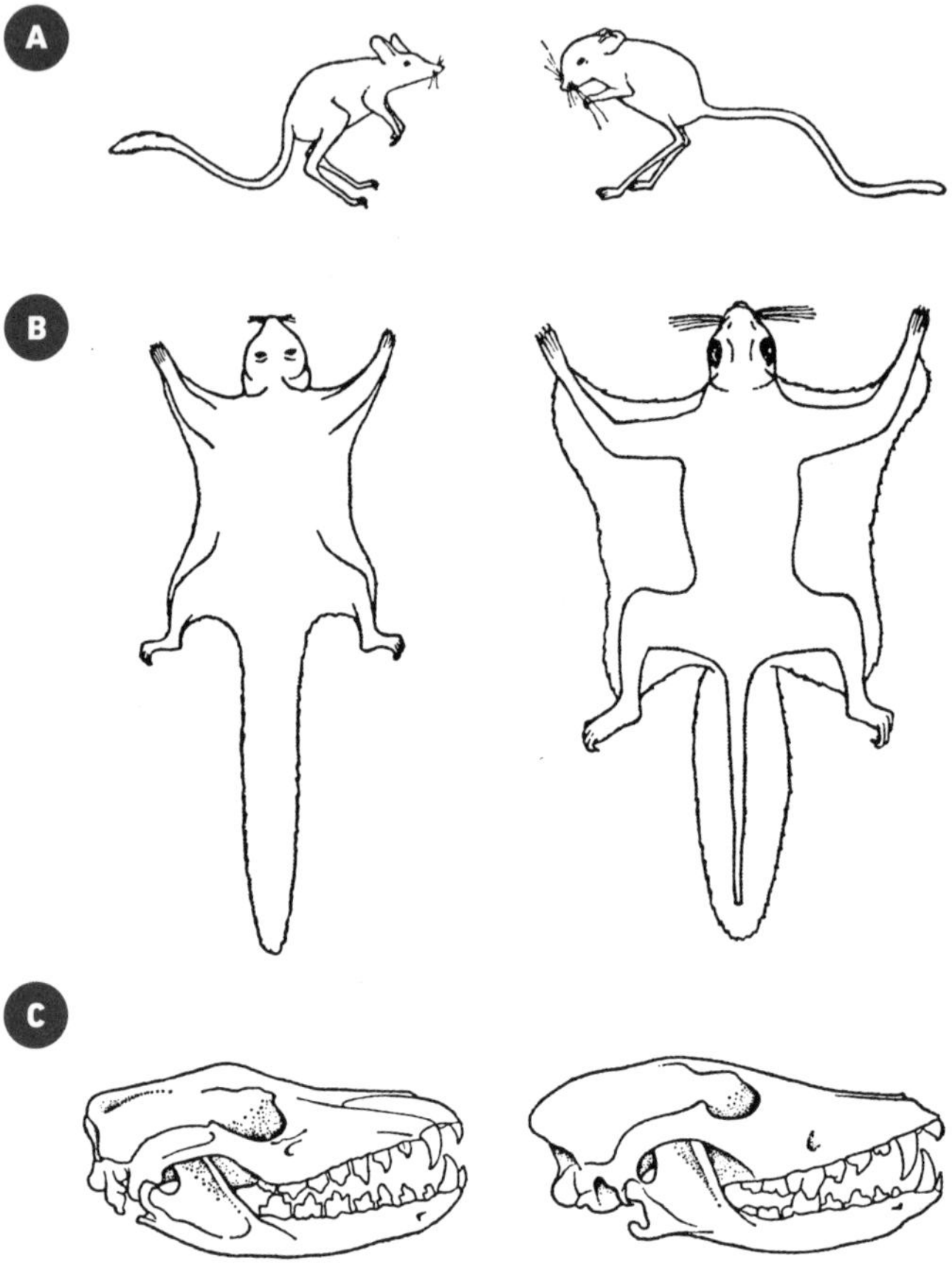

❹有袋類のフクロトビネズミと有胎盤類のトビネズミ
❺有袋類のフクロモモンガと有胎盤類のモモンガ
❻有袋類のタスマニアオオカミの頭蓋と有胎盤類のオオカミの頭蓋（ハーディによる）

た少々異端といえる動物といえば、カンガルーとワラビーだけであり、島の動物相の残りの連中は、より効率のよい有胎盤類の若干劣った複製である――進化の規範の範囲内において、かぎられた主題を元にした変奏である。

この判じ絵に関して、正統の理論が提示する唯一の説明は、つぎに記す権威ある教科書からの引用に要約される。

タスマニアオオカミ(有袋類)と真のオオカミとは、ともに走って獲物を捕え、またほぼ同じ大きさと習性とをもった動物を捕食する。適応の類似性(すなわち同じ環境への適応)は、構造と機能との類似性を伴なう。このような進化のメカニズムが自然淘汰である。[191]

またハーバード大学における正統派進化論の指導者であるG・G・シンプソンは、これと同じ問題を検討した、「ランダムな突然変異と淘汰」で説明できると結論を下している。[190]

これは、はなはだしく問題を回避した論法である。前ページに示したほぼ同一の頭蓋骨について、「ほぼ同じ大きさと習性とをもった動物を捕食する」といった曖昧な説明で納得させようとしているが、このような事実なら数百にもおよぶ異なる種にあてはめることができる。たった一種のオオカミの突然変異と淘汰による進化を考えても、これまでにみてきたように、回避しがたい難点が存在する。島と大陸とにおいて、この過程をそれぞれ別個に再現するのは奇跡にひとしい。ダーウィニアンたちはどうして当惑しないのだろう（あるいは当惑していないふりをするのだろう）という当惑が、依然として残る。

3——ゲーテの原型論の系譜

オーストラリアにおけるドッペルゲンガー（もうひとりの自分。分身）の存在は、進化の多様性の底流には一元的な法則があって、それがかぎられた数の主題をもとに奏でられるかぎりない変奏を支配している、という仮説を強く示唆している。こうした変奏には、ヒエラルキーの下位のレベルでは、進化のホロンをあらわす巨大分子や細胞内小器官や細胞があり、またより高いレベルでは、脊椎動物の前肢や肺やエラといった相同器官がある——軟体動物、クモ、脊椎動物といった進化系列上かけ離れた動物において、数回にわたって独立して進化してきた水晶体を備えた眼は言うにはおよばない。さらに高位になると、図に例示したような多少とも標準化された脊椎動物のタイプを、リストに加えなくてはなるまい。「多少とも」というのは、環境の変化に応じた進化上の戦略における変異があるためだ。だが標準化に関しては、進化的前進をある種の幹線に限定し、それ以外をふるいにかける遺伝のミクロ・ヒエラルキーを構築している規則によってしか、説明のしようがない。

この「原型」という概念は、ゲーテを含む一八世紀のドイツにおける先験論者たち（なお最終的にはプラトンに帰する）に端を発する。何名かの近代進化論者たちがこの概念を復活させたが、かれらは「内部淘汰」という観念をひねりまわすだけで、その深遠な意味を説明しようとはしなかった（第九章7およびL・L・ホワイト『進化における内因』参照）。たとえばヘレン・スパーウェイは、相同形態の普遍的再現から、生物は「その進化の可能性を決定する、かぎられた変異スペクトル」のみをもつという結論に達した。[205] 他の生物学者たちは「共同して進化を決定する生体法則」とか「進化上の変化を所定のラインに導く造形的影響」などと述べている。[238] 一方ウォディントンは「原型とは……すなわち生物がとることができる形態には、一定の数の基本的パターンしかないという観念である」という見解に立ち戻っている。[222] かれらの意味するところは（わたしほど多くの言葉を費してはいないが）、地球という特定の惑星上において、重力と温度、大気や海洋や土壌の組成、利用しうるエネルギーと素材の性質といった条件が与えられれば、生命は命ある粘液の最初の一滴の出発点から、「かぎられたやり方でかぎられた方向へと進化するほかはなかった」というのである。だがこの考え方でいけば、有袋類のオオカミと有胎盤類のオオカミとの基本的パターンは、かれらの共通の祖先の中に潜在的に存在したことになり、同様に哺乳類に似た爬虫類はその祖先である脊索動物の中に潜在的に存在したにちがいないし、こうしてさかのぼってゆくと祖先原生生物、ひいては最初の自己複製する核酸の糸にまでいきつく。

　これは相同という現象から導かれた必然的な結論のようにもみえる――アリスター・ハーディ卿はこれを「進化を語る際に欠かせない抜本的なもの」と呼んでいる。[075] この論法が正しいとすれば、地球上（あるいは他の惑星上でも同様であるが）における可能な生命形態としてSFが語る怪物に終止符が打たれる。だがこれは時計仕掛けの機械のように巻き戻されるあらかじめきちんと規定された宇宙を意味するものではない。本書の主題のひとつに立ち戻れば、この見解の意味するところは、生命の進化とはその可能性を限定する固定された規則にのっとってはいるが、事実上無限の変異が生じる余地を残して展開されるゲームである。その規則は生物の基本的な構造に固有のものであり、変異は規則をうまく活用する柔軟な戦略から生まれるものである。

言い換えれば進化とは、偶然にのみ依存する飛び入り自由のゲームでもなければ、あらかじめきちんと規定されたコンピュータ・プログラムの遂行でもない。進化は、古典的なタイプの組曲（和音の法則と音階構造によって可能性が限定されているにもかかわらず、新たな創造を行なう余地が無数に残されている）にたとえられるかもしれない。あるいはこれを、定められたルールにしたがうが、同時に無限の変化をも伴うチェスの試合にたとえることもできよう。また最後に、『機械の中の幽霊』を引用したい。

> ……現存する動物の種の数はきわめて多いが（約一〇〇万）、主要な綱の数（約五〇）や門の数（約一〇）は少ないという事実は、文学作品の数は莫大であるが、その基本的なテーマやプロットは少数であることにたとえられよう。すべての文学作品は人間の原体験や葛藤にねざしたかぎられた数の主題の変奏であるが、それぞれ新たな環境——その時代の風俗習慣や言語——によって脚色されている。シェイクスピアでさえも、独創的なプロットを考え出すことはできなかった。ゲーテは、悲劇的状況には三六の種類しかないというイタリアの劇作家カルロ・ゴッツィの言葉を、賛意をもって引用している。ゲーテ自身は、この数はおそらくもっと少ないと考えていた。だがその正確な数は、作家たちの職業上の秘密としてしっかりと秘められている。文学作品は、主題のホロンから成り立っているのである。[●122]

しかし、ゴッツィのいう三六の主題という不十分なリストから、作家は十分な創作活動を行なうことができる。そして進化の戦略にとっても、地球上(および地球と同じような条件を備えた他の惑星上においてもたぶん)に存在する生物の物理化学的構造に固有のかぎられた可能性のなかで、最善をつくす余地が十分に残されている。この理論的な問題には、おって立ち戻ることにしよう。

4――進化の目的を設定するのはだれか?

「進化の戦略」などという言い方は神人同形論――人間の動機を神に帰す論理――のワナにはまっていると反論されるかもしれない。実際、ここで提案するアプローチは生命現象に固有の目的に基づいているため、還元論による「自動装置形態的《ロボトモルフィック》」に対して、むしろ「生命形態的《バイオモルフィック》」であるといえよう。科学は「目的」や「戦略」といった言葉を進化に用いることを恐れるべきでない――こうした表現は戦略者として神が関与しているといった意味ではないのである。それにもかかわらず、論争を泥まみれにし、正統派の論客を矛盾のぬかるみに陥れたのは、まさにこの不当な恐れである。代表的なスポークスマンであるG・G・シンプソン教授の言をもう一度引用すれば、進化は「……基本的に唯物的で、目的が存在する兆候はみあたらないことが判明し……いかなる目的設定者も、造物主という不可解な位置に押しやられてしまっている……人間とは、それを想定していない無目的で唯物的な過程の所産であり、計画されたものではない」。

ここにおいて、偽りの二者択一――進化は無目的であるか、神が目的設定者として関与しているかのいずれかである――にもとづいた論理の誤りが、はっきりする。目的性は生命自体に本来備わった概念であり（あるいはシノットの言葉を借りれば目的とは「生物を無生物と区別している、生物の各個体が示す方向性をもった活動」）、目的設定者など仮定する必要はないという事実を遺伝学を専攻した自然科学者が見落すのはなぜだろう、といぶかるむきもあるかもしれない。[193]「目的性」という言葉を生物に適用する場合それは、ランダムではなくてゴールをめざした活動を、固定的で機械化された反応ではなくてゴールに達しようとする柔軟な戦略を、その生物独自のやり方による環境への適応（ランやチョウにみられるように風変りなケースも多い）を、またその生物自身の要求に合わせた環境の順応を意味している。あるいはノーベル賞を受賞したH・J・マラーによれば「目的は自然界に輸入されたわけではないし、また生命の内部に入りこんでこれを動かす何か奇妙な（あるいは神的な）存在ではないかと当惑する必要はない……これはたんに生物学的編成という事実の中に含まれているのである」[159]。

このようにいまでは「個体発生」に関しては、目的や方向性が若干の地位を与えられるようになった。しかしこの同じ言葉の「系統発生」――すなわち進化の歴史――への適用は、いまだに異端視されている。個体発生は目的をもち、系統発生は盲目的である、つまり個体発生は記憶と学習とに導かれるが、系統発生はそのどちらの影響も受けないというわけだ。しかし、ネオ・ダーウィニストのなかでもより思慮深い人びとは、この人工的な隔絶に対する不快の念をしだいにつのらせて、両者を結ぶ橋の建設にのりだしはじめた。たとえばモノーのいう「合目的性《テレオノミー》」や、遺伝的変化を濾過し編成する遺伝のミクロ・ヒエラルキーという概念がそれである。シンプソン自身は、教条主義者であったにもかかわらず、系統発生は一連の個体発生であるととらえないかぎり非現実的な観念であり、「進化は個体発生の変化をとおして進行する」と考えるようになった。だが個体発生が目的をもつとすれば、それを総計したものがなぜ無目的になるのか理解しがたい――ただしワイズマン＝クリックによる「発生経路の非可変性」というドグマ（おそらくこれは、フィードバックを欠いた生物学的過程としてみいだされる唯一の例であろう）に、われわれが同意しないとしてだが。

こうして、目的の背後にはその設定者が存在するといった古めかしい謎は葬り去ることができる。目的設定者とは、生命のそもそものはじまりからかぎられた可能性のなかで最善を尽くそうと懸命に試みてきた各生物個体にほかならない。そしてこれらの個体発生の総体が、地球上において可能なかぎり最適な進化の実現をめざす、生命体のたゆまぬ努力を映しだしているのである。

5――進化を推進する生命の独創力

前節では「たゆまぬ努力」に重点を置いた。正統派の進化論者が「適応」について語る場合、かれらは――行動主義者が「反応」について語るのとおなじく――「環境の偶然性」に完全に支配された、基本的に受動的な過程を意味している。これはかれらの哲学とはぴったり合うかもしれない。だがG・E・コグヒルのいう「生物は環境に対して反応する前に、環境に向けてはたらきかける」[037]ことを示す証拠とは、辻褄が合わない。生物は卵からかえるかあるいは誕生したほぼその瞬間から、繊毛や鞭毛や筋肉によって、みずからの環境（液体であれ固体であれ）にたちむかっていく。生物は泳ぎ、匍い、滑り、脈動する。生物はその環境に向って蹴り、吠え、呼吸し、食べる。生物はたんに環境に適応するだけではなく、環境を自分の要求に合うように適応させる——生物はみずからの環境を飲み食いし、環境と闘ったり和解したりし、またそこに穴を掘って巣を作る。生物は環境に「応答」するだけではなく、探究することによって質問を発する。第七章2に記した、「探究衝動」とは飢えや性と同様に（場合によってはこれらより強いことすらある）基本的本能である事実を、おもい出していただきたい。ダーウィン自身にはじまる無数の博物学者たちが、ネズミやトリやイルカやサル等において、好奇心が本能的な衝動であることを明らかにしてきた。また芸術家や科学者を駆り立てるおもな原動力となるのもまた好奇心であることを、われわれは知っている。このように、探究衝動は人間の精神的進化の主因のひとつである。またハーディらの提唱するところでは、これは生物学的進化の主因でもある。この見解によれば、進化の前進は種の中の冒険好きな個体の「独創力」に基づく。こうした個体は、食餌や自己防御やあるいは他のなんらかの新しい技能を開発し、これが模倣によって広まって、種の生活様式に取り入れられる。この過程の説明として、ハーディはガラパゴス諸島に住む「ダーウィン・フィンチ」の一種キツツキフィンチを例に引いている。この驚くべきトリは、樹皮に穴や裂け目をあけ、「掘り終えると、一～二インチの長さのサボテンの棘や小枝を拾い、これをくちばしに縦にくわえて割れ目の上に突き出し、割れ目から虫がでてくると小枝を落としてつかまえる……ときにはこのトリは棘や小枝をくわえて、割れ目や隙間にかざしながら、あちらこちらの木を探しまわっていることもある」[075]。

このような例を数多くあげた後で、ハーディは進化を推進する主要な起因要素とは、環境による淘汰圧ではなく、生物体の独創力であると提言している——「新しい生活様式を発見する、休むことを知らない、探究心の強い、事物を感知しやすい動物である……進化の主要な系列を区別しているものは、動物の行動、周囲へのその間断なき探究、およびその独創力、に由来する適応であり……走るもの、よじ登るもの、穴を掘るもの、泳ぐもの、および空を征服するものというような各系列が生じた[075]。」

これを進化の「独創力による進歩」論と呼んでもよかろう。種の中のパイオニアが新しい習慣を開始し行動に変化をきたすと、この変化は個体群全体に拡まり、つぎの世代に模倣される——そのうちに幸運な突然変異が起きて、それが遺伝性本能となる。したがってこの過程を先導するのは動物であり、突然変異は新しい技能を遺伝の青写真の中に組み込む、一種の遺伝学的性質として後続するだけである。偶然のはたす役割はさらに小さい。サルのタイピストは、あらかじめ設定されたキーにゆきあたるまで、試行を重ねているにすぎない。

『機械の中の幽霊』を執筆した時点では、わたしはこの説に魅かれた。だが再考してみるとこの説も、新しい習慣や技能を生物体が生得的に備えているものにするために必要とされるきわめて複雑な神経系統の変化を、依然として突然変異に頼っている(もっとも正統派の理論よりは依存度が低いが)という、決定的な欠陥が判明した。探究好きの動物の独創力や活動的役割の強調は、依然として魅力的ではある。だがダチョウのコブやクモの妙技といった基本的難問は未解決のままである。方法論的見地からは、ダーウィン・フィンチが虫を捕える技能は、「有用であるために」なんらかの未知の過程で染色体に押しつけられた――すなわちラマルク説の遺伝――と考える方が、ダーウィニアンの呪文をまたもや唱えるよりは好ましい。

6――サルの胎児とヒトはなぜ似ているのか?

進化とは人間の眼から見れば、衝撃的なほど無駄の多い過程である。生物学者たちの一般的見解によれば、現存する一〇〇万種類の種のそれぞれについて、数百の種が滅びているとのことである。そして残った進化系列は行き詰まり状態になり、動物たちの進化は遠い昔に停止したようである。絶滅と停滞の双方の主因となるのは、特殊化が進むあまり環境の変化に適応しきれないという現象とおもわれる。ジュリアン・ハクスリーは進化を「莫大な数の袋小路とごく少数の抜け道とがある」迷路にたとえて、「全爬虫類はふたつの活路を残して行き詰まった――その一方は鳥類となり、もう一方は哺乳類になった。鳥類の方は、すべての系列が袋小路に行きあたってしまった。哺乳類の方は一系列以外は袋小路に入り、その一系列が人間になった[096]」と述べている。

人間においてこうした特殊化が進み過ぎた範例をあげれば、学者ぶった人物や、がりがりに凝り固まった思考や行動しかできない習慣の奴隷がそれであり、かれらはおもいもよらぬ惨事の犠牲者となる宿命を負わされているのだ。動物界においてこれと同じ立場にあるのは、かわいそうなコアラ・ベアである。コアラはユーカリの木の中でもある特定の変種の葉以外は一切口にしない。その鉤爪は木の樹皮をよじ登るには理想的であるが、他にはなんの意味も持たない。すべての正統派的信念は、コアラ人間を養育する傾向がある。
当面の主題に特に関連した、迷路の袋小路から脱け出すひとつの方法は、「幼形進化」という名称で知られる現象である。これは一九二〇年代にガルスタングが発表したもので、何人かの生物学者がこれをとり上げた（イギリスではハーディとド・ベーア、ソビエトではコルソフとタハジャンなど）。しかしこの現象の存在は一般に受け入れられてはいるものの、正統派の理論にはほとんど何の衝撃も与えず、また教科書に記載されることもまずない。幼形進化とは、ある種の状況下では、袋小路に行きあたった進化がその道を逆戻りして、より前途が開けていそうな新たな方向へ、再度スタートすることを意味している。この過程における決定的な事象は、祖先生物においては幼生や幼年の段階で出現する有用な新しい進化形質が、子孫生物では成体段階にまで保存される点である。つぎの例によって、その意味するところがはっきりするであろう。

脊索動物——ひいてはわれわれ脊椎動物も——は、ウニやナマコに似たなんらかの原始的な棘皮動物の幼生段階を祖先にもつのではないかという仮説には、きわめてすぐれた根拠がある（棘皮＝トゲだらけの皮膚）。だがナマコの成体を祖先と考えるのは、あまり気がすすまない——それは海底に横たわる、皮の袋の中に下手に詰めこんだソーセージといった、ナメクジのような生物である。しかし自由に泳ぎまわるその幼生は、これよりははるかに希望がもてそうである。成体のナマコとちがって、幼生は魚のように左右対称であり、神経系統の前身である繊毛環や、その他にも成体にはない洗練された特徴を備えている。海底にじっとしているナマコの成体は、ちょうど植物が種子を風に飛ばすように、種を海中に広範囲にわたってばらまくことを動きまわることのできる幼生に依存せざるをえなかったのにちがいない。こうしてみずからの体を自身で守らざるをえない幼生は、成体よりもはるかに強い環境圧にさらされて、しだいによりいっそう魚に似てきた。かれらはついには、自由に動きまわれる幼生段階のままで性的に成熟するにいたった――こうして、もはや海底には腰を落ち着けない、その生命史に年寄りのナマコの段階をもたない、新しいタイプの動物の誕生がもたらされた。[122]

この性的成熟年令の低下は、「幼形成熟」と呼ばれ、進化においてよく知られた現象である。これにはふたとおりの解釈がある。ひとつは、動物が幼生または幼年段階から繁殖をはじめるケースであり、もうひとつは、成体段階についに到達しない――すなわち成体段階が生活環から脱け落ちる（最終段階の除去）ケースである。こうして祖先動物の発生史における幼生段階がその子孫の形状を決定し、祖先の成熟形質は路傍に忘れ去られてしまう。これがいわんとするところは「若返り」と「脱特殊化」の過程――進化の迷路の袋小路からの脱出――である。J・Z・ヤングはガルスタングの見解を評して、つぎのように書いている。

> 実際に問題として残るのは、「脊椎動物はどのようにナマコから生じたか？」ではなくて、脊

椎動物はどのようにしてナマコの（成体の）段階を生活史から消し去ったかにある。これが幼形進化によってなされたという考え方は、十分に納得できる[249]。

ギャビン・ド・ベーア卿は、この過程を進化が危機に瀕して行き詰まった際の、生物学の時計の巻きなおしにたとえている。「種は、その個体発生の終端から各個体の成体段階を切り棄てることによって若返る。その後こうした種は、あらゆる方向へ放散してゆくことができる[008]」。

古生物学上の記録や比較解剖学は、進化の主要な曲がり角ごとに、過度の特殊化から脱するためのこの後退がくりかえされたことを実際に示唆している。先に原始的な棘皮動物の幼生段階からの脊椎動物の進化について説明した。ハーディとコルソフ[209]はその他に多くの例をあげ、またタハジャン[209]は植物の進化においても、幼形進化が一般にみられることを明らかにした。昆虫はすべて節足動物の祖先から進化したようである――ただし特殊化しすぎた成体からではなく、その幼生から進化したのである。陸地征服のパイオニアとなったのは、原始的な肺呼吸型の魚類を祖先にもつ両生類であるが、これより進化が進んで高度に特殊化したエラ呼吸型の魚類は袋小路に入ってしまった。こうした例はいくつもあげられよう。だがもっとも衝撃的な幼形進化は、われわれ自身の種の進化である。

一九二六年になされたボルクの先駆的な発表以来、ヒトの成人はサルの成体よりも胎児の方に似ているという説が、今では一般に受け入れられている。

類人猿の胎児とヒトの成人とは、ともに脳の重量比が不つりあいに高い。双方とも、脳の拡張を許容できるように、頭骨の縫合線が遅れて閉じる。ヒトの頭の前後軸（すなわち視線の方向）は脊柱と直角をなすが、これはサルやその他の哺乳類では胎児のみがもつ特徴であり、成体には見られない。背骨と泌尿生殖管との角度についても、同じことがいえる――ヒトだけが対面位で性交を行なうのは、おそらくこのせいであろう。その他、ヒトの成人に見られる胎児のような――あるいはボルクの言葉を借りれば胎児化した――特徴は、眼窩上隆起の欠如、遅れて生えるわずかな体毛、皮膚の血色の悪さ、歯の生育の遅れ等……数多い。[122]

サルとヒトとの間の「失われた環《ミッシング・リンク》」は、おそらくみつかることはないであろう――なぜならそれは胚だったからである。

7――科学や芸術における幼形進化

このように幼形進化（もしくは若返り）は、壮大な進化の戦略において重要な役目を果たしているようだ。これは生物の発生において、特殊化した成体形態からより拘束されない可塑性に富んだ初期の段階への後退を意味し、新しい方向へ向けた突然の前進がこれに続く。それはまるで生命の流れが瞬間的に向きを変えて、しばし水源に向って逆流し、続いて新しい水路を開いたかのようである――コアラは、ちょうど見捨てられた仮説のように、樹上に立ち往生したまま置き去りにされたのである。言い換えれば、われわれはここで、科学や芸術の重要な曲がり角で遭遇してきたのと同じ「跳ぶために退く（reculer pour mieux sauter）」というパターンに直面するのである。生物学的進化はかなりの程度まで、過度の特殊化という袋小路からの脱出の歴史であり、観念の進化は、精神的習慣化と発展のないルーチンによる専制からの一連の脱出である。生物学的進化においては、新しい系列の出発点として成体から幼生へと退くことが脱出をもたらす。精神的進化においては、より素朴で制約を受けない表象作用形式への一時的な後退が、創造のジャンプをもたらす（突然起きる「適応放散」と同じである）。このように、このふたつの進行——進化上の新形質の発生と、文化上の新しい創造の発生——は、同一のご破算とやりなおしのパターンを反映し、異なったレベルにおいて類似した過程として出現する。

生物学的進化も文化の進展も、いずれも連続的なカーブを描くわけではない。どちらの場合も、前の世代がし残した所から構築を続けるといった意味では、厳密に累積的であるとはいえない。両者はともに、第八章で述べたようにジグザグ方式で進行する。科学の進歩の場合は、そのあとに主要な進展または「パラダイムの変化」をもたらすような地固めの期間においてのみ、連続的である。しかし地固めは、早晩凝り固まった権威主義の増大をもたらし、過度の特殊化の袋小路へと導いてゆく——アイルランド・ヘラジカやコアラの場合と同様である。しかし進展から生じた新しい理論構造は、古い体系に付加されるのではなく、観念の進化が誤った道をたどろうとした節目から枝分かれしている。科学史上の偉大な変革は、明確な幼形進化的性格をおびている。文学史や芸術史においては、ジグザグの進路がよりいっそうはっきりしている。所定の「学派」や技術において、累積による進行が必然的な停滞や固執やデカダンのうちに終末を迎え、やがて感覚や重点や様式が新しい方向をもった変革によって危機が打開されるのをわれわれは見てきた。

8——ヒトデからヒトにいたる再生能力

生物の基本的な特性のひとつである自己修復能力と、「再生」（ニーダムによれば「生物体がレパートリーにもつ、もっともはなばなしい手品のひとつ」）現象におけるこの能力の劇的な顕示に目を向ければ、生物学的進化と文化的進化の類似性がさらに立証できる（『洞察と展望』第一〇章、『機械の中の幽霊』第一三章参照）。再生は生殖能力とおなじくらい生命にとって基本的なものであり、分裂や子芽によって増殖する下等生物においては、再生と生殖とはわかちがたいことが多い。たとえば扁虫を横にふたつに切ると、頭側には新しい尻尾ができ、尻尾側には新しい頭ができる。六つに切った場合でさえも、各片から完全な個体が再生する。体の小さなかけらから個体全体を再生することができる扁虫やヒドラやホヤやヒトデは、すべて生物学的なホログラムと呼ぶことができる。

進化の梯子をより上位へと昇ってゆくと、失くした足や器官を再生できる両生類がいる。ご破算とやりなおしの様式によっていったんこの魔術が行なわれると、切断部位付近の体細胞は逆分化をはじめ、擬似胚段階に「後退」し、つぎに再分化と再特殊化とによって、再生構造を形成する（このような「変質形成」の古典的な例は、サンショウウオの眼の水晶体の再生である）。

なくした足や眼の水晶体の補修は、通常の傷の回復とは次元が異なる現象である。種のもつ「潜在的再生能力」は、その種の生存にもうひとつの安全装置をもたらしている——すなわち拘束を受けない胚細胞の遺伝学的柔軟性にもとづいた、自己修復法である。しかしこれはたんなる安全装置以上の意味をもつ。すでに見てきたように、進化上の主要な新形質は、成体から胚レベルへの退行と類似した退行によってもたらされる。実際、ヒトという種をもたらした進化系列のおもなステップは、一連の「系統発生的自己」修復操作であり、適応不全な構造をご破算にしてつくりなおすことによる袋小路からの脱出である。

爬虫類から哺乳類へと、進化の梯子をもう一段上ると、肉体的な再生能力は低下し、その代わりに生物の行動パターンを再編成する脳と神経系統の能力が増大する。今世紀前半に、K・S・ラシュリーは一連の古典的な実験を行なって、神経系統を固定的な自動反射機械であるとする見解を打ち砕いた。かれはネズミを用いて、通常は特定の機能を遂行している脳組織が、所定の条件下ではべつの傷ついた脳組織の機能を代行しうることを示した。たとえば、かれはネズミにある種の視覚的な識別技能を教えた。視覚野の皮質を除去すると、予想どおりこの技能は失われた。しかしこの切除を受けたネズミは、予想に反して同じ能力を再度学ぶことができた。平ぜい視覚学習を得意としない脳のいずれかの領域が、失われた領域の代行としてこの機能をはたしたにちがいない。メタ適応とでもいうべきこうした芸当は、昆虫やトリやチンパンジー等についても報告されている(『創造活動の理論』第二巻第三章参照)。

最後にヒトという種を考えれば、その肉体的再生能力は最低にまで低下している。だがみずからの思考や行動のパターンを作りなおして、苛酷な挑戦に対して創造的反応をもって対処するという人間のもつユニークな能力が、これを補っている。かくしてわれわれは、ご破算とやり直しのパターンにもとづいて、生物的進化をへて円をひとまわりし、人間の活動へと戻ったのである。ご破算とやりなおしは、幼形進化から科学や芸術の革命期《ターニング・ポイント》への、あるいは心理療法がめざす退行による精神の再生への、そして究極的にはすべての神話に登場する死と復活、撤退と回帰の原型への、中心思想として通用する。

9——エントロピーとシントロピー

一九世紀における機械論的世界観の基本的な教条のひとつに、クラウジウスの著名な「熱力学の第二法則」がある。この法則の主張するところによれば、宇宙は、そのエネルギーがたえず無秩序な分子運動へと浪費されているため、最終的な崩壊に向かいつつあり、ついには絶対温度すれすれの均一な温度の一個の無定形な気泡と化してしまう。カオスへと溶解する宇宙《コスモス》である。

科学がこの悲観的な説のもつ催眠効果から覚醒し、第二法則は「閉鎖系」（完全に密閉された容器の中の気体のようなもの）と呼ばれる特殊なケースにのみ適用できるが、生物はすべて「開放系」であり、自分たちの環境からさまざまな物質やエネルギーをたえずひきだすことによって複雑な構造や機能を維持していることに気づいたのは、かなり最近であった。生物は機械仕掛けの時計のようにエネルギーを摩滅させて停止してしまうのではなく、エサとして食べた物質からはより複雑な物質を、吸収したエネルギーからはより複雑な形態のエネルギーを、また感覚受容器で受け止めた入力からはより複雑な情報（知覚、知識、記憶の貯蔵）を、つねに構築している。

このようにこれらの事実は万人が知るところではあるが、正統派の進化論者たちはこの説が意味するところを受け入れたがらなかった。生物体は機械とは対照的に、たんに「反応する」だけではなく第一に「活動する」ものであり、みずからが置かれた環境に受動的に適応する代わりに、ジャドソン・ヘリックによれば「構造や行動のあらたなパターンをつねに作り出しているという意味で創造的」な存在であるとする観念は、ダーウィニアンや行動主義者や還元論者にとっては、一般にきわめて嫌悪すべきものであった。[087] 物理学においてはあれほど有用で崇敬に値する第二法則が生物にはあてはまらず、さらに生物においてはある意味ではこれが「逆行している」などといった考え方は、すべての生命現象は最終的には物理学の法則に還元できると依然として考えていた正統派にとっては、とうてい受け入れられるものではなかった。

じつは「生物が食べているのは負のエントロピーである」という広く喧伝された寸言によって、第二法則の専制に終止符を打ったのは、生物学者ではなくてノーベル賞を受賞した物理学者のエルヴィン・シュレーディンガーであった。[187] さて〈エントロピー〉とは、摩擦やその他の無駄な過程で浪費されてしまい、もはや回収不能となった変質エネルギーの呼び名である。言い換えれば、エントロピーとは無駄になったエネルギーの尺度である。第二法則をつぎのように表すこともできる。閉鎖系のエントロピーは、すべてのエネルギーが気体分子の無秩序な運動へと浪費されるような最大値にむかって増大する傾向がある。したがって宇宙が閉鎖系であるとすれば、それは最後には自分を「ほどいて」しまって、宇宙《コスモス》を混沌《カオス》となすにちがいない。エントロピーは物理学の基本的概念であり、死の神タナトスの別名であり、フロイトのいう〈死への願望〉という概念にまで達そうとしている（第二章参照）。

したがって〈負のエントロピー〉とは、生物が単純な要素から複雑な構造を、無形のものから統合されたパターンを、無秩序から秩序を作り出す「構築」にむかう能力を指していう、若干ひねった呼び方である。進化の過程にもこれと同じく抑えがたい構築傾向があらわれている。すなわち、生物ヒエラルキーにおける複雑な新しいレベルの出現や、機能調整の新たな方法の出現がそれであり、環境からのさらなる遊離と環境への支配とをもたらす。

　何ページか前にわたしは「地球上において可能なかぎり最適な進化の実現をめざす、生命体のたゆまぬ努力」に言及した。この流れを汲んで、ノーベル賞を受賞した生物学界の大御所であるアルバート・セント・ジェルジは、「負のエントロピー」という言葉やそこにある否定的な意味に代わって、肯定的な〈シントロピー〉という言葉（かれの定義によれば「生物が自身を完成させるためにもつ生得的な動因」）の使用を提案した。かれはまた、心理学的レベルにおいてシントロピーに相当する「総合や成長や、全体性や自己完了にむけての動因」に対しても、注意を喚起している。[207]

　これの意味するところを卒直にいえば、正統派の還元論者たちが暗黒の迷信とみなした生気論《バイタリズム》の復活である。この概念の起源は、アリストテレスの「エンテレキー」（たんなる物質を生物に変えると同時に完成をめざして奮闘する、生命の原理または機能）にさかのぼる。無生物に生命を吹き込む生命力という概念は、アリストテレス以来さまざまな著者によって、さまざまなやり方でとりあげられてきた。たとえばガレノスやケプラーのいう「形態形成力」、ガルバーニの「生命力」、ライプニッツの「モナド」、ゲーテの「形態学」ベルグソンの「生命躍動《エラン・ヴィタル》」がそれである。今世紀初頭に、ドイツの生物学者ハンス・ドリーシュが「エンテレキー」という言葉をとりいれた。ドリーシュは発生学と再生に関する古典的な実験をとおして、このような現象は物理学と化学との法則のみでは説明できないと考えるようになった（これに対抗する「機械論者」たちは、かかる現象はこうした法則のみで説明がつくと主張した）。生化学のめざましい進歩によって、生気論は神秘性をおびた不用の仮説であるとしていったんは失脚した――だがやがて逆の方向に振子がゆれはじめた。シュレーディンガーが一九四四年に発表した「負のエントロピー」という革命的な概念は、かくも賞賛をもって世に迎えられたが、これは生気論を裏口から再度招き入れたものであった（たとえばドイツの生物学者ヴォルトレックの「漸進的進化《アナモルフォーシス》」、L・L・ホワイトの「形態原理」など）。

だがこれは前科学的な先の生気論と区別して、ネオ生気論《バイタリズム》とでも呼ぶべきものである。その基本的内容を、セント・ジェルジは賞賛すべき簡潔さで、つぎのように要約している（かれの姿勢が非科学的であるとの非難を受けることはまずないであろう）。

素粒子を集めて原子核を形成すれば、もはや素粒子では説明できない新しいなにものかが創造される。この核の周囲に電子を配置して原子を作り上げたり、原子を集めて分子を形成した場合等にも、同じことがくりかえされる。無生物界は、単純な分子といった低レベルの編成で止まっている。しかし生物界ではこれが続行して、分子が集まって巨大分子となり、巨大分子が細胞内小器官（たとえば細胞核、ミトコンドリア、葉緑体、リボソームまたは細胞膜）を形成し、ついにはこれらがすべて集まって、偉大な創造の神秘である、びっくりするような内部規制を備えた細胞を形成する。つぎにこの細胞が寄り集まって「高等動物」やますます複雑な個体（たとえばあなた）を作りだす。各段階ごとに、より複雑で繊細な性質が産みだされ、最終的には、基本的な規則は不変ではあるが、無生物界には例をみない特性がうまれる。[207]

セント・ジェルジがいう「基本的な規則」とは、物理学と化学との法則である。これらの法則は生物学的現象の領域内においても効力を保ってはいるが、「無生物界には例をみない」ため、こうした現象に対する十分な説明にはならない。したがって、「生物が自身を完成させるためにもつ生得的な動因」、もしくは進化の可能性の最善の実現をめざす傾向として、シントロピー（または負のエントロピー、あるいは生命躍動《エラン・ヴィタル》）が主張されるのである。

本書の論では、この「生得的な動因」は「統合傾向」に由来する。それはいままでに引用してきた各語よりも明確である。なぜならそれはヒエラルキー的秩序の概念に固有のものであり、細胞内小器官の共生から生態学的系統や人間社会にいたるまでの、あらゆるレベルに現われるからである。これと対立するのが自己主張傾向であり、これも同様にあらゆるレベルに存在する。これは相同現象に反映される進化の保守性や、種の安定性とゆっくりした変化、「生きた化石」（「永続型」としても知られる）の生存の謎を解く手がかりとなり、また最後に、統合傾向によってチェックされないかぎり、停滞と過度の特殊化の袋小路に行きづまってしまう。すでにみてきたように（第二章4）、自己主張的傾向はじつに保守的であり、各個のホロンの保存と主張とをもくろんでいる――「……統合傾向は、現状のシステムの構成ホロンを統括すると同時に生物、社会、認識などの進化的ヒエラルキーに新しいレベルを付加するという二重機能を有している。つまり自己主張傾向はもっぱら自己保存にたずさわる現状指向型であるのに対し、統合傾向は現在と未来のために機能しているといえよう。」

進化は、未知の出発点に発して未知の目的地をめざす、大海原を渡る航海にたとえられてきた。しかしわれわれは少なくとも、ナマコの段階から月世界の征服にまでわれわれを連れてきた航路をたどることはできる。そしてこの航海を進めてきた風の存在を否定する根拠はなにもない。しかしこの風を、過去から吹いてきて船を後押しするものととらえるか、あるいは未来へ引き寄せるものととらえるかは、選択の問題である。あらゆる生命過程にみられる目的性や、遺伝子の戦略や、人間や動物の探究衝動といった事実はすべて、未来からの牽引が過去からの後押しと同様に現実性をおびていることを示すようである。因果性と究極性とは、生命科学における相補的な原理である。究極性と目的とを取り除くとすれば、生命から心理学のみならず生物学をも取り去ってしまうことになる（ウォディントンも、近著において「擬似究極論的見解」に賛同した論を記している）。

これを生気論と呼ぶならば、わたしには異存はなく、著名な生気論者であるアンリ・ベルグソンによる深遠な論評を引用することで、これに答えよう。

生気論の原理を説明するのに多くは語れないかもしれない。だが少なくとも、生気論とはわれわれの無知に貼られたラベルであり、おりにふれてわれわれに自身の無知をおもい起こさせてくれるといえる。一方機械論は、われわれにみずからの無知に対して目を閉ざさせる。

だが本章の結びには、グラースの言葉を借りよう。

> 古生物学と分子生物学とが、教条主義を排し、協調して努力するならば、進化の精巧なメカニズムがやがてはみいだされるはずである――だがおそらく、進化系列の方向や構造と機能と生命環との合目的性は判明しないであろう。こうした問題に直面すると、生物学は無力なものになりかわり、形而上学に道を明け渡す以外にないようだ。[●068]

第四部 — 新しい地平

決定論は素粒子のレベルだけでなく、レベルが高くなるにつれ無限に制約が減少し自由度が増加するヒエラルキー上部においても、しだいに姿を消してゆく。同時に因果とか運命という悪夢のごとき概念は、無限の後退のなかに飲みこまれてゆく。人間は神々の玩具でもなければ、染色体の上につるされたマリオネットでもない。

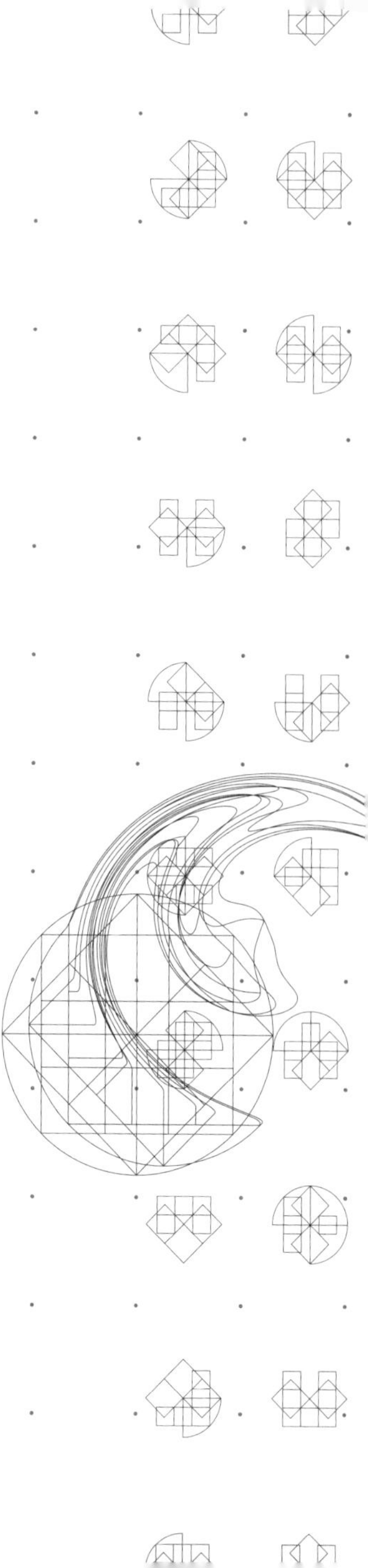

第二二章 自由意志とヒエラルキー

1――人間をロボットに変える習慣のワナ

「クレオパトラの鼻が低かったら、世界の歴史は変わっていただろう」とパスカルは言った。ならば、もしパスカルと同時代のデカルトがもしプードルを飼っていたら、哲学の歴史も変わっていただろう。プードルが、かれの教条とは逆に、動物は機械でないことを、そしてまた人間の体も精神(かれは松果体にあると考えていた)から永久に切り離された機械でないことを、教えたであろう。

デカルトと正反対の見解が、これまた忘れがたいベルグソンの警句のなかに要約されている――「落下している石の無意識は、成長しているキャベツの無意識とはまったくべつのものだ。」

ベルグソンの姿勢は、汎心論にちかい。ある種の基本的な感情が、動物界、さらには植物界にも、あまねく存在するという理論である。思弁的な傾向をもつ現代物理学者のなかには、素粒子にさえ精神的要素があるとする者もいる。このように汎心論は、成長するキャベツから人間の自己意識までひろがっている連続体を仮定しているが、デカルトの二元論は、意識を人間特有のものとみなし、物質と精神のあいだに一種の鉄のカーテンをひいている。

汎心論とデカルトの二元論は、哲学のスペクトルの両極にある。ここでは物心相互作用説、物心並行論、付帯現象説など、この両極が生み落したさまざまな理論に立ち入るのではなく、マルチレベル・ホラーキーの概念が、この古い問題に新たな光を投げかけるのにふさわしいものであることを示したい。いずれわかるように、ヒエラルキーによるアプローチでは、汎心論者の描いているキャベツから人間までの連続的な上昇曲線のかわりに、一連の明確な段階を（つまり、斜面のかわりに階段を）、そしてまた、精神と肉体を仕切っているデカルトの一枚の壁のかわりに、いわば一連の自在ドアを、それぞれ考える。

まず、日常経験からわかることは、意識はあるかないかというものではなく、程度の問題である。麻酔下の無意識から、弱い薬による眠気、何も考えずに自動的に靴ひもを結ぶといった複雑な日常動作の実行、完全な意識と自己意識、そして自己意識自体を意識する自己の意識まで、数えあげたらきりがない。

下の方には、人間のレベルのはるか裾野に広がるさまざまなレベルの意識や感情がある。動物と親しいつきあいをしている生態学者は、一般に、進化の梯子に意識の最下限の線をひくことを拒む。かとおもえば神経生理学者には、下位の脊椎動物の「脊椎意識」や、さらには原生動物の「原形質的意識」

さえ口にする者がいる。ひとつ例をあげよう。アリスター・ハーディ卿は有孔虫――アメーバの仲間で単細胞の小さな海洋動物――を見事に描写しているが、それによると、有孔虫は死んだ海綿の針状の突起から精巧なミクロの「家」をこしらえる。ハーディはこの家を「工学的技能《エンジニアリング・スキル》の奇跡」と呼んだ。[075] しかし、この原初的な原生動物は眼も神経系ももたず、流動的な原形質からなるゼラチン状のかたまりでしかない。このように、意識のヒエラルキーは、上方でも下方でも、端部が開いているのである。

著名な生態学者ソープを引用しよう。

> さまざまな証拠からみて、進化のスケールの下のレベルにもし意識といったものが存在するとすれば、それはきわめて漠とした種類のもの、いわば無構造なものにちがいない。そしてまた目的をもった行動や強力な注意力の発達とともに、期待感と結びついた意識が、徐々に鮮明かつ精緻なものになっていくようだ。[215]

しかしここで重要なことは、意識の構造、鮮明度、精緻度がこのように徐々に変化することが、たんに進化の梯子にそって、あるいは異なった個体発生段階にある同一種の構成員《メンバー》に対して認められるだけでなく、異なった情況に直面したときの成体個々についても認められることである。わたしが言おうとしているのは、車の運転というまったく同一の行動が、ある場合は何らその行動を自覚することなく「自動的に」行なわれたり、またある場合はそこにさまざまな「自覚の程度」が伴なうという、しごく単純な事実である。交通量の少ない慣れた通りを運転しているとき、わたしは運転を神経系の「自動操縦装置」にまかせ、他のことを考える。つまり、運転という行動を制御し調整する仕事は、わたしの精神ヒエラルキーの高いレベルから低いレベルに移行されている。逆に、追い越しをしようとすれば、制御を半日常的なレベルまで「上方に」移行させなければならないし、難しい情況で追い越す場合はさらにそれを移行し、いま自分が行なっていることを完全に自覚する必要がある。

自分が従事している行動に、たとえあるにしてもいったいどれだけの意識的な注意が支払われるのか。それを決定する要因がいくつかある。その要因のうち、現在の論脈からもっとも重要なものは、習慣の形成である。技能を学んでいるあいだは、われわれはやっていることひとつひとつに細かい注意をむける。印刷されたアルファベットの文字を覚え、正しく読めるようになるには、あるいは自転車に乗ったり、ピアノやタイプライターの鍵を正しく叩けるようになるには、苦労がいる。しかし修得の度合が増すにつれて、タイピストは指に「指の世話」を一任する。われわれは「自動的に」読み、書き、車を運転する。べつな言い方をするなら、技能を支配する規則が、いまや無意識に適用されているのである。この、学習から習慣への凝縮を、「精神活動を機械的活動に(精神的過程を機械的過程に)移し変える」過程とみなしてもよいだろう。こうした過程は幼児の時代からはじまり、止まることはない。

習慣という自動化の傾向には、ひとつ肯定的な側面がある。それが節約の原理に従っていることである。車を機械的に操作することによって、わたしは会話を続けることができる。しかしもし、文法や構文法の規則が自動的に機能しなければ、わたしは意味をとることができないだろう。が、その反面、習慣とかルーチン・ワークといった機械化には、われわれを自動人形《オートマトン》に変えてしまう恐れがある。人間は機械ではないが、一日の大半は、従事している行動に心を向けることなく、機械のように——あるいは夢遊病者のように——ふるまっている。このことは、ナイフやフォークを使う動作、タバコに火をつける動作、手紙に署名する動作など、操作的なルーチンにだけあてはまるのではなく、精神活動にもあてはまる。たとえば、退屈な本の一節を、一語たりとも意味を解さぬまま、「うわの空」で読んでしまうこともある。カール・ラシュレイは、同僚の心理学教授が「講義しなければならないときは、口にしゃべらせておいて眠ることにしてるよ」と言ったと述べている。

このように、意識とは、いくぶんねじまげた表現をすれば、「習慣形成に比例して減少するような、行動の特別な属性」と言えるかもしれない。学習が習慣に凝縮すると、自覚の光が薄らぐ。となれば、予期せぬ障害や問題に遭遇しルーチンが妨げられたら、まったく正反対の過程がおこると考えられる。つまりそれにより「機械的」な行動から「気を入れた」行動へ瞬間的にスイッチが切りかえられるにちがいない。たとえば、ぼんやり車を運転しているとき突然ネコが道路に飛び出せば、それまでのぼんやりした精神はただちに運転操作にひき戻され、ネコを轢くべきか、それとも同乗者の安全を危険にさらして急ブレーキを踏むかの瞬間的判断をせまられる。こうした危機のなかでは、進行中の行動の制御がマルチレベル・ヒエラルキーの上位のレベルに突然移行する事態がおこる。なぜならその判断は自動操縦の能力の範囲を超えており、「高位の部署」に委ねられねばならないからである。本書の理論では、行動の制御がヒエラルキーの低位から高位へこのように突然移行することが（物理学者の言う量子飛躍《クオンタム・ジャンプ》にも似ているが）、意識的な意志決定の、そしてまた自由意志という主観的な経験の、本質だと考えている。

すでに述べたように、これと反対の過程はルーチンの機械化であり、習慣への隷属化である。かくして、精神―肉体ヒエラルキーを上下する連続的な両面通行というダイナミックな視点に達する。習慣と技能の自動化は、ちょうどエスカレータに乗っているときのように、徐々に「下方へ」向う動きを意味しており、またそれゆえに、上層に高度な活動の余地を残してくれるものである。とは言え、われわれが自動人形に変わる恐れもある。下方に向かう段階ひとつひとつが、精神から機械への移行である。が逆にヒエラルキーを上方に移行すればするほど、それだけ鮮明で構造をもった意識状態が生まれる。

ロボットのような行動と聡明な行動の間のこうした変動は、すでに述べたように、日常よく経験するところである。しかしごくまれに、創造的な人たちのなかには、認識のヒエラルキーのきわめて複雑な、またひどく特殊化の進んだ層から、一気に原始的で流動的なレベルまで降り、そのあと再構築されたレベルにふたたび昇るといった急激な変動を体験する者もいる。

2――精神的人間と機械的人間の相補性

古典的二元論では、精神と肉体のあいだにたった一枚の壁しか考えていない。それに対して本書の理論が拠りどころにしているホラーキー的手法は、「二元論的観点のかわりに多元論的観点」を提唱するものである。一枚の壁をたった一回飛び越えたら、物理的事象が精神的事象に、あるいは精神的事象が物理的事象に変わるわけではない。マルチレベル・ヒエラルキーの自在ドアを通りながら、上方へ、あるいは下方へ、一連の段階を経てはじめて実現するものである。

その具体的な例として、第一章6で鼓膜に届いた空気振動という物理的事象を、われわれはいったいどのようにして観念という精神的事象に変えているかを説明した。それは一足飛びに行なわれるものではない。空気振動のなかにあるメッセージを解読するには、聴き手は言語ヒエラルキーのある段階からより高い段階へ、すばやく一連の「量子飛躍」を行なわなければならない。なぜなら、音素は意味をもたず、形態素のレベルでのみ意味がわかり、また単語は文脈に、文章はさらに大きな意味の枠組に照らして意味をとらねばならないからだ。一方、言語化されていない観念やイメージを明らかにする談話活動には、正反対の過程が必要となる。精神的な事象を声帯の機械的運動に変えるわけである。これもまた一連のすばやい、しかし明確な段階を経て達成される。各段階がつぎつぎとより自動化された型の言語ルーチンを解き放っていくわけである。具体的には、伝えようとするメッセージを直線的な理路に構造化し、それを文法や構文法の暗黙の指示にしたがって処理し、最終的には言語器官が有する独自の機械運動パターンを刺激する。『真夏の夜の夢』には、すでに、ノーム・チョムスキーが提唱した心理言語的ヒエラルキーが予見されている。

想像力が
未知のものをあれこれ作りだすように
詩人の筆は
未知のものを形あるものに変え
空気のごとく目に見えぬものに
住まいと名前を授ける。

くりかえそう。空気のごとく目に見えぬものを、段階的に声帯の運動にまで変えてしまう下向きの過程では、各段階がつぎつぎとより自動化された自動制御装置に制御を切りかえていく。これに対して上向きの過程では、各段階がより精神的な精神作用へと導いていく。このように精神と肉体は、古典的二元論で言われるように、単一の境界もしくは界面にそって二分されるものではなく、ヒエラルキーの各中間レベルでそれぞれに分断されるものである。

この観点にたてば、精神と肉体の無条件な区別はしだいに消えうせ、そのかわり「精神的」と「機械的」とが、各レベルにおける過程の相補的な属性となる。このふたつの属性のうちどちらが支配的であるか――たとえばネクタイをしめるという活動が精神的に行なわれるのか、機械的に行なわれるのかということ――は、制御の移行が自在ドアを通って上向きに進むか下向きに進むかという、ヒエラルキー内の流れに依存する問題である。たとえば、ヒエラルキーの下層にある内臓の領域は自律神経系によって調整されているが、それさえも、ヨガの修行やフィードバック法をとおして精神的な制御下に置くことがまちがいなく可能である。そして、再度言うなら、逆に眠かったり退屈しているとき、たった一語たりとも「意味をとる」ことなく論文を読むという、精神活動らしきものを演ずることが可能だ。

われわれは「精神」があたかもコトであるかのように語る習慣があるが、そうではない——その意味ではモノでもないが。思考、記憶、想像は、機械的過程と相互的もしくは相補的な関係にある「過程」である。話がここにくると、現代物理学が適切なアナロジーを提供してくれる。いわゆる「相補性の原理」で、現代物理学の理論構造をささえるものである。素人の言葉に置きかえて言うなら、電子、陽子、中性子などの物質の基本構成要素はヤヌスの顔をもった二面的な実在で、ある条件下では硬い微粒子のようにふるまうが、べつの条件下では非物質的な媒質中の波のようにふるまう。ノーベル賞受賞者で素粒子物理学者の先駆者のひとり、ヴェルナー・ハイゼンベルクは、つぎのような言葉を残している。

相補性の概念は、まったく同一の事象をふたつの異なった基準の枠組をとおして見ることが可能であるような情況を、記述しようとするものである。このふたつの枠組はたがいに排除しあうものだが、たがいに相補的でもあり、この正反対の枠組を並置してはじめて、完全な見方がうまれてくる。……われわれが相補性と呼ぶものは、デカルトの物質と精神の二元論と、じつによく一致している。[086]

この引用は、古典的な二元論を引き合いにだし、本書で論じているようなレベルの多元性についてはふれていないが、それでもこのアナロジーは魅力的である。電子が、実験方法しだいで、粒子としてあるいは波としてふるまうということを知れば、人間もまた、周囲の情況に応じて自動人形として、あるいは意識をもった生き物として機能するということは、たやすく理解できる。

もうひとりのノーベル賞受賞者、ヴォルフガング・パウリも、同じようなことを考えていた。

> 精神と肉体、精神世界と物質世界の関係の一般的問題は、解決済みであるとは言えない。……現代科学が物理学に相補性の原理を導入したことで、われわれはこの関係のより深い理解に向けて、一歩近づいたのではなかろうか。[166]

その気にさえなればこのふたつの引用のほかにも、現代物理学の先駆者たちの同種の意見を、ほとんど際限なくつけ加えることができるだろう。明らかなことは、かれらが精神と肉体の相補性、そして粒子と波の相補性というふたつの型の相補性の間にみられる相似《パラレル》を、表面的な類似以上のものとみなしていることだ。実際、それはきわめて意味の深い類似であるが、その意味を理解するためには、物質のふたつの側面のうちのひとつを構成する「波」を、物理学者はいったいどういう意味で使っているのか、ざっと知っておかねばならない。常識はあまりあてにはならない相談相手だが、波が発生するには、「波立つものがなければならない」ことは常識だろう。たとえば、振動しているピアノの弦、うねっている海、動いている空気がそれである。しかし〈物質波〉の概念は、物質的な属性をもった媒質が波の伝達者として介入することを、「その定義によって排除している」。その結果、弦のない弦の振動とか、猫のいないチェシャ猫の笑み（訳注＝『不思議の国のアリス』に登場する猫。わけもなくにやにやする）を想像するといった問題に直面するはめになる。しかし先に述べたふたつの相補性のあいだの類似から、ある種の安らぎを引き出せるかもしれない。色の認識から思考や想像にいたるまで、精神を通り抜けていく意識の中味は非物質で「空気のごとく目に見えぬもの」である。にもかかわらずそれは、ちょうど物理学の非物質的な「波」が素粒子という物質的側面にともかくも結びついているように、物質的大脳にともかくも結びついている。

人間の二面性は、宇宙の究極的な構成要素がもつ二面性を反映しているようにみえる。

3――「自分」と自分の果てしない鬼ごっこ

観念を言語で表現するにせよ、タバコの火をもみ消すにせよ、意図を「明らかにする」ことは連続的なサブルーチン――たとえば算術的技能から機械的な筋肉収縮までの機能的ホロンがそれである――を解き放ち、行動を引きおこす過程である。言い換えれば、それは総括的な意図を「特殊化」する過程ともいえる。それなら、逆に判断をより高いレベルに委ねることは、調整度も統合度も高い経験を産みだす「統合的」な過程ということになる。ではいったい自由意志の問題は、この図式にどうあてはまるだろうか。

すでに述べたことだが、われわれの身体的な技能、精神的な技能は「固定された規則」と、なにがしかの「柔軟な戦略」に支配されている。たとえばチェスの規則は駒の許容される動きを定め、戦略は駒の実際の動きの選択を決定している。ならば自由意志の問題は、そうした選択がどのようにしてなされるかという問題に集約される。チェス・プレーヤーの選択は、それが規則によって決定されていないという意味で、「自由」であると言ってさしつかえないだろう。しかし、そういう意味で自由ではあるが、その選択がランダムでないことも確かである。それどころか、ゲームの単純な規則にくらべればはるかに複雑な思考――ヒエラルキーの高いレベルとかかわっている――に支配されている。チェスとノーツ・アンド・クロッスィズ（訳注＝五目並べに似たイギリスのゲーム）を比べてみよう。どちらの場合も、つぎの一手に対するわたしの戦略的選択は、規則に支配されていないという意味で「自由」である。しかしノーツ・アンド・クロッスィズの場合、戦略が比較的単純で選択の数がわずかしかないのに対し、チェス・プレーヤーはずっと高い複雑なレベルでの思考に支配されており、そのレベルには比較にならないほど多様な選択がある（つまり、「自由度が多い」）。さらに、チェス・プレーヤーの選択を支配している戦略的な思考は、ふたたびべつの上昇ヒエラルキーを形成する。その下位のレベルにあるのは、盤の中央を占めようとか、駒の損失を避けようとか、キングを護れといった戦術上の定石である。この種の定石はどんな下手な者でも修得できる。しかし、上手《うわて》はこの定石を無視し、もっと高い戦略のレベルに注意を移行することも自由である。その場合、駒は犠牲になり、キングは一見おかしな動きをするが、ゲーム全体から見ると、その方が有利なのである。このようにチェスを行なっているあいだは、つねに自由度の多い、より高いレベルに判断を委ねる必要があり、上方へ移行するごとに、意識の高まりと自由選択の経験が付随しておこる。一般的に言って、チェスの規則であれ、文法の規則であれ、規則と名のつく制約的な規範は、無意識または前意識のレベルでほぼ自動的に機能しているのに対し、戦略的な選択は焦点のあった意識の光に助けられている。

くりかえそう。ヒエラルキーのなかの自由度は順位が上がるにつれて増加し、注意を高いレベルに移行するごとに、あるいは判断を高い段階に委ねるごとに、自由選択の経験が付随しておこる。だが、それは錯覚に満ち満ちた主観的な経験にすぎないのだろうか？　わたしはそうではないとおもう。結局、自由というのは絶対的に定義できるものではなく、ある特殊な制約からの自由として、相対的に定義できるにすぎない。一般囚人は独房の囚人より自由であるし、民主主義は専制政治より自由を認めているということなのである。同じような漸次移行は、思考と行動のマルチレベル・ヒエラルキーにも見られ、上のレベルへ一段一段上昇することに「束縛の相対的重要性が減少し、選択の数が増加する」。だが、それだからといって、制約がまったくない最高レベルが存在するということではない。逆に、ヒエラルキーは上方にも下方にも端部が無限に向かって開いているというのが、本書の理論の意味するところである。われわれはともすると究極の責任がヒエラルキーの頂点にあるとおもいがちだが、頂点は静止しているのではなく、つねに無限に向けて遠のいている。自己はそれ自身の意識の手をのがれているのである。たとえば下方の物質界に顔を向けているとき、人はいまとりかかっている仕事を意識してはいるが、その意識はひとつひとつ段を降りるごとにルーチンの薄暮のなかに、あるいは内臓の過程の暗闇のなかに、あるいはまた成長中のキャベツ、落下中の石といったさまざまな程度の無意識のなかに、そして最終的にはヤヌスの顔をもった電子の曖昧さのなかに、消えてしまう意識である。同じように、上方を向いていても、ヒエラルキーは端部が開いており、自己は無限に後退するのである。上を見ているときも下を見ているときも、人間はそれで全体であるといった感覚、あるいは人間は人格に通じる堅固な核心をもっているといった感覚をいだいている。そしてそこから判断が生まれ、ペンフィールドの言葉を借りるなら、それが「人間の思考を制御し、注意のサーチライトを支配している」と考えている。しかし、この偉大な神経外科医の比喩は疑わしい。罪深い考えに耽ったとして、牧師が懺悔する者を諭すとき、両者のあいだには、罪深い考えにスイッチを入れた動因の背後にべつな動因があり、さらにその背後にもまたべつの動因があり……と、無限に動因が続いているという暗黙の仮定がある。しかしその究極の罪人、すなわち注意を支配している自己は、けっして焦点のあった光のなかに捕えることはできないのである。経験する主体は、まるごと経験の客体とはなりえない。せいぜい、それに徐々に近づくことくらいしかできないのである。

学ぶこと、知ることが、人間に宇宙の個人的なモデルをつくらせることであるとするなら、そのモデルはけっして完全なモデルを包含しえない。なぜなら、そのモデルはつねに、それが描いた過程に一歩遅れをとっているからである。ヒエラルキーの頂点――統合的全体としての自己――に向けて意識を上向きに一歩移行するごとに、その頂点は蜃気楼のように後退する。「汝自身を知れ」というのはきわめて尊ぶべきことではあるが、同時にきわめてじれったいことでもある。自己を完全に知ること、すなわち知るものと知られるものが一致することは、つねに視野のなかにありながら、けっしてたどりつくことができないものである。それはヒエラルキーの頂上を極めることによってのみ可能であるが、その頂上はつねに登山者より一歩先にある。

これは古くからの謎であるが、端部の開いたホラーキーのなかで、新しい生命を手にするようにおもえる。決定論は、素粒子のレベルだけでなく、レベルが高くなるにつれ「無限に」制約が減少し自由度が増加するヒエラルキー上部においても、しだいに姿を消していく。同時に、因果とか運命という悪夢のごとき概念は、無限の後退のなかに飲みこまれていく。人間は神々の玩具でもなければ、染色体の上につるされたマリオネットでもない。もう少し真面目に言うなら、同様の結論は、「どんな情報処理システムも、その情報処理システムを含め、最新の情報処理システムをそのなかに具現化したことにはならない」というカール・ポッパーの卿の言葉のなかにも見える。[171]また、やや類似したことをマイケル・ポランニー[170]やドナルド・マッケイ[143]も言っている。

無限に後退するという概念を嫌う哲学者もいる。それが、小人のなかの小人のなかの小人、といったことを想い起こさせるからである。しかし、われわれは無限から逃れることはできない。無限小の概念をつかった微積分学がなかったら、数学は、そして物理学は、いったいどうなるだろうか。自己意識は、人間が自分の行動を内省する鏡にたとえられてきた。しかしどうせなら、一枚の鏡に映った像が他の鏡にうつり、それがまたべつの鏡に映るといった鏡の間に、自己意識をたとえる方が適切だろう。われわれが星を眺めていようと、自己のアイデンティティを探し求めていようと、無限はわれわれの顔をじっとみつめている。還元主義には無限は用がないだろうが、真の生命科学は無限を中に入れ、それを見失わないようにしなければならない。

4――自由意志と責任感

自由意志対決定論の問題は、太古の時代から哲学者や神学者を悩ませてきた。だが一般の人間は、思考を支配している動因、あるいはまたその動因の背後にある動因といった不可思議な問題に悩まされることはめったにない。なぜならかれらは、不可思議であろうとなかろうと、わたしの行動は「わたし」がきめている、と当然のごとく考えているからだ。『機械の中の幽霊』で、わたしはこの問題を説明するために、短い寓話を創作した。コチコチの決定論者である初老の教授と、自由奔放なオーストラリアからの若い客員教授が、オックスフォード大学で、高いテーブルをはさんで会話をしているという設定である。オーストラリア人が叫ぶ。「わたしは自由に自分で判断してるんです。あなたがそれを否定しつづけるなら、パンチをお見舞いしますよ!」

老人は顔を真赤にして言う。「君の許しがたい態度、じつに嘆かわしい。」

「申し訳ありません。ついカッとなりまして。」

「抑えなきゃダメだね。」

「ありがとうございます。実験は決定的でした。」

まさしくそうだった。「許しがたい」、「……しなきゃダメ」、「抑える」――こういう言葉はどれも、このオーストラリア人の行動が染色体と生後の環境によって決定されたものではないということを、つまり礼儀正しくふるまうか粗雑にふるまうかはかれが自由に選択した結果であるということを、意味している。その人間の哲学的信念が何であれ、日常生活においては個人の責任を暗黙のうちに信じていなければ、やっていけない。そして責任は選択の自由を意味している。自由を主観的に経験することは、色を感じ、痛みを感じるのと同じくらい、既知事項である。

しかしその経験はともするとわれわれを自動人形に変えてしまう習慣と機械的なルーチンの形成によって、たえず浸蝕されている。ウェリントン公爵は、習慣が人間の第二の天性だとおもうかとたずねられ、「第二の天性だって? とんでもない第一次だよ」と大声をあげた。習慣は創造性を否定するもの、自由を打消すものであり、着ている本人が気づいていない、自ら課した拘束服である。

自由のもうひとつの敵は、激情である。もっと明確に言うなら、過剰な自己主張的情動である。こうした情動がひきおこされると、行動の制御が、古い脳と関係しているヒエラルキーの原初的なレベルにひきとられる。こうした下方移行の結果生じる自由の喪失は、「責任感の欠如」という法的な概念のなかに、あるいは強制されて行なったという主観的な感情(「しかたなかったんだ」、「カッときてしまった」、「どうかしてたんだ」といった話語にそれが表われている)に、反映されている。

他人を裁くという道徳的なジレンマがおこるのは、まさにこの点である。ルース・エリスはイギリスで絞首刑にされた最後の女性であった。彼女は愛人を「冷静に」撃ち殺したと言われている。しかし彼女が犯行におよんだとき責任感が欠如していたのかどうか、していたとすればどの程度だったのか、いったいどうやってわたしは知りうるのか。陪審員はどうやって知りえたのだろうか。強制と自由意志はものさしの両端にある哲学的概念であるが、ものさしにはわたしが読み取れるような目盛はついていない。このようなジレンマにおかれた場合、もっとも安全な手続きはふたつの異なった基準を適用することである。相手には最小の自由意志を、自分自身には最大の自由意志をもたせることだ。フランスに古い諺がある――「すべてを理解することはすべてを許すことである」。先の議論に照らすならば、これはつぎのように言い変えられるべきだろう――「すべてを理解せよ。自分にはなにも許すな。」

主義にしたがって生きることはむずかしいかもしれないが、少なくともそれは安全側の処世訓ではある。

第一三章

物質と精神の対話

1――EPSは非科学的か

「わたしの友人の半分は、わたしが科学に関してあまりにペダンティックな態度をとりすぎると、非難めいたことを言う。そして残りの半分は、わたしが超感覚知覚（ESP）のような怪しげな問題に興味を示すことを、非科学的だと言う。かれらにとって、ESPはあくまで超自然の領域に入るものなのである。しかし、これと同じ非難が、あるエリート科学者たちにも向けられ、かれらがすばらしい被告仲間になっていることは心強い。」

これは『偶然の本質』の冒頭の一節である。以来、今日まで、科学界の「エリートたち」も、明らかに多数派に成長した。一九七三年、権威あるイギリスの週刊誌『ニュー・サイエンティスト』は読者にアンケートを送り、ESPに関して意見を求めた。一五〇〇人の回答者のほとんどが科学者か技術者であったが、その六七パーセントがESPを「動かしがたい事実」、あるいは「ありうること」とみなしたのである。

これ以前の一九六七年、ニューヨーク・アカデミー・オブ・サイエンスは超心理学のシンポジウムを開催し、一九六九年には、アメリカ科学振興協会（イギリス科学振興協会と同じもの）が、その威厳ある組織に超心理学会が加入することを認めている。加入申請はそれ以前二度拒否されているが、三度目に受理されたことは、知識階級の思潮に変化がおきたことを示すもので、超心理学にとっては社会的信用を確立するものとなった。

したがって、ここで暗いヴィクトリア朝の応接室で開かれた降神術の集いから、コンピュータ統計学、ガイガー計数管、その他精巧なエレクトロ装置を用いた現代の経験主義的科学にいたるまで、超心理学の発展を復唱する必要はないだろう。わたしは、以下のページで、テレパシーをはじめそれに類する現象が存在するかどうかを問題にするつもりはない。これまで蓄積された膨大な証拠からみてそれは当然であり、問うべきは、こうした現象がわれわれの世界観にとってどういう意味をもつかである。

一般知識層の世界観からすれば、超心理学と物理学は、知識と経験のスペクトルの両端に位置するものにちがいない。かれらにとって物理学は「精密科学」の女王であり、それはそのまま、物質界を支配する不変の「自然の法則」に通じるものである。これに対して超心理学は、明らかに無法則なあるいは自然の法則に反する、気まぐれで予測不可能な主観的現象を扱うもの、ということになる。物理学はあくまで「実際的な」科学であるが、超心理学者は茫漠とした幻想の国をあてもなくさまよっている、というわけだ。

「物理学」という言葉が実質的にニュートン力学と同義であったほぼ二世紀のあいだは、物理学に対するこうした見方もなるほど正当なものであったし、きわめて生産的でもあった。現代の物理学者フリッチョフ・カプラを引用すれば、

> 物ごとの基本的な性質についての疑問は、古典物理学においては、ニュートンの機械論的宇宙モデルによってその答えが与えられていた。それは古代ギリシアにおけるデモクリトスのモデルとおなじで、あらゆる現象を硬くて破壊できない原子の運動と相互作用に還元するものであった。こうした原子の特性は、ビリヤード・ボールという巨視的な概念から、ということは感覚的経験から、抽出されていた。この概念が本当に原子の世界に適応できるかどうか、それはいっさい問われなかった。●031

あるいは、ニュートン自身の言葉を借りれば、

> 神は、はじめに固体の、充実した、硬い、貫くことのできない、可動性の粒子として、物質を創られた。それらは、神がそれらをおつくりになった目的にもっともふさわしい寸法、形、

性質、空間的比率を有していた。この原初的な粒子は充実した固体であるから、その粒子で構成されるいかなる多孔性の物体も足もとに及ばぬほど硬い。いかにも硬いから、磨滅することも砕け散ることもない。尋常な力では、神が創造のときに自ら創られたものを、分解することはできない[031]。

神をもちだすことを除けば、一七〇四年のこのニュートンの言葉は、今日の一般知識人がいだいている暗黙の信念をそのまま反映している。もちろんかれらとて、かつては分割不可能とされた原子がいまでは（不吉な結果をともないつつ）分割できることを知っている。だが、それでもなお、原子の内部には陽子、中性子、電子といった真に分割不可能なべつのビリヤード・ボールが存在すると信じている。しかしながら、かれらがもっと深い関心をもっていさえすれば、巨大な原子核破壊装置が、すでに陽子や中性子を破壊していることに、あるいは（現時点での）基本粒子が「クォーク」と呼ばれていることに、あるいはまた「チャーム」と呼ばれる物理学的特性をもつクォークが存在することに、気づくだろう。素粒子物理学者が使うエキゾチックな用語には、このほか、「八道説」、「奇妙さ」、「ブーツストラップ原理」といったものがあるが、それはとりもなおさず物理学者が創りだしてきた世界がいかに超現実的な性格を有しているか、物理学者自身が承知していることを示すものである。そしてこの子供じみたユーモアの背後には、神秘への畏怖の念がある。超ミクロのレベルでは、リアリティの基準が、日常の巨視的レベルに適用されているものと根本的に相違するからにほかならない。原子の内部では、われわれの抱いている空間、時間、物質、因果律の概念はもはや役に立たず、物理学は強い神秘主義のおもむきをもつ形而上学に変じる。このように情況が変化したいま、超心理学の思考を超越した現象も、相対論や量子力学の思考を超越した論理に照らしてみると、それほど非常識なものとはおもえない。

そうした論理のひとつを、すでにみてきた。相補性の原理である。それは、古典物理学で言ういわゆる「基本構成要素」を、ある情況では硬い小さな物質として、またべつな情況では真空中を伝播する波としてふるまうヤヌス的実在に変えるものである。マックス・ボルンは、それを「月曜、水曜、金曜に波になり、火曜、木曜、土曜に粒子になるかのようだ」と表現した。量子物理学の先駆者と現代の後継者は、相補性原理を精神と物質という二元論の格好なパラダイムとみなした。これは超心理学者には喜ばしいニュースだった。しかし忘れてならないのは、デカルト的な二元論が精神と物質というふたつの領域しか認めないのに対し、本書の理論は、あちらこちらに「自在ドア」をもつ一連のレベルを提唱していることだ。日常的な行動においても、素粒子のレベルでも、自在ドアはつねに揺れ動いているのである。

2――現代物理学が描く物質のイメージ

一九二〇年代に、ド・ブロイとシュレーディンガーが提唱した物質波の概念により、「物質の非物質化」の過程が完成をみた。物質の非物質化という概念は、これよりずっと以前、アインシュタインの魔法の公式、$E=mc^2$に端を発している。この公式の意味は、質量をある種の安定した基本的物質ととらえるのは誤りであって、あくまでエネルギーの一形態としてとらえるべきである、というもの。つまり、われわれの目に物質とうつるもののなかに、エネルギーが凝縮して閉じこめられているというわけである。陽子や電子をつくっている「要素」は、三三五ページの図を一見すればわかるように、まるで夢をつくりあげている要素といった感がある。図は、物理学者の泡箱のなかで起きる出来事の典型的な例で、高エネルギーの「基本」粒子がたがいに衝突して消滅したり、べつの粒子を生成したりしながら新たな事象の連鎖をひきおこしている。問題の粒子はもちろん無限に小さく、その寿命は大半が百万分の一秒にも満たない。それでも泡箱のなかの粒子は、姿の見えないジェット機が空に飛行機雲を残すように、飛跡をしるす。物理学者は、飛跡の長さ、太さ、曲率などを見て、その飛跡が二〇〇種以上の素粒子のうちのどの素粒子のものであるかを判断する。また、場合によっては、そこに未知の素粒子を発見することもある。しかし、泡箱やその他の精密機器が物理学者に教える根本的な教訓は、素粒子のレベルではわれわれの抱く空間、時間、物質といった概念が、そして古典的な理論がもはや適用できないということだ。たとえば、二個の粒子が衝突してこなごなになっても、その小片がもとの粒子より小さいとはかぎらない。なぜなら、衝突の過程で解放されたエネルギーが「質量」に転化されるからである。あるいは、質量をもたない光子、つまり光の基本単位が、質量をもつ電子—陽電子の対を生成することもある。そしてその後、この対が衝突し、逆の過程をたどって光子に姿を変えることもある。泡箱のなかのこの幻想的な出来事を、フリッチョフ・カプラは、創造と破壊の神シバ神の踊りにたとえた。

すべては、今世紀初頭の人をあざむくほど単純なラザフォード＝ボーア・モデルに端を発している。それは原子を小さな太陽系とみなすもので、プラスの電荷をもつ原子核の周囲をマイナスの電荷をもつ電子が、惑星のごとくめぐっているモデルである。悲しいかな、このモデルはつぎからつぎとパラドックスに直面していった。電子はけっして惑星のようにふるまわず、ある軌道からべつの軌道へ空間を通らずに飛びうつることが明らかになった。それは、あたかも地球が空間を無視して瞬間的に火星の軌道に飛びうつるようなものであった。また、軌道自体が明確ではなく、ぼんやりとした幅の広い軌跡で、電子はその上に「広がって」いたが、それは電子の波動的側面にふさわしいものだった。そしてまた、ある運動量をもつ電子の空間的な位置を正確に知ろうとすることは、波を固定しようとすることと同じくらい無意味である、ということになった。バートランド・ラッセルは、それをつぎのように表現した。

> そこに硬くて小さな塊があって、それが電子や陽子であるとする考え方は、触感から導びかれた常識を不法に押しつけるものである。[180]

太陽系モデルにおける「原子核」も、軌道をまわる「惑星」（電子）同様、立場を悪くしていった。原子核はいくつかの粒子（おもに陽子と中性子）の複合体であること、そしてそれらの粒子は、いかなるヴ

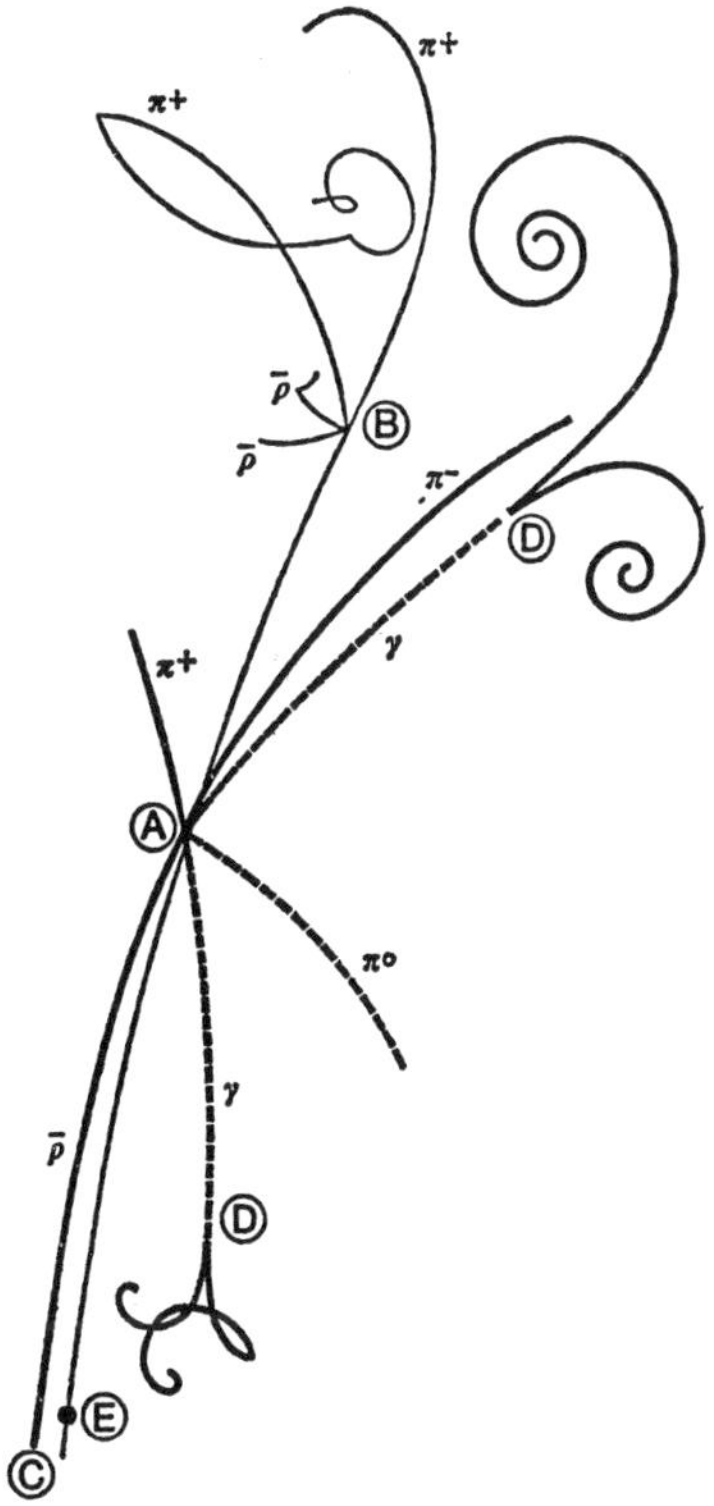

CERN研究所で撮られた泡箱内の素粒子のダンスの写真(ジュネーブのヨーロッパ核研究機関提供)をトレースしたもの。
写真の説明にはこうある(素人はこれで少しも利口にはならないが)—「Ⓒ点で泡箱に入った反陽子($\bar{\rho}$)は泡箱内の陽子と衝突し、プラスの電荷をもったパイ粒子(π^+)とマイナスの電荷をもったパイ粒子(π^-)ならびに2本のガンマ(γ)線になる。このγ線はどちらも、その後Ⓓ点で電子と陽電子に変わる。またもうひとつ、Ⓔ点から入った粒子はⒷ点で相互作用をおこし、2個の反陽子($\bar{\rho}$)とプラスの電荷をもった2個のパイ粒子(π^+)を産む。そしてそのうちのひとつは、その後、泡箱内の粒子と2度衝突する。」

イジュアル・モデルによっても、あるいはいかなる感覚的経験を駆使しても、うまく説明できないべつの粒子と力によって結合していることが明らかにされたのである。ある仮説によれば、中性子と陽子は原子核の内部を毎秒約四万マイル、つまり光速の四分の一の速さで回転しているという。カプラはつぎのように言う。

核物質は、この巨視的な世界でわれわれが体験するものとはまったく形態を異にする物質である。あえてイメージするなら、それははげしく沸騰し泡だっている超高密度の液体の滴《しずく》といったところか[031]。

3——量子論のパラドックス

わたしはべつの著書で[127][128][131]、量子物理学の有名なパラドックスをいくつかとりあげたことがある。一個の電子がスクリーン上のふたつの小さな穴を同時に通り抜けるというトムソンの実験（シリル・バート卿は「幽霊にもそんなことはできない」とそれを評した）とか、半分生きて半分死んでいる「シュレーディンガーの猫」とか、粒子がほんの一瞬、時間に逆行して運動するファインマンの図（ファインマンはこれで一九六五年にノーベル賞を受賞している）とか、あとで簡単にふれるアインシュタイン＝ポドルスキー＝ローゼンのパラドックス（EPRパラドックス）などである。こうした情況を量子論の生みの親のひとり、ハイゼンベルク自身がつぎのように要約している。

素粒子の姿を想像で現出させようとしたり、視覚的にとらえようとしたりするから、素粒子を誤解してしまう。[022] 原子は「もの」ではない。原子の殻を形成する電子は、もはや古典物理学的な意味での「もの」つまり位置、速度、エネルギー、大きさ、といった概念で確定的に記述できるものではない。原子のレベルでは、時間と空間のなかの客観的世界など、もはや存在しないのである。[086]

4――確率的世界像

ヴェルナー・ハイゼンベルクは有名な「不確定性原理」によって、物理学における、ひいては哲学における、因果的決定論に終止符を打った偉大な偶像破壊者として、長く記憶されるだろう。ニュートンの運動の法則が古典力学の基礎であるように、不確定性原理は現代物理学の基礎である。わたしは、かつて、きわめて単純化したアナロジーでその意味を伝えようとした。[127] 多くのルネッサンス絵画にみられるある種の静的な特質は、人物にも背後の風景にも焦点があてられているという事実からくる。もちろん、そのようなことは光学的には不可能なことで、近くの対象に焦点を合わせれば背景がボケるし、その逆もまた同様である。不確定性原理は、物理学者が素粒子の世界を研究する際、これと同じような苦境に直面することを意味している（もちろん、理由はまったく異なるが）。古典物理学では粒子はつねに明確な位置と速度を有していなければならないが、素粒子のレベルでは、情況が一変する。たとえば、電子の位置を正確に測定しようとすればするほど、速度は不確定になり、逆に速度を正確に測定しようとすればするほど、位置はぼやけてしまう。この不確定性は、測定技術の不完全さからくるものではない。「粒子」であり「波」でもある電子固有の二重性が、位置と速度の同時測定を、現実にも、理論的にも、不可能なものにしているのだ。このことは、素粒子のレベルではどんな瞬間でもすべてはいわば未決定の状態にあり、つぎの瞬間の状態はある程度不確か、つまり「自由」であることを暗示している。だから、たとえば完全なカメラをもった写真家が任意の瞬間に宇宙全体を撮影したとしても、究極の構成要素が不確定な状態にあるため、像はいくぶんボケることになる。このボケのために、素粒子の過程を述べる物理学者の話は、ひたすら確率的であって確定的ではない。つまり、極微の世界においては、確率の法則が因果律にとってかわる。ハイゼンベルクの言葉を再度引用するなら、「自然は予言できない」のである。

かくして、量子論が登場してから五〇年間、いわゆるコペンハーゲン学派のあいだでは、決定論的、機械論的な世界観はもはや支持できるものではないという考えが常識化し、それはヴィクトリア風のアナクロニズムにもなった。一九世紀の機械論的な宇宙モデルはいまや形骸化し、物質そのものの概念が非物質化された今日、「唯物論はもはや科学哲学であることを主張することはできない」のである。

5——創造的アナーキーの時代

これまで物理学界の巨人を何人かとりあげてきた（ちなみにそのほとんどがノーベル賞受賞者である。わたしが何度もノーベル賞を口にするのは、この章で述べる奇怪な理論が、奇人、変人の類によって提唱されたのではなく、国際的に名のとおった物理学者によって提唱されたことを知ってもらいたいからだ）。かれらは古めかしい時計を解体した当事者であると同時に、論理的なパラドックスも、以前はありえぬこととみなされた突飛な理論も、みな受け入れてしまうきわめて柔軟かつ精巧な理論で、それを置きかえようとした人びとでもある。この半世紀の間、精巧な電波望遠鏡によって、そしてシバのダンスを記録する泡箱のなかで、つぎつぎと新しい発見がなされてきた。しかし、古典的なニュートン物理学に匹敵するほど申し分ないモデルも、首尾一貫した哲学も、まだ生まれていない。このポスト・ニュートンの時代を「創造的アナーキー」（第八章9参照）とみることもできよう。それは、古い概念が使いものにならなくなったにもかかわらず、新しい統合につながるような革命的論理が見えてこないとき、あらゆる科学分野でくりかえしおこってきたものである。これを執筆している時点では、理論物理学自体が、奇妙な仮説が交差して飛びかう泡箱のなかにどっぷり漬かっているように見える。これと関連するとおもわれる話を二、三述べてみよう。

まず、アインシュタイン、ド・ブロイ、シュレーディンガー、ヴィジェイ、ディヴィッド・ボームをはじめ、素粒子の不確定性や非因果性を受け入れようとしなかった著名な物理学者——かれらはこれを、素粒子レベルの事象はまったくの偶然に支配されている、という意味に解釈した——が、これまでに何人か存在している（アインシュタインが吐いた名文句、「神はサイコロ遊びはなさらない」にこの態度がよくあらわれていよう）。かれらは、素粒子レベルより下にある種の実体が存在し、それが、一見不確定とおもわれる過程を支配していると考えた。これは「隠れたる変数」の理論と呼ばれた（しかし、それを追い求めてもまったくの徒労に終わるように見えたから、忠実な支持者からも見捨てられることになった）。

しかしこの理論は、物理学者にこそ受け入れられなかったが、形而上学的、超心理学的な理論にとっては実り多き畑となった。神の摂理は物理的な因果のマトリックスのなかの不明瞭な間隙部分から作用する、と神学者は唱えた（「間隙の神」）。またノーベル生理学賞を受賞したジョン・エクルズ卿は「きわどくバランスを保っている」神経細胞の量子的不確定性が、自由意志を行使する余地をつくりだしていると唱えた。

> 活動中の大脳皮質では〇・〇二秒以内で、何十万の神経細胞の放電パターンが、最初にたった一個の神経細胞の放電をひきおこした「影響」の結果として規定されてしまう。
> したがって、「意識」は、活動中の大脳皮質のこの特異な検出機能により影響される時間的——空間的な「影響野」を作用させることによって、神経細胞のネットワークの時間的—空間的活動を規定しているというのが、神経生理学的仮説である。●043

人間ひとりひとりの精神作用が「自分自身の」大脳にどう影響するかについては、この理論が適用できよう。しかしエクルズは、同書の最終章で、その理論にESPやPK（念力）も含めている。かれはラインやその一派の実験結果を、精神と物質の「往来」の証拠として、あるいはまた精神の間の直接的コミュニケーションの証拠として受け入れる。精神という意志の作用が、物質である自分自身の大脳に影響し、その物質的大脳が意識的経験を生じる——これとまったく同じ原理が弱く不規則なかたちであらわれたものがESPであり、PKであるとエクルズは考える。

その理論は具体性に欠けるが、それは故チャールズ・シェリントン卿からペンフィールド、グレイ・ウォルターまで、別書でわたしがとりあげている何人かの進歩的神経生理学者の思潮傾向をよくあらわしている。

神経生理学者のペンフィールドが、天文学者エディントンの不当なまでに無視された仮説を復活させたというのも、また興味深い。それは「個々の物質粒子の相関的なふるまい」である。「エディントンは、精神とあい通じた物質にそうしたことがおこると考えた。そのような物質のふるまいは、物理学で想定している非相関的で無秩序な粒子のふるまいと、きわだった対照をなす。[043]」

「精神とあい通じた」物質は、物理学の領域では見られない特別な性質を示す——汎心論とそうかわらない論理ではある。もうひとりの天文学者V・A・ファーソフは、「精神は電気とか重力と同じレベルの普遍的な実在または相互作用であり、アインシュタインの有名な方程式$E=mc^2$と類似した変換式が存在するはずだ」と言った。[049]

すなわち、物質が物理的エネルギーに変換されるように、物理的エネルギーは精神的エネルギーに精神的エネルギーは物理的エネルギーに変換されるはずだ、というわけである。

近年、量子物理学と超心理学とのギャップを埋めることを意図したこの種の理論が、あちこちに氾濫している。どれも、SF顔負けのものばかりである（SF顔負けといえば、すでに見てきた現代物理学の基本理論もおなじだが）。たとえば、ケンブリッジ大学の著名な数学者エイドリアン・ドッブズは、テレパシーと予知に関する巧妙な理論を発表したが、そのなかでかれは、ニュートリノと類似した性質をもつ仮説粒子「サイトロン」がESP現象の媒介者であり、それは受け手の脳の神経細胞に直接作用すると唱えた[041]。もっと最近の話としては、たとえば、弾道学の権威E・ハリス・ウォーカー博士は独創的な量子力学の理論をつくり、仮説的な「隠れたる変数」は「非物質的ではあるが真の実在」として意識と結ばれていること、そしてそれは時間からも空間からも独立していて、量子力学の波動関数によって物質界とつながっていること、を唱えた[227]。かれの理論は超心理学的な現象を包含しているが、高度な数学を駆使したもので、ここで議論するにはあまりに専門的にすぎる。

視点を泡箱から星空に向けると、素粒子の世界でもそうであったように、時間、空間、そして因果律に関するわれわれの常識がふたたびお荷物になる。相対論的宇宙では空間は湾曲し、時間の流れはそれを観測するものの運動状態によって速くもなるし、遅くもなる。さらに、多くの天文学者が考えているように、宇宙のどこかに反物質からなる銀河があるとするなら、その銀河では時間の流れが逆になっている可能性が大である。

ふたたびマクロの宇宙からミクロの世界に話を移せば、ファインマンの図で粒子がほんの少しの間時間を逆に動くことが想い起こされる。ハイゼンベルクがこの仮説を支持して言う。

（量子論のパラドックスに直面したときの）唯一の慰めは、素粒子レベルのきわめて小さい時空領域では、時間と空間の概念が不明瞭になる、つまり、ごく小さな時間間隔のなかでは「以前」とか「以後」といった概念はもはや適切に定義できない、と考えることである。もちろん大規模な時空では何も変わることはないが、忘れてならないのは、小規模な時空内では因果の鎖に逆行する過程もあることが、実験的に証明される可能性があるということだ。[085]

となると、時間、空間、因果に関して単純な常識を備えたわが中規模世界は、そうした偏狭な観念がもはや通用しないマクロとミクロの領域にはさまれていることになる。ジェームズ・ジーンズ卿はこの情況をつぎのように書いた。「二〇世紀の自然科学の歴史は、純粋に人間的な視点からわれわれを徐々に解放してきた歴史である。[102]」距離が大きく速度がいちぢるしく速いマクロな世界では、相対性理論がそうした人間的視点を打ち砕いた。ミクロな世界では、量子論と結びついた相対性理論が同じ効果をもたらした。今日、物理学者がいだいている時間の概念は、ヴィクトリア女王時代のそれとまったくちがう。現代のもっとも著名な天文学者のひとり、フレッド・ホイル卿は、かれ一流の挑発的な表現でそれをつぎのように言った。

君はグロテスクでばかげた幻想にしばられているよ。……時間が絶えまなく流れていると考えるなんて……このことに関してひとつだけはっきりしていることがある。時は過去から未来にむかって一定の速さで進んでいくなどと考えるのは、まちがいなんだ。僕にはよくわかるんだ。われわれが時間について主観的にそう感じてるってことがね。だけど、われわれは、いわばお人よしにつけこむ詐欺の犠牲者ってとこさ。[092]

しかし、もし時間の不可逆性が「お人よしにつけ込む詐欺」――つまり、主観的な幻想――に由来するものなら、われわれはもはや正夢などの予知現象理論を、「先入観的」根拠にもとづいて排除することはできない。未来の出来事を予知すれば、出来事の発生そのものが阻止されたり経過に変化が生じたりするという論理パラドックスも、現代物理学における未来の不確定性によって、そしてあらゆる予知が有する確率的な性質によって、少なくとも部分的には回避できる。

6――ブラック・ホールと超空間

かくのごとくわれわれの世界観を変えてしまった物理学の革命は、一九二〇年代におきた。しかし今世紀後半にいたって、それはさらに超現実的な傾向を帯びてきた。これを書いている今、宇宙には「ブラック・ホール」というあばたがあるらしいことがわかってきた。ブラック・ホールという用語をあみだしたのは、プリンストン大学の教授で物理学界の中心人物のひとり、ジョン・ウィーラーである。ブラック・ホールは、燃え尽きた星が重力崩壊をおこしてすいこまれていく遠い宇宙の仮説的な穴で、そこにすいこまれた星は消滅し、われわれの宇宙から姿を消す。こうした黙示的な事象が発生する点を、連続体中の「特異点」と呼ぶ。一般相対性理論によれば、ここで空間の湾曲は無限大となり、時間は停止し、物理学の法則はまったく用をなさなくなる。

この宇宙はひどく奇怪な場所であることが、しだいに明らかになっていく。ゾッとしたければ、なにも幽霊にお出まし願う必要もない。

誰もが、ブラック・ホールに落ちこんだ物質はいったい「どこへ行くのか」という素朴な質問を発したくなるだろう（実際、ブラック・ホールに落ちこんだ物質がすべてエネルギーに変換されるわけではない）。それに対するウィーラーの現時点での回答は、その物質は超空間にあるべつの宇宙のどこかで、「ホワイト・ホール」という形をとって出現しているのではないか、というものである。

宇宙空間が動く舞台は、空間それ自体であるはずはない。誰しも、自分自身が舞台にまでなることはできない。かならず自分より大きな、活動のための場を必要とする。空間が変化をとげる場はアインシュタインの時空ではない。なぜなら、時空とは時間とともに変化する空間の履歴でしかないからだ。宇宙空間が動く場は、もっと大きなものでなければならない。それが「超空間」である。そこにあるのは三次元でも四次元でもない。そこには「無限の」次元がある。

超空間内の一点は、どの点をとってもひとつの完全な三次元世界を構成しており、すぐ隣りの点は、これとわずかに異なるべつの三次元世界を構成している[032]。

超空間――あるいはハイパースペース――は、平行宇宙、逆に進む時間、多次元時間などとともに昔からよくSFでとりあげられてきた。が、いまや、電波望遠鏡や粒子加速器のおかげで、こうした概念はアカデミックな体裁を獲得しつつある。実際データが奇妙であればあるほど、それを説明しようとする理論も奇妙になる。

ウィーラーの言う超空間には、いくつか驚くべき特徴がある。

ジオメトロダイナミクスの空間は、ゆったりとうねっている風景一面に敷きつめられた泡の絨毯にもたとえられる。新しい泡が生まれては古い泡が消えていくこの泡の絨毯のなかの連続的でミクロな変化は、空間の量子的ゆらぎを象徴している[236]。

もうひとつ、ウィーラーの超空間の驚くべき性質は「多重結合」である。われわれの素朴な三次元世界ではたがいに遠く離れてみえる複数の領域が、トンネル、つまり超空間の「穴」をとおして、一時的に直接つながることがあるというのが、そのごく大ざっぱな意味である。この穴は、ワームホール(虫くい穴)と呼ばれ、宇宙はこのワームホールで交差していると考えられている。ワームホールは猛烈な速さで現われては消え、消えては現われ、絶えまなく形態を変える。見えざる手に操られた宇宙の万華鏡といったところである。

7——精神化する物理学と現実化する超心理学

現代物理学の基本的な特徴のひとつは、そこに全包括論的な傾向が強くみられることだが、それは、全体を理解するには部分が必要であるように、部分を理解するには全体が必要であるという洞察からきている。こうした傾向が現れはじめたのは一九世紀末のことだが、そのひとつが、のちにアインシュタインも支持した「マッハの原理」である。これは、地球上の物体の慣性質量は宇宙の全物質によって決定される、ということを述べたものである。いったいいかにして宇宙の全物質の影響が作用するのか、それについてはいまだ満足ゆく説明はなされていないが、にもかかわらず、マッハの原理は相対論的宇宙論の不可欠な構成要素になっている。その形而上学的な意味は基本的に重要である。なぜなら、この理論は、宇宙全体が局所的、地球的な事象に影響を与えるということだけでなく、いかに小さいものであれ、局所的な事象もまた宇宙全体に影響をおよぼすということを意味するからだ。哲学的な物理学者はこうした意味——それは「草の葉一枚をちぎれば、宇宙をゆるがす」という古代中国の教えを想い起こさせる——を、きわめて重要なものと受けとめる。

バートランド・ラッセルは、軽率にも、マッハの原理は形式的には正しいが「占星術くさい」と言った。しかし、エール大学の物理学教授、ヘンリー・マーゲノーは、アメリカ心霊研究会での演説でつぎのように言った。

慣性は物体に固有なものではなく、物体が全宇宙に取り囲まれているという情況によって引きおこされるものである。この作用を伝達する物理的な仕組はわからない。しかしそれを伝達する物理的媒体に頭を悩ましているものはほとんどいない。わたしから見るかぎり、マッハの原理はあなたがたが扱っている未解明の心霊現象とおなじくらい神秘的であり、その公式化はほとんど望みがないように、わたしにはおもえる。[149]

ふたたびマクロコスモスからミクロコスモスに視点を向けると、「アインシュタイン＝ポドルスキー＝ローゼンのパラドックス」が待ちうけている。それは一九三三年にアインシュタインが定式化して以来、議論されつづけてきたものだが、近年、ヨーロッパのCERN研究所の理論物理学者J・S・ベルはそれを、より厳密に表現した。「ベルの定理」は、二個の粒子が相互作用（衝突）して反対方向に飛び去ったあと、どちらか一方の粒子に何らかの外的影響を加えると、距離がどれだけ離れていても、その影響はただちにもう一方の粒子にもおよぶ、と主張するものである。ベルの実験結果が正しいかどうかはまったく議論されていないが、その解釈をめぐって大きな問題が起きている。二個の粒子の間に、一種の「テレパシー」が作用しているとも解釈できるからである。ロンドン大学バークベック校の理論物理学者ディヴィッド・ボームは、この情況をつぎのように要約している。

一般によく知られているように、量子論にはいちじるしく奇妙な側面が数多くある。しかし、われわれ物理学者がもっとも根本的に相違した新しい側面だと考えているものは、ほとんど強調されていない。それは、空間的につながっていない複数の系がたがいに密に結ばれているということである。有名なアインシュタイン、ポドルスキー、ローゼンの実験が、それをとくにはっきり示している……。

最近、ベルの研究がこの問題に対する関心を高めつつある。ベルは厳密な数学的解釈をもとに、実験から引きだされたこの「遠隔系の量子的結合」という特徴を明らかにした。……ここに、世界は個々に独立した部分に分解できるとする古典的な発想を否定する「不可分な全体」という新しい概念が登場してくる。[●016]

ここでもうひとつ、もっとはっきりした自然の非因果性をとりあげておこう。いわゆる「パウリの排他律」である。ヴォルフガング・パウリのことは前にも述べたが、かれは一九四五年、排他律発見によってノーベル賞を受賞した人物である。パウリの排他律とは、きわめて雑ぱくに言えば、原子内の「惑星軌道」はどれも一度に一個の電子しか収容できないというものである。もしそうでないと、無秩序になり、原子は崩壊するという。しかし、いったいなぜそうなのか。その答えは、いや、むしろ答えが不在であることは、つぎのマーゲノーの言葉（一部要約）によくあらわれている。

自然のなかで起きている統合的な動きは、その大部分がパウリの原理からきている。パウリの原理は、ただの対称性の原理でしかない。対称性の原理とは、究極的に自然現象を規定する数式の表面的な特徴である。しかしそこから、ほとんど奇蹟的に、原子を分子に、分子を結晶に結合する力が生まれている。物質の不可分性、物質の安定性は、もとをたどればパウリの排他律からきているのである。ただ、この原理には力学的な側面は少しもない。それは力のようにふるまうが、力ではない。力学的な作用によって何かをしているというわけではない。否、それはきわめて漠とした捕えどころのないもの、つまり自然の基本式のうえにある数学的な対称性なのである[149]。

こういった言葉は、何も、一物理学者のひとりごとではない。それは、コペルニクスの革命など足もとにもおよばぬほど、人間の宇宙観を根本から変えてしまう量子論や現代宇宙論の意味を十分認識している著名な物理学者たちの声なのである。しかし、すでに述べたように、一般大衆はこうした変化になかなか気がつかない。因果律と決定論という堅い枠組のなかの空間、時間、物質、エネルギーを扱う一九世紀唯物主義的科学の教義とタブーが、いまでもインテリ階級の思考習慣を支配しているのだ。そしてかれらはその合理的な物の見方を誇り、「自然の法則」に反するようなＥＳＰ的現象の存在は否定されねばならぬと考えている。だがじつは、過去五〇年間、物理学者は神聖な「自然の法則」

を無慈悲にも捨て去り、それを三次元空間では表現できない不明瞭な精神の構築物で置きかえてきた。その専門用語と数式には、いわば神秘主義的意味さえ潜んでいる。もしガリレオが甦えれば、まちがいなく、ハイゼンベルクやパウリを「オカルトに手を染めている」といって非難するだろう。

奇妙なことに、これと同じ時期に、超心理学の方は以前にもまして統計的手法、機械装置、コンピュータなどに頼る傾向を強め、より「現実的な」色彩を帯びていった。両陣営の思潮は正反対の方向に変化していったのである。一方で、ラインの後継者たちが学究的でありすぎると批判されるかとおもうと、反対にアインシュタインの後継者たちは、質量も、重さも、はたまた空間内の正確な位置ももたない粒子という名の幽霊をもてあそんでいると非難される。このように両者がたがいにあゆみよるような傾向は確かに何かを暗示しているが、それだからといって近い将来、いや遠い将来であれ、物理学が超心理学的現象を解明してくれるということにはならない。両者に共通してみられることは、常識を拒み、かつては冒すことができないと考えられた「自然の法則」を拒む態度である。どちらも挑発的かつ偶像破壊的なのである。くりかえして言えば、物理学の不可解なパラドックスのおかげで超心理学の不可解な現象も、以前よりはいささかまともに受けとられるようになった。もし超空間のワームホールを通して遠い宇宙とコンタクトできるというなら、テレパシー程度がはたして不可解であろうか。アナロジーというのは、えてして当てにはならない。しかし、もし超心理学者がくさい仕事に手をそめているというなら、物理学者もまた同じであって、そう考えれば心強い。

8――テレパシーよりも神秘的なユングの同時性《シンクロニシティ》

テレパシーや予知などよりずっと神秘的な現象が存在する。それは神話というものがおこって以来人類を悩ませつづけてきたものである。まったく無関係なふたつの因果の鎖が、ほとんど起こりそうにない、しかしきわめて意味のある符合的な出来事のなかで、一見偶然のように絡みあう現象である。こうした現象を真面目にとりあげようとする理論はどれも、アインシュタイン、ハイゼンベルクあるいはファインマンの革命宣言などより、はるかに革命的に、伝統的な理性と決別することをせまられる。C・G・ユングの有名な論文『同時性《シンクロニシティ》：非因果的な連結の原理』に関して、かれと共同で研究にあたった人物が、排他律の発見者ヴォルフガング・パウリであったのは、けっして偶然ではない。ユングは「意味の上でつながってはいるが、因果的にはつながっていない、ふたつまたはそれ以上の出来事が同時に起こること」に対し、「同時性《シンクロニシティ》」という言葉を使った。そして、このような出来事の背後にひそむ非因果的な要素は、「説明の原理として、因果律と同じランクのもの」とみなされるべきだと主張した[111]「わたしは問題の現象に何度も直面した。……そしてこうした霊的体験が、わたしの患者にとって、きわめて大きな意味をもつことを確信した。患者の話はその大半が、ふつうの人間なら思慮のない嘲笑にさらされるのを恐れて話したがらないような内容だった。わたしは、ひじょうに多くの人間がこの種の体験をしていることを知って、そしてまたきわめて用心深くかれらがその秘密を胸のうちにしまっているのを知って、驚いた[111]。」

明らかに、スイス人はイギリス人より秘密好きの傾向がある。じつは、『偶然の本質』[127]を出して以来、わたしの手元には読者が書き送ってくる符合《コインシデンス》の話が殺到している。その中でももっとも典型的なのが、はじめは、符合に意味を求めることはナンセンスだ、などとひどく真面目に主張しておきながらついつい、とっておきの「信じられない話」をうちあけてしまう人たちからの手紙である。どんな現実的な懐疑主義者も、その内面には、外に出してくれと叫んでいる非現実的な神秘主義者が潜んでいるということのようだ。

符合の例に興味のある読者は、わたしの『偶然の挑戦』[077]を読めば豊富に例がのっている。その中には、あまりに可能性が高く、それを「古典的な」ESP現象として、あるいは非因果的な「同時性」として解釈するのはどうかとおもうようなものもあったが、この莫大な資料を調べていくうち、いくつかのパターンが見えてきた。もちろん、部分的に重複するものも多いが。たとえば、「図書館」型の場合、引き出しにくい参照項目を探していて、分厚い本をでたらめに開いたら、そこにそれがあったというもの。「機械仕掛けの神」的な話では、問題を解決しようとしているとき、あるいは災難を避けようとしているとき、あるいはまた予言をかなえようとしているとき、折しも、神の助けではないかとおもえるようなことが介入してくる。おもしろいのは、こうした介入が悲劇的なことであれ、些細なことであれ、無差別に起きることだ。このグループに属するものとして、「なくした財産」が奇蹟的に発見されるというのがある。ただし、それはたいてい感情的に価値のあるものであって、金銭的にではない。「ポルターガイスト」では、だいたいが不安定な青年の情動的緊張が、つまらない物理的出来事――これまた、その効果が劇的であるか、馬鹿げたものであるかは問わない――と時を一にして起こる。もっともよく起こる「輻輳的な」、あるいは「合流的な」出来事（人によってはこれを符合型と呼ぶかもしれない）には、起こりそうにない「遭遇」がある。ただしその多くは、ESPによってひき起こされているようだ。日常的な観点からもっとも厄介なのは、「名前」、「数」、「住所」、「日付」などが、ひとっところに集合することだろう。最後に、迫りくる災害を予感したとか警告したといった、確かな例も豊富にある。しかし、ESPと同時性（あるいは「合流的な出来事」）とを明確に区別することは、とくに難しいことである。

さらにもっと難しいのは、「意味のある」符合、すなわち物理的な因果関係を超えたある未知の作用によって招来されたものと、まったくの偶然による「ただの」符合との間に一線を引こうとすることである。そうした試みは確立の法則に頼らざるをえないが、それが落し穴だらけであることは、以下ですぐ明らかになる。

9――カンメラーの連続性の生物学とパウリの非因果的な物理学

ユングの論文『同時性《シンクロニシティ》』は一九五二年に出版されたものだが、それは部分的に、一九一九年に出版されたパウル・カンメラーの『連続性の法則』をよりどころにしている。カンメラーはウィーンのすぐれた実験生物学者で、ラマルク信奉者だったが、実験結果を捏造したと非難され、一九二六年、四五歳のとき自ら命を絶った。かれはその生涯を通じて符合の問題に強い関心をもち、二〇歳から四〇歳まで日記をつけていた——日記をつけていたことは、ユングも同じである。

カンメラーは、自身が考えだした「連続性」の概念を、意味の上ではつながっているが因果的にはつながっていない複数の事象が空間的に一致して起こったり、時間的にくりかえして起こったりすること、と定義した。かれの『連続性の法則』には、そういった例がちょうど一〇〇例のっているが、かれはそれらを、分類学に没頭する生物学者のように、こと細かに分類した。カンメラーは、符合はたんに氷山の一角であって、いたるところで見られる連続性の現象のうち、たまたま目にとまるもの、とみなした。つまりかれは懐疑論者の主張——われわれは多数の無秩序な出来事のうち意味のある少数の出来事しか記憶しないから、いたるところに意味を見出そうとする——を逆用したのである。『連続性の法則』の分類編の終りで、カンメラーはつぎのように結論づけている。

ここまでは、実際に起こった一連の反復現象の例をあげるだけで、その意味を説明することは、あえて控えてきた。すでにわかったように、空間的または時間的に近接した領域で、同一または類似したデータが反復して起こることは、いまや受け入れざるをえない純然たる経験的事実なのである。それは、符合という考えでは説明のつかないもの——というよりはむしろ、符合という概念そのものが否定されてしまうほど、符合を普遍化させるもの——である。[112]

この本の後半の理論編でカンメラーは、宇宙には、物理的な因果律と共存しながら、多様性のなかに統一をもたらそうとする非因果的な原理が作用しているという、かれ独自の理論を説いている。それは、ある意味であの神秘的な力、万有引力に匹敵するものである。ただし、万有引力があらゆる物質に無差別に作用するのに対し、この仮説的な力は選択的に作用し、似たものどうしを空間的、時間的に一点に集合させる。それに親和力、あるいは同じ波長で振動する音叉のように、ある種の選択的共鳴によっておたがいを結びつける。いったいどのようにして、この非因果的な力が物ごとの因果的秩序に介入するのか。それはわれわれにはわからない。なぜなら、それは既知の物理法則の枠外で作用するからである。が、とにかくその作用によって、空間的には、形と機能の類似性によって結ばれた合流的事象が発生し、時間的には、同様に結ばれた反復現象が生じる。

こうして、モザイク的世界、あるいは宇宙の万華鏡といったイメージが見えてくる。それは、たえずかきまぜられ再配列されているにもかかわらず、似たものどうしを集めていく……。[111]

プロの賭博士でなければ、カンメラーの連続性の法則に魅力を感じないというわけではない。事実、たいていの国には、それを表現した成句とか諺とかがあるものだ。「連続性の法則」自体、じつはドイツ語の成句であって、英語の「降れば土砂ぶり」に相当する。偶然病になる人がいるように、符合病になる人もいるわけである。この本の最後でカメラーはその信念をつぎのように表明している。連続性は、……生命、自然、宇宙のいたるところにある。それは人間の思考、感情、科学、芸術と、それを産みだした宇宙の子宮を結ぶ臍《へそ》の緒である。[112]

カンメラーの連続性とユングの同時性の主たる相違点は、前者が時間的に連続する出来事を強調しているのに対し（同時に起こる符合的な出来事も含んではいるが）、後者は同時の出来事を問題にしていることだ（ただし、事件の数日前に見る予知的な夢も含んでいる）。カンメラーはその理論のよりどころを、部分的には万有引力とのアナロジーに、また部分的には生物学と宇宙論の周期性に求めた。かれの物理学的な記述には初歩的なまちがいもみられるが、人の心をひきつけずにはおかない直観的ひらめきもあって、アインシュタインはかれの本に「独創的であるが、けっしておかしなものではない」との好意的な評を残している。[177] 一方ユングは、パウリをいわば理論物理学の家庭教師として使っておきながら、結局はそれをあまり役だてなかった。「非因果的要因」に対するかれの説明は、集団的無意識とその原型に頼るばかりで、まったく漠としている。これには失望するが、同時性という言葉を流行語にするうえでは、役にたった。

こうしたなかで、パウリが果した役割は、とくに興味深いものがある。パウリはカンメラーやユングと同じく、宇宙には非因果的な物理的要因が作用していると信じていた（そう言えば、かれ自身の排他律も、「力のようにふるまうが、力ではない」というものだった）。たぶんかれには、科学の限界に対して、他の物理学者にはない深い洞察力があったといえるだろう。その上、ユング同様、かれもまた終生ポルターガイストのような現象におもい悩んだ。[128] 五〇歳でノーベル賞を受賞したとき、かれは科学と神秘主義に関する見識の高い論文を書いている[166]（この種のものは、ヨハネス・ケプラーの著作にも例がある）。それははじめチューリッヒのユング研究所から、研究論文として出版された。論文の最後の方で、パウリはつぎのように書いている。

> 今日、自然科学というものはあるが、そこにはもはや、科学哲学はない。基本的量子を発見して以来、物理学は、原理的には「全世界」を理解できるという、その誇り高き主張を放棄せざるをえなくなった。しかし、この苦境には、これまでの一面的な方向を是正し、科学は全体の中の一部にすぎないという統一的な世界観へむかう、さらなる発展の種子が、あるかもしれない。[166]

「その背後にある意味」を問う、この種の哲学的思考は、五〇歳に達した科学者のあいだでは珍しいことではない。いや、ほとんど通例化している、と言う人もいよう。しかしパウリが考えていたのは、ESPや同時性を説明するための物理学的な理論をうちたてようということではなかった。かれは感じていたのである。それは望みのないことで、むしろそういった現象は、目に見えぬ非因果的要因が目に見える形となってあらわれたもの――ちょうど目に見えぬ粒子が泡箱に軌跡を残すように

——と受けとるほうが素直ではないか、と。パウリの革命的な提案は、非因果的な事象の概念をミクロの世界（そこでは非因果性が認められている）から、マクロの世界（非因果性は認められていない）へ拡張しようとすることだった。ユングと力を合わせることで、超常現象を説明する非因果的な理論をあみだせるとパウリはおもったのかもしれない。結果は、すでに述べたように期待はずれだった。同時性に関するユングの論文の結論は、ある奇妙なダイヤグラムであった。ユングはそのダイヤグラムについて、パウリと「最終的に同意したもの」と述べている。下が、そのダイヤグラムである。[111]

ユングは、この図がどう役にたつのかいっさい説明していない。また、これについてのかれの解説はいかにも曖昧だから、興味をもたれた読者は、その解説を原書で調べていただきたい。泰山鳴動してネズミ一匹、という諺をおもいださざるをえ

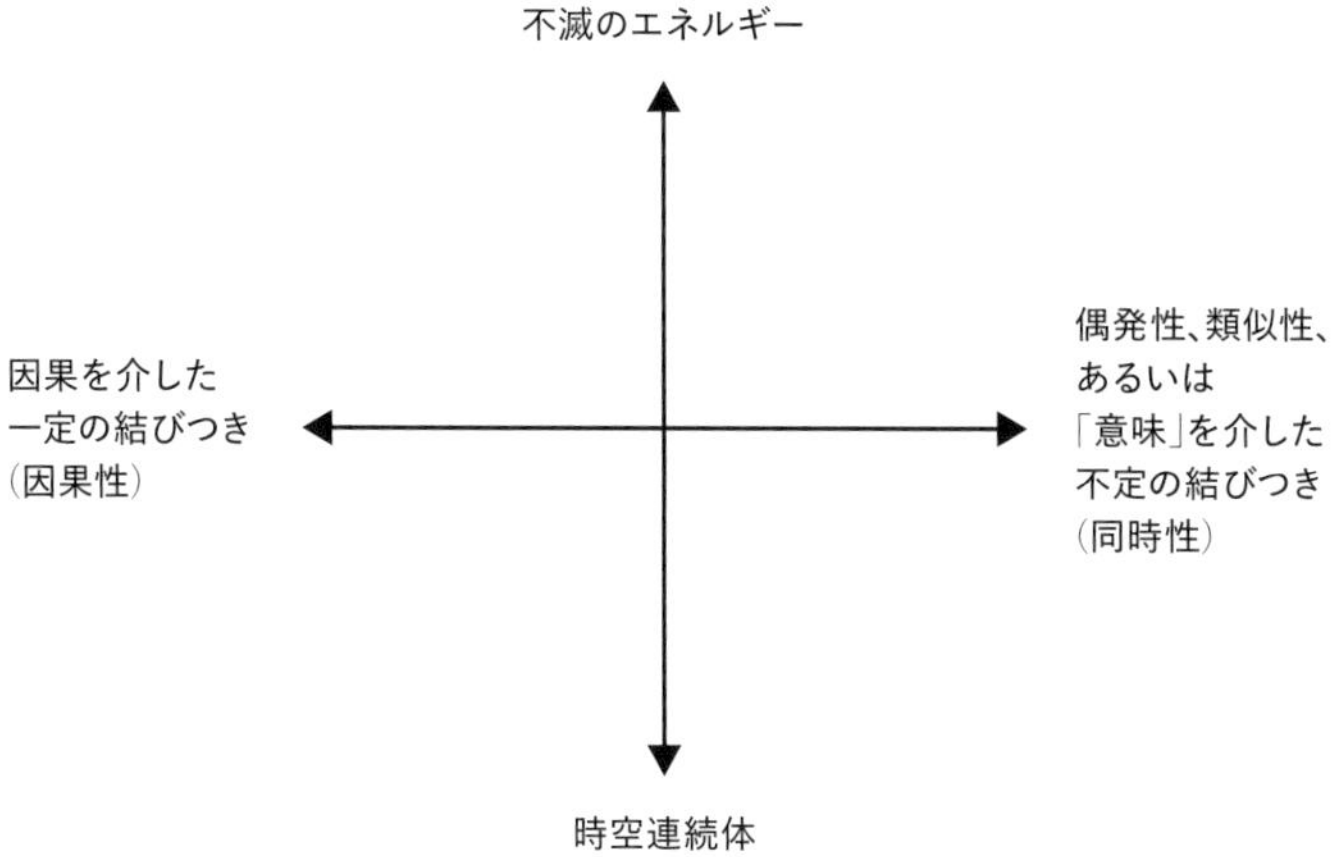

ない。しかしそれでも、このネズミはきわめて象徴的なネズミであった。なにしろ、宇宙にはあまねく非因果的要因が存在しているという仮説を、双方とも国際的に名の知れた心理学者と物理学者がそろって承認したというのは、これがはじめてだったのである。

10——因果性を超える宇宙観

物理的な因果性を超えた結びつきがあるという信念を抱いたのは、もちろん、カンメラーやユングがはじめてではない。近くはショーペンハウエルもそうであり、かれの考えはフロイトとユングにかなりの影響を与えている。ショーペンハウエルは、物理的な因果性はこの世を支配しているふたつの原理のうちの「ひとつにすぎず」、他方には、一種の宇宙意識とも言える形而上学的な実在があり、「夢が現実と対比されるように」、個人の意識がそれと対比される、と説いた。かれはつぎのように書いている。

> 符合とは、因果的には結びついていない出来事が同時に起こることである。……かりに、時間的に進行していく因果的な鎖一本一本を地球の経線と考えれば、同時に起こる出来事は緯線という平行な線で表わせるかもしれない。……それゆえ、ひとりの人間の人生に起こる出来事はすべて、基本的に異なったふたつの結びつきの中にあるとも考えられる。[186]

この、多様にして一様という考え方は、はるかピタゴラスの「天球の音楽」、そして「ひとつの共通の流れ、ひとつの共通の息づかいが存在し、万物は調和している」というヒポクラテスの「万物の調和」までさかのぼることができる。この世のものひとつひとつは、部分的には物理的な原因によって大部分は隠れたる親和力によってたがいに結ばれているという教義は、催眠的魔術、占星術、錬金術の礎《いしずえ》になっているだけでなく、タオイズムや仏教の教え、新プラトン派、初期ルネッサンスの哲学者のなかに、「中心思想」として脈々と流れている。その情況は、とりわけピコ・デラ・ミランドラが一五五〇年に書き記したものの中に、よく要約されている。

> まずはじめに、物ごとには、それ自身と一体であり、それ自身で構成され、それ自身と結合しているという統一性がある。つぎに、ひとつの被造物が他の被造物と結合しつつ、この世の部分ひとつひとつが一個の世界を構築していくという統一性がある。[156]

本書の理論にそって言うなら、この引用文の前半は〈自己主張〉性を、後半は自己超越ないしは〈統合傾向〉を、それぞれ言いあらわしていよう。

またピコの言葉は、現代物理学者の一致した見解——「宇宙のどんな部分も他と切り離すことはできない」——と対比させることもできるだろう。四世紀も時代を隔てるこのふたつの引用文の本質は、どちらも物理的な因果性を超越した宇宙観にある。

11――無秩序から秩序への流れ

宇宙がこれまでどうしても明かそうとしない秘密のひとつに、つぎの問いと関連したものがある。ミクロの世界の素粒子――それは同時に波でもあり、また厳格な決定論と物理的因果性を拒む。では、いかにしてこの不明瞭な「ゆったりとうねった泡の絨毯」が、あの厳格な因果律に支配された、堅苦しく秩序正しい日常的なマクロの世界を生みだすのか。

現代の科学者は、無秩序から秩序を創りだすこの奇蹟ともおもえる芸当は、確率の理論、すなわち「大数の法則」に照らして考えられるべきだと答える。しかし、この法則も、パウリの排他律同様、物理的な力では説明することができない。それはいわば、まだ不確実な理論なのである。二、三例をあげて要点を示そう。

はじめのふたつは、ワレン・ウィーヴァーの確率理論の本からとった古典的な例である。[231] ニューヨーク保健局の統計によると、一九五五年に人に咬みついた犬の数は、一日平均七五・三匹で、一九五六年―七三・六、一九五七年―七三・五、一九五八年―七四・五、一九五九年―七二・四であった。一九世紀のドイツ陸軍で、兵隊を蹴って殺した騎兵隊の馬の数についても、同様な統計的信頼度がみられた。このふたつは、あきらかに、ポアソンの式と呼ばれる確率理論式にしたがっている。イングランドとウェールズの殺人犯の数も、性格や動機は異なるが、統計の法則に対して同じ傾向を示している。第一次世界大戦以後、各一〇年間の殺人犯の数は、人口一〇〇万人につき、一九二〇～二九年は三・八四人、一九三〇〜三九年は三・二七、一九四〇〜四九年は三・九二、一九五〇〜五九年は三・三、一九六〇〜六九年は約三・五だった。

こうした奇妙な例は、確率が有しているパラドックス的性格をよく示しており、パスカルが確率論を数学の分野にとりいれて以来、哲学者はそれに悩みつづけてきた。今世紀のもっとも偉大な数学者フォン・ノイマンは、それを「ブラック・マジック」と呼んだ。パラドックスは、つぎの事実である。確率の理論をつかえば、きわめて多くの出来事について、その全体的な結果がうす気味悪いほど正確に予測できるのに、個々の出来事は予測不可能なのである。言いかえれば、われわれは、「ひとつの確定を産みだす、きわめて多くの不確定性」あるいは、法則性をもった全体的結果を産みだす幾多の無秩序な出来事、とあい対しているのである。

しかし、パラドックスであろうとなかろうと、大数の法則は「現実に働く」。不思議なのは、いったいなぜ、いかにして、それが働くかだ。それはいまや、物理学や遺伝学、あるいは経営計画者、保険会社、賭博場、世論調査の必要不可欠の道具になった。その結果、われわれもこのブラック・マジックを当然のことと考えている。だから、犬や騎兵隊の馬のような奇妙な確率の話を聞かされても、ある程度は不思議がったりおもしろがったりはするが、そのパラドックスの普遍的な性格、そしてそれが偶然と計画、自由と必然とどう関係しているかには、おもいを馳せない。

核物理学にも、行動の予測がたたない犬が予測可能な統計数値を産みだす話といちじるしく似た話がある。古典的な例は、放射性物質の崩壊である。一個一個は予測不可能な放射性原子が、全体としては完全に予測可能な結果を産む。一個の放射性原子が突如崩壊をはじめる時間点は、理論的にも実験的にも、まったく予測不可能である。それは、温度とか圧力といった化学的、物理的な要因に影響されてはいない。つまり、それが崩壊する時間点は、その原子の過去の履歴にも、現在の環境にも依存しないのである。ディヴィッド・ボーム教授の言葉を借りれば、「そこには、いっさい因果はなく」この世に存在するもの、あるいはこれまでに存在したものといっさい関係がないという意味で、それは「まったくの気まぐれ」である。[015] それでもなお、そこには目に見えない非因果的な関係がたしかに存在する。なぜなら、いわゆる放射性物質の「半減期」（その物体中の全原子のうち半分の原子が崩壊するのに要する時間）は完全に一定で、予測可能だからだ。たとえば、ウランの半減期は四五億年、ラジウムAのそれは三・八二五日、トリウムCは六〇・五分であり、下は何百万分の一秒にもなる。

しかし、もしかすると物質の崩壊速度には変動があるかもしれない。半減期へむかう途中で、崩壊した原子が多すぎたり、少なすぎたりして、時刻表が混乱しそうになることもあるかもしれない。しかし、いくら統計的な平均値から逸脱しても、それはすぐ修正され、半減期は正確に保たれる。原子一個一個の崩壊は、残りの原子がどうなっているかにはまったく影響されないというのに、いったい何の力によって、この制御と修正は行なわれるのか。ニューヨークの犬たちは、毎日の咬みつき件数を一定にするため、いつ咬みつき、いつ咬みつくのをやめるべきかを、いったいどうやって知るのか。イングランドとウェールズの殺人者たちは、いったいどうして一〇〇万人につき四人の犠牲者で殺人をやめるのか。ルーレットのボールは、「赤」が続いたあと、いったいどんな神秘的な力によって、最終的に場のバランスを回復するように仕向けられているのか。「確率の法則」（あるいは、「大数の法則」）によってと、人は言う。しかしその法則には、その指令を実行する物理的な力がない。それは無力である。にもかかわらず、いわば全能なのである。

つむじ曲がりゆえに、こんなことを問題にしているようにおもえるかもしれないが、実際このパラドックスは、因果律の問題にとってきわめて重要である。個々の原子の崩壊をひきおこす因果の鎖はそれぞれ独立していることは明らかだから、われわれとしてはつぎのうちのどちらかをとらねばならない。ひとつは、馬鹿げたことだが、「このトリウムCの半減期は六〇・五分だろう」という統計的予測が成就することじたい、まったくの偶然だと考えることである。もうひとつは、「非因果的な結合力」という仮説を選択することである。その結合力は、ちょうど粒子と波、「機械的」と「精神的」が相補的であるのと同じように、物理的な因果性と相補的な関係にある。もし、そういった力があるとすれば、それは作用するレベルによって、姿、形を変えるはずだ。素粒子のレベルでは、「隠れたる変数」という形で、因果性のギャップを埋める。それは、たとえば、物理的にはたがいに独立しているトリウムC原子一個一個の活動を統合し、半減期を遵守させる。また連続性と同時性という「合流的な事象」では、似たものどうしを結びつける。そしてまた、超心理学者の言う「サイ場」も、それが産みだしているのかもしれない。

信じられない話におもえるかもしれない。だが、事実は、それが拠りどころにしているパラドックス的な現象にくらべ、少しも信じられないものではない。われわれが住んでいるところは、物理的因果性という古典的な概念を超越する方法で絶えまなく不可思議な現象を生みだしていく「ゆったりとうねった量子の泡」の宇宙である。この非因果的な力の目的と意図は不明であり、おそらくわれわれにはわからないだろう。しかしそれが、宇宙全般の進化、地球上の生命の進化、あるいは人間の意識科学、芸術の進化のなかに見てとれるあの高次の秩序と統一へむかう動きと何がしか関係していることを、われわれは直観的に感じとる。屑籠に放りこまれた数々の謎にくらべれば、一個の究極的な神秘のほうが受け入れやすい。

シュレーディンガーは『生命とは何か』のなかで、同じようなことを述べている。かれは、まったく予測できない素粒子ひとつひとつの出来事と、正確に予測できるその集合的な結果とを結びつけているものを、「無秩序から秩序への原理」と呼んだ。かれは、それが物理的因果を超越するものであることを、率直に認めていたのである。

一個の放射性原子の崩壊は、観測可能である(なぜなら、崩壊の際飛び出した物体が螢光面に明るい光を残す)。しかし、特定な一個の原子について、その寿命を予測することは、健康なスズメの寿命を予測することより難しい。実際、それに関して言えることは、それが生きているかぎり(それは数千年にもおよぶかもしれない)、それがつぎの一秒のうちに崩壊する可能性は、その可能性が大であれ、小であれ、つねに同一であるということだけだ。このように、一個一個は明らかに不確定であるにもかかわらず、同一種類の放射性原子の集団の崩壊は、指数関数の法則に正確にしたがっている。[187]

『偶然の挑戦』の共著者ロバート・ハーヴィーは、このシュレーディンガーの言葉に、つぎのように論評を加えている。

オーソドックスな量子論は、ミクロのレベルの物質の確率論的な性格を主張することで、このパラドックスを解決しようとしている。しかし、そこにはさらなるパラドックスがある。確率そのもののパラドックスである。なるほど確率の法則をつかえば、「いかにして」ランダムな単一の事象の集合が巨視的な確定性を生むのか説明できるが、「なぜか」を説明してはいない。なぜ、数百万の原子核が同時に崩壊しないのか？　なぜ、形が対称な硬貨は、永遠に投げるたびに「表」が出つづけることはないのか？　この問題は、明らかに答えられない……。「無秩序から秩序へ」の原理はそれ以上何かに還元できるものではなく、ただ「そこにある」ようにおもえる。なぜと問うことは、「なぜ宇宙はあるのか？」、「なぜ空間には三次元があるのか？」（本当にそうだとすれば）を問うのに等しい[081]」。

本書の理論で言えば、「無秩序から秩序へ」の原理は、〈統合傾向〉に相当する。この原理の痕跡をたどれば、遠くピタゴラス派にまでさかのぼることはすでに述べた。還元主義者が物理学と生物学を支配しているあいだ一時期衰退したものの、その後それはもっと洗練された形で、ふたたび勢力を取り戻しつつある。わたしはそれと関連した概念として、シュレーディンガーの「負のエントロピー」、セント・ジェルジの「シントロピー」、ベルグソンの「生命躍動」などをとりあげてきたが、さらに加えるなら、新しい生命形態を生みだす自然の傾向に対し「漸進的進化」という言葉をつくりだした（フォン・ベルタランフィがそれを採用した）ドイツの生物学者ヴォルトレックや、L・L・ホワイトの「形態原理」（つまり「パターンの発展の根本原理」）などもあげられるだろう。こうした理論のすべてに共通していることは、それらが形態的、形成的、あるいはシントロピックな傾向、すなわち無秩序から秩序を、混沌から調和をうみだそうとする自然の努力を、物理的な因果性を超越した究極、不可分の原理とみなしていることである。

本書の理論はさらに冒険的であって、統合傾向は「因果的にも非因果的にも」作用し、両者は物理学における波と粒子に類似した相補的な関係にあることを明確に主張するものである。したがって、それは素粒子のレベルで作用している非因果的な力だけでなく、超心理学的現象や「合流的事象」も包含している。すでに見てきたように、ESPと「同時性」はしばしば重複するから、超常的な出来事はESPの結果とも解釈できるし、「同時性」のケースとも解釈できる。しかし、両者を明確に区分しようとすること自体、たぶん、まちがいである。われわれは古典物理学をとおして、エネルギーには運動、ポテンシャル、熱、電気、核、輻射など、さまざまな形のエネルギーがあり、それらは、ちょうど相互に換金できる貨幣のように、適切な手続きをふむことでたがいに変換できることを知っている。同様に本書の理論も、テレパシー、透視、予知、念力、そして同時性は、たんに同一の宇宙原理——すなわち因果的な力、非因果的な力、双方をとおして作用する統合傾向——が、異なった情況に異なった形であらわれたものと主張するものである。いかにこれがなされるかは、われわれの理解範囲を越えている。だが、少なくとも、超常現象に対する証拠を統一のとれた筋書のなかにあてはめることはできる。

12——EPSのフィルター装置

科学的な実験の有効性を主張するさい、最低満たさねばならないもののなかに、実験の再現性と予測性がある。しかし超常現象は、実験室でえられたものであれ、自然発生的なものであれ、気まぐれで予測できない、比較的まれな現象である。厳密な管理のもとに行なわれてきたESPやPKに関する四〇年間の研究室実験の結果を、懐疑論者が堂々と否定する理由のひとつが、ここにある。他の研究分野であれば、現象の真実性を立証するのにそれで十分とおもわれるほど莫大な統計的証拠があるにもかかわらず……。

しかし、もともと再現性というものは、実験条件が最初の実験と本質的に同一であるときのみ適応できるものだが、デリケートな被験者に関していえば、気分、感受性、実験者との情動的な信頼感など、条件はけっして同一ではない。さらにESP現象には、かならずと言ってよいほど、自分の意志ではコントロールできない無意識の過程が介入している。だからもし、現象が実際に非因果的な力によってひきおこされているのなら、それを意志で産みだせると考えるのはあまりに単純すぎよう。

しかしながら、超常現象が一見まれで気まぐれであることに対する、べつな興味深い解釈もある。たしかアンリ・ベルグソンが言いだしたことだとおもうが、その後、超心理学に関心をもつさまざまな著述家がそれをとりあげている。たとえば、オックスフォード大学・ウィカム校の論理学教授をつとめたH・H・プライスは、つぎのように書いている。

> テレパシー的に感受された印象は、刺激閾（訳注＝知覚、反応を呼びおこす最小の刺激量）を越えて意識のなかにあらわれることはむずかしいようだ。どうやらある種の関所ないし抑制機構があってそうした印象を意識から締め出そうとしているようにおもえる。越えることのむずかしい関所。それを克服しようと、そうした印象はあらゆる種類の工夫をこらす。そのためテレパシー的な印象はある歪められた象徴的な形でなら、表にあらわれることが、よくある。（ちょうど、他の無意識的な精神がそうであるように）。おそらくわれわれの日常的思考や情動は、その多くが、全面的にもしくは部分的にテレパシーによるものでありながら、それが意識閾を横切るさい、ひどく歪められたり他の精神と混じりあったりするため、そう認識されていないのではないだろうか。[●041]

ケンブリッジ大学の数学者エイドリアン・ドッブズは、まさにここでとりあげた引用文そのものにふれ、一気に問題の核心に入ろうとした。

　これはひじょうに興味深い見解である。ここからひとつの考えが浮かんでくる。精神または脳には選択フィルターの集合体があって、不必要な近接周波数をカットするようになっている。しかしごくふつうのラジオがそうであるように、近接周波数のうちの何がしかは、歪んだ形でそれを通り抜けていくのだろう。●041

前・ロンドン大学心理学部教授、シリル・バートも、同じ考えをいだいた。

　われわれの感覚器官や脳は、ある種の複雑なフィルターで、精神の透視能力を制限し、管理している。そのため、一般的な情況では、その生命体および種の生存にとって生物学的に重要な対象もしくは事態にだけ、注意が集中する。……その結果、ちょうど肉体が他の肉体から移植された細胞を拒絶するように、精神もべつの精神に由来する考えを拒絶するのではないだろうか。●023

　もしかすると、ここで読者は既視感を覚えたのではなかろうか。なぜなら、この本のはじめの方でわたしは知覚のメカニズムや進化の過程と関係するべつの種類の「フィルター理論」を論じているからだ。じつを言えば、ある種のフィルター装置があって、それが「不必要な」ESP信号からわれわれを護っているとする仮説は、われわれが一般の知覚について知っていることを、単に延長してえられたものにすぎない。ウィリアム・ジェームズは、われわれの感覚器官——とくに目と耳——をたえず直撃しているものを「花盛りの騒乱」と呼んだ。もしわれわれが、感覚器管を直撃してくるこの数百万の刺激ひとつひとつに注意を向けていたら精神は混沌に陥いるにちがいない。そこで中枢神経と大脳は、走査、フィルター、分類の各装置からなるマルチレベルのヒエラルキーとして機能し、「感覚にインプットされたものの大部分を不適当な雑音《ノイズ》として除去するとともに、適切な情報を一貫性のある形に組立て、その後それを意識に提示する」。類推によって、われわれの理性的精神は、同種のフィルター装置によって、われわれを取りかこむ「心＝磁場」のなかで「騒乱花盛りの」メッセージやイメージや直観や符合的な出来事から、安全に護られていると言ってよいだろう。

ここからさらに、不適当な感覚刺激から、あるいは超感覚的な世界から、われわれの精神を護っているフィルター・ヒエラルキーと、種の安定と継続を破壊しかねない生化学的な物質の侵入と有害な突然変異から、遺伝子の青写真を護っているミクロの発生ヒエラルキーとの間に、同様な類推を働かせることができるだろう（二七三ページ参照）。さらにわたしがあえて提言しておきたいのは、ラマルク的な淘汰のフィルターが、ミクロ・ヒエラルキーとして存在していることだ。だからこそ、獲得形質が遺伝的資質に干渉することはないのである。ただし、獲得形質でも種にとって決定的に必要なものは、その限りではない。それらは、何世代にもわたる環境の圧力から、ついにはフィルターをかいくぐり、たとえばかかとの皮膚の肥厚のように、人間の胚の遺伝的資質の一部になってしまう。かかとの皮膚の肥厚は、まぎれもなく、いまや遺伝的資質になってしまった獲得形質である。ところが、いまはやりの教義にしたがえば、それはまったく偶然におこったものだ、などという。

じつは、すでに述べたように、ラマルク主義者も超心理学者と同じ苦境に陥った。かれらもまた、再現性のある実験ができなかったのである。それゆえ、どこから見てもラマルク的な遺伝例とおもわれるものがいろいろに解釈されたり、いわば神学的な好みで追い求めた論証法にさらされたり、あげくは最後の手段として、詐欺の告発まで受けるはめになった。さらに言えば、ラマルク学派は獲得形質の遺伝に対しても、生理学的な説明を加えることができなかった。ちょうど、超心理学者が、ESP現象に、物理学的説明をほどこすことができないでいるのと同じように。

この奇妙な相似は、ラマルク学派にも超心理学者にも気づかれることはなかったらしい。わたしはどちらの文献にも、それを述べたものにお目にかかったことがない。だが、それは当然のことのように、わたしにはおもえる。なぜなら、このふたつの異端派は、双方とも、科学的正統性の不足をあらわにし、ヨハンセンの「偉大な中心となる何か」、あるいはグラースの「こうした問題に直面すると、生物学は無力なものになりかわり、形而上学に道を明け渡す以外にない」[068]を超える、わかりやすい説を打ちだすことができないでいるからだ。

第一四章

宇宙的作用につつまれて

1——人間の脳にひそむ潜在能力

この旅も終りに近づいたので、ここでもう一度「プロローグ」をふり返っておくのも、有益だろう。わたしは「プロローグ」で、人間の新皮質の突発的発生と、進化史上例をみないその急速な成長について論じた。そして、この爆発的過程の成り行きのひとつが、人間に理性的な力を授けた新しい脳と、本能と情動に支配された古い脳の間の、慢性的な争いであることを知った。そこから妄想傾向をもつ精神的にアンバランスな種が誕生したことは、過去と現在の歴史のなかに容赦なくあらわれている。

ところが、この更新世後期の爆発により、それほど劇的ではないが、同じくらい重大な結果が、ほかにも生じている。

重要な点は、進化が人類の脳を創造する際、かなり目標を先に置いたという事実である。

器官というものは、所有者がその必要性を感じる以前に、すでに発達を終えている。……本来、自然淘汰は、未開人に類人猿の脳よりほんの少し上等な脳を授けることしかできなかったはずなのに、未開人は、今日の文明社会の平均的な人間の脳とほとんど変わらない脳をもっている。[141]

これは、ほかならぬアルフレッド・ラッセル・ウォレスが書いたものだが、ウォレスといえば、ダーウィンと「並ぶ」(もし、この表現が許されるなら)、自然淘汰進化論の創始者である。ダーウィンは、この主張の裏にある挑戦的な意味をただちに感じとり、ウォレスにつぎのような手紙を書き送った。「わたしはあなたが、御自分のお子さんを、そして私の子供を、徹底的にくさしたわけではないとおもっています。[141]」しかしダーウィンは、ウォレスの批判に対し、納得のゆく答を示すことができなかったから、後継者たちも、その批判をホウキで掃いてカーペットの下に隠してしまった。

なぜその批判がそんなに重大だったのか。理由はふたつある。第一の理由は、たんに歴史的な問題だ。つまり、ウォレスの批判が、ダーウィニアンの砦の一角を打ち砕くからである。ダーウィニアン、あるいはネオ・ダーウィニアンの理論によれば、進化はきわめて小きざみに進行し、その各過程で突然変異をおこした生物は、自然淘汰上有利な性質を何がしか獲得するという。そうでなければ、ダーウィン自身がくりかえし強調したように、すべての概念は無意味になる。しかし、人類学者が「腫瘍のような異常成長[087]」と評した人間の大脳の急速な進化は、この理論にうまくおさまらない。だからこそ、ダーウィンは返答に苦しみ、その後は沈黙をきめこんだのである。

第二の理由は、これよりはるかに重要だが、ウォレスは自身の批判にそうした側面があることを十分認識していなかったようでもある。かれは「機械」――人間の脳――は、「所有者がその必要性を感じる以前に、すでに発達を終えている」ことを強調した。[141] だが、人間の脳の進化は、有史以前の人間の必要性をはるかに越えていただけではない。それは、「使い方のわからない器官を種に授けた」唯一の進化例でもある。それをうまく使いこなせるようになるには――ただし人間にその気があればの話だが――数千年もかかる贅沢な器官だったのである。

考古学の証拠によれば、最初の「ホモ・サピエンス」――一〇万年前、舞台に登場したクロマニヨン人――は、すでに大きさ、形とも、われわれ現代人のものと変わらない脳を授かっていた。しかし、奇妙なことに、クロマニヨン人はその贅沢な器官をほとんど使っていなかったのである。かれらは無学な穴居人をきめこみ、幾千年も、同じ原始的な形の槍や弓や矢を作っていた。が、その頭蓋骨の内側には、やがて月に人間を送り込むことになる器官が、使われる日を待ちつつ、すでに存在していたのである。このように、脳の進化は時間的に莫大なずれを有している。この不可思議な事実は、容易に理解できるものではない。わたしは『機械の中の幽霊』で、それを「望まざる贈り物」と呼び、ＳＦ風のたとえ話でその意味を説明しようとした。

むかし、アラブの市場に、アリという貧しく無学な商人がいた。かれは、足し算があまり得手でなかったから、本来客をだますべきところ、いつも客にだまされていた。そこでかれは、針金にそってガラス玉を押せば、足し算も引き算もできる、あの有難いソロバンという器械を恵んでくださるよう、毎晩、アラーに祈った。ところが意地悪な魔神が、その祈りを天の通信販売部のべつな部署に送付してしまった。それで、ある朝アリが市場にきてみると、何と、かれの店は鉄筋の高層ビルに姿を変えていた。中をのぞくと、最新型のIBMコンピュータがでんと座り、光オシレータやら、ダイヤルやら、マジックアイなどが何千と並んだ計器パネルが、コンピュータの全面を覆っていた。また数百ページの使用説明書もあったが、無学なアリには、何が書いてあるのかわからなかった。あちこちのダイアルを出鱈目にいじくって無駄な数日を過したアリは、激怒し、ぴかぴかの精巧なパネルを蹴とばしはじめた。そのショックで、数百万の電子回路のひとつがおかしくなった。ところが、しばらくするうちに、パネルを、たとえば三回蹴ってから五回蹴りなおすと、ダイアルのひとつが八の数字をさすことに気づき、アリは喜んだ。かれは、こんな素晴らしいソロバンを贈ってくれたアラーに感謝し、二と三を足すために、その機械を使いつづけた。が、幸せなことに、アリはそれがたちまちのうちにアインシュタインの方程式を引きだしたり、数千年後の惑星や恒星の動きを予測したりする能力をもっていることに、気づいていなかった。

アリの子供、それから孫たちも、その機械を、そして計器盤を蹴とばす秘密を、受け継いだ。

だが、それを使って簡単な掛け算ができるようになるには、数百世代もかかった。われわれもアリの子孫である。たしかにわれわれは機械の動かし方をいろいろ発見したけれど、まだ数百万の回路のなかに潜む機能のほんの一部を使えるようになったにすぎない。望まざる贈り物とは、もちろん、人間の脳である。例の使用説明書は、もし本当に存在したとしても、行方がわからない。プラトンはそれが存在したと主張するが、それはうわさ話だ[122]。

生物学者は、人類にあって動物にない特質という意味で、生物進化にかえて「精神の進化」という言葉を口にするが、問題の核心を見ていない。動物の学習の潜在能力は、動物が、われわれ人間とちがって、脳をはじめ、もって生まれたすべての器官を最大限に、あるいはほぼ最大限に利用しているという事実に必然的に制約を受けている。爬虫類や下等哺乳類の頭蓋骨の内側にあるコンピュータの能力は、ほぼ完全に利用しつくされており、いまや、学習や「精神の進化」の余地は残っていない。唯一ホモ・サピエンスにかぎって、進化がとてつもなく遠い将来の人類の必要性を察したために、人類は、約一〇〇億の神経細胞とほとんど無限のシナプス結合のなかに潜む未開発の能力の一部を、いまようやく利用しはじめているにすぎないのである。この観点にたてば、科学、哲学、芸術の歴史は、脳の潜在能力の活性化を経験によって学んでいく、ゆっくりとした精神のプロセスと言えよう。征服されるべき新しい開拓地は、皮質の回転部（訳注＝溝によって仕切られている大脳表面）にある。

ではなぜ、この脳の使い方を知るプロセスは、それほど緩慢で、発作的で、不運につきまとわれたのか。その理由は単純な形に要約できる。古い脳が新しい脳の邪魔をしたか、制動装置として働いたかである。ヨーロッパの歴史上、科学的な知識が真に蓄積され成長した時期は、マケドニアに征服される前のギリシア時代の偉大な三世紀と、ルネッサンスから今日にいたる四世紀のふたつだけである。つまり、そうした知識を産みだした器官は、二〇〇〇年もの暗い休止期間中、つねに人間の頭蓋骨の内側に存在していたにもかかわらず、知識を産みだすことを許されなかったのだ。記録に残っている人類史の大半の期間、そしてそれよりはるかに長い有史以前の時代、「望まざる贈り物」の驚くべき能力は、タブーだらけの古風な情動的信仰に、あるいはドルドーニュの洞窟の魔術的な壁画に、あるいは原型的な心像を神話の言語に翻訳することに、あるいはまたアジアや中世キリスト教時代の宗教芸術に、その姿をあらわすことしか許されていなかった。理性の仕事は信仰の召使としてふるまうことだった。それが魔術師やまじない師の信仰であれ、神学者の信仰であれ、スコラ哲学者の信仰であれ、あるいは弁証法的唯物主義の信仰であれ、毛沢東やムボー・ムバ王の信奉者の信仰であれ。まちがいはわれわれの星回りにあったのではなく、われわれ人類が頭蓋骨の内側に運び込んだウマやワニにあったのだ。

2――崩れゆく合理主義者の幻想

〈分裂した人格〉がもたらした歴史的事象については、「プロローグ」で詳細に述べた。ここで再度この問題をとりあげるのは、それがひきおこすまったくべつな事象を指摘したいからで、それは哲学上の根本問題を提起するものである。少しの間、話を例のたとえ話に戻そう。
アリの子孫は、コンピュータがもっている一見無尽蔵の潜在能力にいたく感動し、大喜びした（それは、コンピュータがなににも邪魔されずに機能することを許されていた、あの幸福な時期の話である）。その結果かれらは、コンピュータが潜在的に全知全能であるという幻想の虜になった。この幻想は、目標を先に置いた進化の直接的帰結であった。言葉をかえるなら、脳がもっている学習や推理の力が、他の動物のそれと比べ、あるいはその所有者の目前の要求と比べ、桁はずれに大きかったため、所有者は未開発の能力が無尽蔵で、推理力は無制限であると確信するようになったのである。その問題に対しては「プログラム」が用意されていないからコンピュータには答えられない――そんな問題が存在すると考えなければならない理由は実際何もなかった。この態度を「合理主義者の幻想」と呼んでもいいだろう。それは、脳の限りなき推理力によって、いつかは宇宙の究極の神秘が解かれるという信念でもある。

きわめて著名な人物も含め、アリの子孫の大半がこうした幻想を抱いた。アリストテレスは、宇宙について発見に値するものはほとんどすべて発見され、未解決の問題は残されていないと考えた。[118][120] デカルトは数学的手法を科学に適用したが、その成功に酔うあまり、自分ひとりで新しい物理学の全体系を完成できるものと信じた。科学革命の先駆者のなかで、デカルトよりはもう少し慎重な者でも、自然から最後の秘密をもぎ取るには、せいぜい二世代もあればいいだろうと考えていた。「科学や芸術の特殊な現象は、じつはごくわずかしかない」と書いたのは、フランシス・ベーコンである。そして「あらゆる因果と体系的知識を発見することは、ほんの数年の作業でしかない」とも書いた[026]。二世紀後の一八九九年、著名なドイツの生物学者でダーウィン崇拝者のエルンスト・ヘッケルは、『宇宙の謎』という本（わたしの若き日のバイブルであった）を著した。この本は、宇宙には大きな謎が七つあり、そのうち物質の構造、生命の起源のふたつを含む六つの謎は「まちがいなく解決された」としている。そして七番目の謎――意志の自由という主観的な体験――は「実体のない幻想」にすぎないと断じた。となれば、未解決の問題は何も残っていないわけで、まことに結構な話ではあった。ジュリアン・ハクスリー卿も同じ見解をもったようで、「進化の分野では、遺伝学によってすでに基本的な問題は解決されたから、進化生物学者は自由に他の問題を究めたらよい」と書いている[094]。

　還元主義者の哲学は、まさに合理主義者の幻想の所産だった。「あらゆる因果と体系的知識を発見することは、ほんの数年の作業でしかない」――「年」を「世紀」で置き換えれば、それは還元主義者の信条そのものである。かれらは潜在的に全能な人間の脳が、宇宙を「たんなる」電子と陽子とクォークの相互作用に還元し、究極的に宇宙の謎を解明するものと信じている。望まざる贈り物から引き出される利益に目がくらんだ受益者たちは、人間の脳の力が、ある点では強大であっても、究極の意味とかかわる問題ではひどく制約を受けている、などとは夢想だにしなかった。言いかえるなら、進化はその目標を「先に置いた」が、存在とかかわる究極的な問題に関しては目標をひどく「控え目に置いた」から、そうした問題に答えられるように進化はプログラムされていないのである。究極的な問題とは、無限と永久のパラドックス（「もし宇宙がビッグ・バンで始まったとするなら、ビッグ・バンの前は何だったのか?」)、相対性理論が説く空間の湾曲、超心理学と非因果的プロセスの現象、そして宇宙、生命、善と悪などである。著名な物理学者、エール大学のヘンリー・マーゲノー教授の言葉を引用すると、

予知を説明するためによくもちだされる考え方が、時間の多次元化である。これは時間がまったく逆向きに進むことを認めるもので、そうなれば、ある時間軸では正の時間流が、べつの時間軸では負の時間流(「原因の前に結果がおこる」)になってもよいだろう。一般論として、これは正当な発案であって、それを科学的に否定するような批判は、耳にしていない。しかし、もしそれが受け入れられるべきであるというなら、まったく新しい時空の尺度をあみだす必要がある。[149]

しかしわれわれは、そうした新しい尺度に対応できるようには「プログラム」されていない。われわれには長さ、幅、高さ以外の空間的次元を想像することも、明日から昨日にむかって流れる時間を頭に描くこともできない。そういう現象を想像できないのは、それがありえないことだからではなく、人間の脳が、そして神経系が、それに対応できるようにプログラムされていないからである。

生来の器官が有するこのプログラムの限界がいっそう明確にあらわれているのが、われわれの感覚受容器官だ。人間の目は、電磁放射スペクトルのごく一部しか認識することができない。われわれの可聴音は、犬のそれよりも狭い音の周波数帯にかぎられている。嗅覚は散漫で、方向感覚は渡り鳥の

足元にもおよばない。人間は、およそ一三世紀頃まで、磁気力にかこまれていることに気づかなかった。人間には磁気力を、あるいは人間の体を貫く何百万というニュートリノの雨を、あるいはまた体の内外で作用している未知の場や影響を、認識する器官がない。もし人間の感覚器官が、宇宙の走馬灯のほんの一部分しか感知できないようにプログラムされているとするなら、当然、認識の器官も、プログラムのなかで同じように厳しい制限を受けているとは言えまいか？　人間には究極的な問いに対して答えを用意することができないとは言えまいか。そう認めたとしても、それは人間の精神を卑下するものでも、精神を全面的に活用する人間を揶揄するものでもない。創造的な精神が、これからも、「あたかも」答えがすぐそこにあるかのようにふるまってくれるだろう。

人間の推理力にはもともと限界がある、そう認めてしまえば、量子物理学、超心理学、非因果的事象など、理性を逆撫でするような現象に対し、もっと寛容な態度がとれるようになる。態度がそのように変化すれば、説明できないものは存在しえない、という還元主義者の主張に、終止符が打たれることにもなろう。H・G・ウェルズの『盲者の国』の市民のように、目をもたない人種がいるとすれば、かれらは、手で触れないでも遠方の物体を認識できるというわれわれの主張を、拒絶するにちがいない。「井の中の蛙《かわず》、大海を知らず」とは中国の諺である。

すでに述べたように、ノーベル賞受賞者は口をそろえて言う。物質はたんにエネルギーが形を変えたものだ、因果律は死んだ、決定論は死んだ、と。もしそうであれば、オリーブの森のアカデミーで電子音楽の奏でるレクイエムとともに、その公葬をとりおこなわなければならない。いまこそ、還元主義や合理主義者の幻想と結びついた一九世紀の唯物主義がわれわれの哲学観におしつけてきた、あの束縛から逃れるときである。もしわれわれの哲学観が、泡箱や電波望遠鏡から送られてくる革命的なメッセージに一世紀も遅れをとることなく、それと歩を一にしていたら、われわれはとうの昔に、あの束縛から解放されていただろう。

ひとたびこの単純な事実を認識すれば、機械論的決定論が一方的に強調されてきたためにわれわれが目を向けることのなかった不可思議な現象に、もっと寛容になれるだろう。ひび割れた因果の殿堂を吹き抜けるすきま風を感じることができるだろう。超常現象を、新たな尺度をもった概念に含めることができるだろう。そしてわれわれが盲者の国に住んできたことを、あるいは井の中の蛙であったことを知るだろう。

このような認識の移行がどのような結果をもたらすか、それは予測できない。H・H・プライスの言葉を借りるなら、「心霊研究は人間がとり組んできたもっとも重要な研究分野のひとつ」であり、「現代文明がよりどころとしている知的概念を根こそぎ変革するものかもしれない」[●176]。これはオックスフォード大学の論理学の教授の口から出た大胆な言葉だが、けっして事を誇張しているとはおもえない。

心霊的資質をもたぬわれわれは、他のハンディキャップとあわせて、この特異な分野にあっては恵まれない種に属しているのかもしれない。しかし進化の戦略の荘大なる筋書は、コアラ・ベアのような生物学的変種の存在も、われわれのような妄想的な人種の存在も除外するものではない。もしこれが事実であるなら、われわれは「あたかも」それが事実でないかのように生きていかねばならないし、またそれで我慢するようにしなければならない。

アリのコンピュータに限界があるために、われわれは鍵穴から永遠をのぞくことを強いられるかもしれない。が、それでも、われわれの狭い視野をいっそう狭くしている詰め物を、その鍵穴からとりのぞこうとするぐらいのことはできる。

3——地球愛国主義を超えて

わたしは「プロローグ」で、現在の情況は歴史的に例がないという事実を強調した。それを再度強調しておこう。人間は、かつて個としての死の問題を何とかする必要があった。しかし、今日この世代にいたって、人間は種の絶滅とあい対することになったのである。ホモ・サピエンスは約一〇万年前、舞台に登場した。しかし一〇万年という時間は、進化のタイム・スケールで考えれば、ほんの一瞬である。だから万一、人間が今この世から姿を消すようなことがあっても、その隆盛と没落はほんのちょっとしたエピソードでしかなく、銀河系の他の住人から讃美されることも嘆き悲しまれることもないだろう。今日、広い宇宙に生命に満ちあふれた惑星があることがわかっている。しかし、そんな短いエピソードは、けっしてかれらの気づくところとはならないだろう。

ほんの何年か前まで、生命のない化合物から生命が発生することはきわめて可能性の薄い、それ故にきわめて稀な出来事で、この特別な地球上でただ一度おこったものにすぎないと一般に考えられていた。さらに、太陽系の形成もまた稀な出来事で、生命を維持できる惑星となるとさらにずっと稀なものと考えられていた。しかし「地球愛国主義」の香りすらするこうした仮説も、天体物理学の急速な発展によって論破された。そして現在では、生命が存在しうる惑星をそなえた太陽系の形成は「ふつうの出来事」で、生命を誕生させる力をもつ有機化合物は、すぐ隣りの火星にも、遠方の星雲のチリ状の雲の中にも存在するというのが天文学者の一般的な考え方である。さらに、ある種の隕石には、先カンブリア紀の堆積物中にみられる花粉状の胞子と同じスペクトルをもつ有機物質があることも発見された。フレッド・ホイル卿とインド生まれの共同研究者、チャンドラ・ウィックラマシンジ教授のふたりは、一九七七年、ひとつの理論を提唱し、「オリオン星雲にあるような星になる前の分子雲は、もっとも自然な生命のゆりかごである。こうした雲の中で起こっているプロセスが、銀河系内の生物活動の開始と分散をもたらした。……となると、星と星の間の空間では、ほとんど絶えまなく、無機物が原初的な生物システムに変換されていると考えるのは、きわめて妥当なことではないだろうか」と述べている。

隕石中の花粉状の物質について、かれらは「それは活動を停止した状態の、原初的な、星間原始細胞《プロト・セル》であるかもしれない」と言う。「毎日、地球大気圏に数百トンの隕石が飛びこんでくる。しかし初期の地質学的時代には、その堆積速度は今日よりずっと大きかったかもしれない。」この物質の一部は「生命のゆりかご」――星を形成する前のチリの雲――からきたものかもしれない。

かくして「地球愛国主義」の教えは、いまや一九世紀にもてはやされた他の多くの信条と同じく、擁護しえないものになった。われわれだけが宇宙の住人ではない。空席に囲まれ、ひとり劇を眺めているわけではない。それどころか宇宙は、星間を漂う原初的な「原始細胞」から、われわれの「はるか」先を行く何百万という先進文明まで、生命に満ちあふれている。「はるか」とは、われわれ人類が、爬虫類やアメーバの時代から、これまで歩んできた道のりを意味するかもしれない。こう考える方が、気が楽だし、爽快だ。第一、人類が孤独ではなく、空のむこうに仲間がいるというのは結構なことだ。たとえわれわれが消えようと、そんなことは大した問題ではないし、宇宙劇が空席を前に演じられる心配もない。われわれ人類がこの無限の空間のなかで意識をもった唯一の存在で、われわれが消えたら宇宙から意識も消える、などと考えるのは耐えがたい。逆に、この銀河系には、そしてまた他の銀河系にも、われわれのような哀れな病人などおよびもつかないくらい文明の進んだ生命体が何十億と存在する、そう考えれば、あらゆる宗教の源であるあの謙遜と自己超越が生まれるかもしれない。

ここで、地球外知的生命体とその文化について、お粗末かもしれないが、わたしなりの考察をしてみよう。地球文明(農業や文字などを開始点とする)は、おおまかに見積って、齢《よわい》一万年である。われわれの文明より数百万年も年齢の古い地球外文明の性質をあれこれ推測しても、もちろん現実味はない。しかし遅かれ早かれ、文明が生まれてから一万年のうちには、どの地球外文明も核エネルギーを発見した――すなわち、それぞれの暦で紀元元年を迎えた(訳注=紀元元年の意味は「プロローグ」の出だしを参照)――と考えるのは、きわめて妥当なことだろう。それから先は、自然淘汰――いや「淘汰的除草剤」と言うべきか――が、宇宙的規模でその後を継ぐことになる。そして、生物学的な不調和によって生じた病める文明は、いずれ自らの死刑執行人としての役まわりを演じ、汚染された惑星から消滅していく。しかし、これを、そして他の精神衛生テストをうまく切り抜けて生き延びた文明は、半神半人的な宇宙のエリートになるだろうし、すでにそうなったものもあるかもしれない。いや、もっと真面目に言えば、宇宙の除草剤の作用によって、こうした文明のうち、「善玉」だけが生き残り、「悪玉」は消滅するというのは、心安らぐ思想である。宇宙は善玉の場所であり、われわれ人類はその善玉に取り囲まれている——じつに結構な話ではないか。が、既成の宗教は、この宇宙の統治力をあまり快く受けとってはいない。

4——高次のリアリティからの信号

わたしはこの本を、ある種の信条でしめくくりたいとおもう。発端は四〇年以上前のスペイン市民戦争までさかのぼる。一九三七年、わたしは死刑執行に怯えながら、スパイ容疑者としてセビリアにあるナショナリストの刑務所で数か月を過した[117]。その間、独房のなかで、わたしはある種の体験をした。それは神秘主義者の言う「大洋の感覚」に近いものであった。わたしはそれを自叙伝的な話のなかで説明しようとした。そしてそれを「窓ぎわの時間」と呼んだ。説明はいくぶん散漫だが、まさに以下の文は「不可知論者の信条」を反映している。

「窓ぎわの時間」によって、わたしは高次のリアリティが存在し、それが存在に意味を与えているという確信でいっぱいになった。後に、わたしはそれを「第三次のリアリティ」と呼ぶようになった。感覚的に認識される狭い世界が、第一次を構成していた。そしてこの知覚的な世界は、原子、電磁場、湾曲した空間など、われわれには直接知覚しえない現象を包含する概念的世界でつつまれていた。この第二次のリアリティは、つぎはぎの感覚的世界のギャップを埋め、それに意味を与えていた。

同様に、第三次のリアリティは、第二次のリアリティをつつみ、中に浸透し、それに意味を与えていた。第三次のリアリティには、感覚のレベルでも、あるいは概念のレベルでも説明のつかない、それでいて、原始人の考えていた丸天井の天空を一気につらぬいて入ってくる霊的な流れ星のように、時折、そうしたレベルに侵入する「オカルト」現象が含まれていた。概念のレベルが感覚のレベルの幻想と歪《ゆが》みをあばきだしたように、「第三次のリアリティ」は、あの時間、空間、因果性の正体をあばきだした。自己の孤立、分離、時間的空間的制約は、ひとつ上のレベルの幻影にすぎなかったのである。第一次の種類の幻想を真《ま》に受けたら、太陽は毎晩海に溺れ、目の中のホコリは月より大きくなる。同様に、概念的世界を究極のリアリティと錯覚したら、世界は同じくらい馬鹿げたものになる。皮膚で磁力を感ずることができないように、究極のリアリティを言語的に理解することは、望むべくもないのだ。それは目に見えぬインクで書かれたテキストだったのである。

わたしは、このたとえをあれこれいじりまわすのが好きだった。船長がポケットに封印された航海指令書を入れて海に出る。その指令書は、公海に出てはじめて開くことが許されている。

かれは、不安が解消されるその瞬間を待つ。しかしその時がきて、封を開けてみると、そこには目に見えない指令文しか入っていない。どんな化学処理をほどこしても、見えるようにならない。が、時折、単語が見えるようになったり、子午線を示す数字が見えたりする。しかし、また消えてしまう。船長には指令文が正確に読みとれない。指令文に従ってきたのか、任務を失敗したのかもわからない。しかし、ポケットに指令書をもっているという意識があるため、それを解読できないにもかかわらず、船長の考えと行動は、遊覧船や海賊船の船長のそれとちがう。

また、こんなふうに考えるのも好きだった。宗教の創始者、預言者、聖人、占師たちは、時折、目に見えないテキストを一部分読むことができた。しかし、その後、かれらはあちこち文をつけたし、脚色し、飾りたてたから、もはや、かれら自身にも、どの部分が本当なのかわからなくなってしまった。

【新装版】訳者あとがき

本書はハンガリー生まれの科学ジャーナリスト、アーサー・ケストラーの*JANUS*(Huchinson of London, 1978)の邦訳版『ホロン革命』(工作舎 1983.3)の新装版である。本文には関しては、訳文の小さな直しや固有名詞の表記の変更など、訂正箇所が数か所あるが、文意が変わるような大きな訂正はない。ただ、この新装版の出版を機会に、訳者あとがきを全面的に改めることにした。一番の理由は、後述するように旧版『ホロン革命』の出版と相前後してケストラーがみずから命を絶ったことだ。

●——JANUS解題

原著*JANUS*には*A Summing Up*(要約)という副題がついている。ローマ神話に登場する二面神ヤヌスになぞらえつつケストラーはこの本で何を要約しようとしたのか、あるいは何を要約したかったのか、まずそれについて書いておきたい。

ケストラー自身は、ごく簡単に、「本書はわたしが政治的な小説や評論を書くのをやめ、筆先を生命の科学、すなわち人間の精神の進化、創造性、病理に向けて以来、過去二五年のあいだに出版された著作の要約であり、補足である」と書いている(一六頁参照)。

*JANUS*の出版は一九七八年だから、「過去二五年のあいだに出版された著作」とは、おおよそ一九五〇年代半ば以降に出版されたものということになるが、そのうち、彼が関心を向けていた「生命の科学」に関係するおもなものを年代順に記せば、*The Sleepwalkers*（1959：部分訳『コペルニクス人とその体系』すぐ書房、全訳本はない）、*The Watershed : A Biography of Johannes Kepler*（1960：『ヨハネス　近代宇宙観の夜明け』ちくま学芸文庫）*The Act of Creation*（1964：『創造活動の理論』上下巻ラティス）、*The Ghost in the Machine*（1967：『機械の中の幽霊』ちくま学芸文庫）、*The Case of the Midwife Toad*（1971：『サンバガエルの謎』岩波現代文庫）、*The Roots of Coincidence*（1972：『偶然の本質』ちくま学芸文庫）などがある。

もう一つ、忘れてはならない本がある。ケストラーは一九五七年にオーストリアのアルプバッハに土地を購入して別荘を建て、以後約一二年間そこで講演をしたりシンポジウムを開いたりしているが、一九六八年、発生生物学者のC・H・ウォディントン、動物学者のW・H・ソープ、生物学者のフォン・ベルタランフィら、要素還元主義的科学に異を唱える当時の著名なサイエンティストを招き、「アルプバッハシンポジウム」を開催している。それをケストラーが編著者としてとりまとめた*Beyond Reductionism : The Alpbach Symposium. New Perspectives in the Life Sciences*（1969：『還元主義を超えて：アルプバッハシンポジウム'68』工作舎）は、彼の名と存在を、ポジティブな意味でもネガティブな意味でも（ケストラーの考えを批判する保守的な科学者も少なくなかった）、科学界に広く知らしめた一冊だった。

これら一連の著作におけるじつに多種多様な議論の要約を――ときには、時の流れの中で考え方を改め、少し修正した形で――提示したものがJANUSであり、本書である。しかし、もちろん、過去の著作の単なる要約ではない。彼はこの本の冒頭で、生物をはじめとする有機的システムを要素に分解して説明しようとする要素還元主義的手法を"nothing-but-ism"（「…にすぎない」主義）と批判し、また、その逆、"A rose is a rose is a rose."、つまり「バラはバラでありバラだ」というホーリズム的手法も否定した。そしてそれらに代わるべきものとして、彼は「部分」と「全体」という二つの特性を同時に有する〈ホロン〉という概念を提示し、そのホロンが層をなす有機的ヒエラルキーによる一般システム論を展開している。こうしてケストラーは、過去の著作におけるさまざまな議論をホロンで束ねつつ、たとえば、善意にみちた集団精神の恐怖を、あるいは科学や芸術などの創造的活動を、あるいは生物進化における戦略と目的を、本書において理論的に説いてみせている。

「…新しい知識によって、理論の細部に多くの誤りがあることが立証されるのは、ことの必然であろう。わたしが望んでいるのは、それがおぼろげながらも真理の原型を含んでいることがわかってもらえれば、ということである」――これは本書の冒頭に記されているケストラーの言葉だが（一六頁参照）、いま考えると、彼はきっと本書を、事実上の遺作、彼の思想のsumming up、そう位置づけていたにちがいない。ケストラーは、このJANUSの執筆に集中していたと思われる一九七六年に、後述のごとく、後に彼に自殺を決意させる一因になったパーキンソン病の診断を下された。

●──ケストラーと〈オーシャニック・フィーリング〉

『ホロン革命』が最初に出版されたのは一九八三年三月一日。同じその日に、ただし日本より九時間遅く夜を迎えていたロンドンの自宅の居間で、アーサー・ケストラーは自らの手で七七年の生涯の幕を閉じた。一九六五年に結婚した彼の三度目の妻シンシア*も一緒だった（*ケストラーより二二歳若いシンシア・ジェフリーがケストラーと出会ったのは一九四九年で、以後三〇年以上ケストラーの仕事を支えた）。

ケストラーは自殺する前年の一九八二年六月に、ひそかに自殺メモを書いていた。今日この自殺メモは、ケストラーの古い友人で、同じハンガリー生まれの作家ジョージ・マイクスが、ケストラーの自殺後間を置かずに出版した *Arthur Koestler : The Story of a Friendship*（Andre Deutsch Limited, 1983）で読むことができる。

「関係各位」ではじまるそのメモの冒頭で、ケストラーは、薬を大量服用して自殺するつもりであること、そのために合法的に入手した薬を長きにわたり少しずつ貯えてきたこと、などを書いている。自殺する理由は「単純だが抗しがたいものである。パーキンソン病、そして、ゆっくり命を奪っていく種類の白血病（CCL：慢性リンパ球性白血病）がそれである」と記している。

二人の遺体は三六時間後の三月三日朝、いつものようにケストラー邸にやってきたメイドにより発見された。死後解剖によって、死因は薬物（バルビツール酸系の睡眠薬）の大量服用と断定された。なお、ケストラーは当時イギリスの安楽死協会（任意団体）EXITの副会長の座にあった。

形としては妻シンシアとの心中だったが、ケストラーがとくにそれを望んだということではなかったと推測される。なぜなら、ケストラーは前述の自殺メモの最後で、あとに残される数人の友人の苦しみ、そしてとりわけ妻シンシアの苦しみを考えると決心が揺らぐ、人生の後半において自分が比較的平穏かつ幸福に生きてこられたのは妻シンシアのおかげである、などと、彼女への気遣いを記しているからだ。また、ジョージ・マイクスは、ケストラーの自殺メモに妻シンシアが「私はアーサーがいない人生に向き合っていくことはできない」と自筆で付け加えていたことを検死官から聞かされ、心中はあくまでシンシアの自由意志による最後の決断だったと推測している。

さて、ケストラーは自殺メモの最後の最後で以下のように書いている。

友人たちにはぜ知ってほしい。私が穏やかな精神状態で、そして、空間や時間や物質の境界もわれわれの理解の範囲も超越した、非人格的な来世に対するおずおずした期待を抱きつつ、あなた方から離れていくことを。このオーシャニック・フィーリングは、困難なときにしばしば私を支えてきたものであり、そしてこれを書いているいまがまさにそうである。

すでに本書を読み終えた読者は、この〈オーシャニック・フィーリング〉（以下、本書にならって「大洋の感覚」）が、本書の最後、「高次のリアリティからの信号」にも登場していることにお気づきだろう。

一九三七年、彼は「死刑囚」としてスペインのセビリアの刑務所の独房に収監されていた。ロンドン『ニューズ・クロニクル』紙の戦時記者としてスペインに入り、マラガでスペイン市民戦争を取材中にフランコ軍に逮捕され、スパイ罪で死刑宣告を受けたのだ。ふたつある彼の自伝のうち、一九三二〜四〇年について記した自伝第二巻 *The Invisible Writing*（1964：『ケストラー自伝 目に見えぬ文字』彩流社）によれば、刑務所での銃殺による死刑執行はだいたい週に三、四回、夜中の零時から二時ごろにかけておこなわれたという。ケストラーは、ときおり、予告もなく独房から引き出され刑場へ連行される死刑囚の嘆きや叫び声を、ときには歌声を、独房の壁に耳を押し当てて息を殺しながら聞いていた。

当時、夫ケストラーと疎遠な関係にあったドイツ人の妻ドロシー（ケストラーの最初の結婚相手）がイギリスに出向いて精力的に夫の釈放運動を展開し、それが奏功して捕虜交換という形で、ケストラーはすんでのところで釈放され生還した。しかし、いつ自分の独房の錠が解かれ、連れ出され、処刑場へと連行されるかわからないという、数か月に及ぶ恐怖の独房生活の中でケストラーがときおり経験した感覚、それが〈大洋の感覚《オーシャニック・フィーリング》〉だった。

そして四五年後、すでに書いたように、自殺する半年前にも彼は同じ感覚を体験していた。そればかりか、自殺メモによれば、彼は困難なときその感覚にしばしば支えられてきた、とも書いている。

彼はこうした非日常的体験をとおして、感覚（sense）によってはもちろん、概念によってさえも認識できない〈究極のリアリティ〉が存在することを最後まで確信していた。彼が突然筆先を政治の世界から科学の世界に向けたのは、恐怖の独房生活での大洋の感覚ゆえにであったろう。それなしに、その後の一連の著作は存在しなかったにちがいない。

何によっても認識できない究極のリアリティ。彼はそれを「目に見えぬインクで書かれた文字」とした。そういった究極のリアリティの存在を信じていたという意味では、彼はいわゆる不可知論者であるだろう。実際、ケストラーの評価ということになると、そういう文脈でのケストラー批判は少なくない。場合によっては、彼をオカルト信奉者とする者もいる。しかし、ケストラーがしようとしたことは、究極のリアリティにどうすれば接近できるか、どうすれば手に掴めるか、どうすれば目に見えぬ文字を読めるか、ではなかった。そうではなく、そうした高次のリアリティの存在を前提としながら、従来の生命の科学、人間の精神の進化、創造性、病理の概念を再検討することだった。

本書の最後の段で、ケストラーは、このようなアプローチの必要性、正当性を示唆する秀逸なたとえ話を書いている。訳者として、一読者として、とても気に入っている。以下に再掲しておきたい。

…究極のリアリティを言語的に理解することは、望むべくもないのだ。それは目に見えぬインクで書かれたテキストだったのである。

わたしは、このたとえをあれこれいじりまわすのが好きだった。船長がポケットに封印された航海指令書を入れて海に出る。その指令書は、航海に出てはじめて開くことが許されている。かれは不安が解消されるその瞬間を待つ。しかしその時がきて、封を開けてみると、そこには目に見えない指令文しか入っていない。どんな化学処理をしても、見えるようにはならない。が、時折、単語が見えるようになったり、子午線を示す数字が見えたりする。しかし、また消えてしまう。船長には指令文が正確には読みとれない。指令文にしたがってきたのか、任務を失敗したのかもわからない。しかし、ポケットに指令書をもっているという意識があるため、それを解読できないにもかかわらず、船長の考えと行動は、遊覧船や海賊船の船長のそれとはちがう。

ケストラーが前述のメモを書いてから約五か月後(自殺する約四か月前)の一九八二年一一月、出版社(工作舎)はケストラーに、「日本語版への序」を一〇〇語程度で短めに書いてもらえないかどうかを手紙で打診した。当時、出版社も私も、ケストラーが病に耐えかねてすでに自殺を決意していたとはまったく知らなかった。八三年一月、そのケストラーから返事が届いた。ひそかに期待していた「日本語版への序」は一〇〇語ならぬ約三〇語と少なく(日本語で二行、本書三頁参照)、不遜にも、少しがっかりしたことを覚えている。

訳本が刷り上がり、出版社が献本として数冊をロンドンのケストラーに送ったのは、私の記憶が正しければ二月二〇日ごろ。そろそろケストラーが日本語版を手にとって見てくれるころか、そんなふうに思っていた三月の四日か五日の朝、NHKのテレビニュースが、アーサー・ケストラーの自殺を報じた。すぐには受け入れがたい突然の訃報だった。

思想書の翻訳は、いってみれば文字媒体をとおして思想家と長い期間、継続的に対話することであり、私にとって*JANUS*をとおしての「科学ジャーナリスト」ケストラーとの対話ほど刺激的で示唆に富むものはなかった。

新しい知識によって理論の細部に多くの誤りがあることが立証されるのはことの必然であるとケストラーは記しているが、生みの親ケストラーが逝って約四〇年のこの時代においてもホロンの息づかいと気配は十分新鮮である。

なお、訳出は第三部を吉岡が、それ以外を田中が担当した。

田中三彦

二〇二一年三月　長野県・茅野にて

●221 VAIHINGER, H., *Die Philosophie des Als Ob*, 1911, English tr. C. K. Ogden, London, 1924.
●222 WADDINGTON, C. H., in *The Listener*, 13 February 1952.
●223 WADDINGTON, C. H., *The Strategy of the Genes*, London, 1957.
●224 WADDINGTON, C. H., *The Nature of Life*, London, 1961.
『生命の本質』白上謙一ほか訳、岩波書店 1964
●225 WADDINGTON, C. H., in *Beyond Reductionism*, →124.
●226 WADDINGTON, C. H., ed., *Towards a Theoretical Biology*, Edinburgh, 1970.
●227 WALKER, E. HARRIS, in *J. for the Study of Consciousness*, 1973.
●228 WALTER, W. GREY, *Observations on Man, his Frame, his Duty and his Expectations*, Cambridge, 1969.
●229 WATSON. J. B., *Behaviourism*. London, 1928
『行動主義の心理学』安田一郎訳、河出書房新社 1980
●230 WAUGH, N. C., →208.
●231 WEAVER, W., *Lady Luck and the Theory of Probability*, New York, 1963.
『やさしい確率論』秋月康夫ほか訳、河出書房新社 1977
●232 WEISS, P. A., ed., *Genetic Neurology*, Chicago, 1950.
●233 WEISS, P. A., in *Cerebral Mechanisms in Behaviour*, →103.
●234 WEISS, P. A., in *Beyond Reductionism*, →124.
●235 WHEELER, J. A., *Geometrodynamics*, 1962.
●236 WHEELER, J. A., in Batelle Recontres, 1967.
●237 WHYTE, L. L., *The Unitary, Principle in Physics and Biology*, London, 1949.
●238 WHYTE, L. L., *Internal Factors in Evolution*, New York, 1965.
『種はどのように進化するか』木村雄吉訳、白揚社 1977
●239 WHYTE, L. L., WILSON, A. G., and WILSON, D., eds., *Hierarchical Structures*, New York, 1969.
●240 WILSON, A. G., →239.
●241 WILSON, D., →239.
●242 WILSON, R. H. L., →47.
●243 WOLSKY, A., →244.
●244 WOLSKY, M. DE I., and WOLSKY, A., *The Mechanism of Evolution*, Basle, Munich, Paris, London, New York, 1976.
●245 WOOD JONES, F., and PORTEUS, S. D., *The Matrix of the Mind*, London, 1929.
●246 WOOD JONES, F., *Habit and Heritage*, London, 1943.
●247 WOODGER, J. H., *Biological Principles*, London, 1929.
●248 WOODWORTH, R. S., and SCHLOSBERG, H., *Experimental Psychology*, rev. ed., New York, 1954.
●249 YOUNG, J. Z., *The Life of Vertbrates*, Oxford, 1950.

●191 SIMPSON, G. G., PITTENDRIGH, C. S., and TIFFANY, L. H., *Life：An Introduction to Biology*, New York, 1957.
●192 SIMPSON, G. G., *This View of Life*, New York, 1964.
●193 SINNOTT, E. W., *Cell and Psyche — The Biology of Purpose*, New York, 1961.
●194 SKINNER, B. F., *The Behaviour of Organisms*, New York, 1938.
●195 SKINNER, B. F., *Science and Human Behaviour*, New York, 1953.
●196 SKINNER, B. F., *Verbal Behaviour*, New York, 1957.
●197 SKINNER, B. F., *Beyond Freedom and Dignity*, New York, 1973.
『自由への挑戦』波多野進一ほか訳、番町書房 1972
●198 SMITH, E. LESTER, ed., *Intelligence Came First*, Wheaton, Ill., 1975.
●199 SMUTS, J. C., *Holism and Evolution*, London, 1926.
『ホーリズムと進化』石川光男ほか訳、玉川大学出版部 2005
●200 SMYTHIES, J. R., ed., *Science and ESP*, London, 1967.
●201 SMYTHIES, J. R., →124.
●202 SPENCER, H., *Principles of Biology*, 1893.
●203 SPENCER, H., in *Essays on Education and Kindred Subjects*, London, 1911.
●204 SPERLING, G., in *Psychol. Monogr.*, 74, II, Whole No. 498, 1960.
●205 SPURWAY, H., in *Supplemento. La Ricerca Scientifica (Pallanza Symposium) 18*, Rome, 1949.
●206 SZENT-GYÖRGYI, A., *Bioenergetics*, New York, 1957.
●207 SZENT-GYÖRGYI, A., in *Synthesis*, Spring 1974.
●208 TALLAND, G. A., and WAUGH, N. C., eds., *The Pathology of Memory*, New York and London, 1969a.
●209 TAKHTAJAN, A., in *Phytomorphology*, Vol. 22, No. 2, June 1972.
●210 THOMAS, L., *The Lives of a Cell*, New York, 1974.
『細胞から大宇宙へ』橋口稔ほか訳、平凡社 1976
●211 THOMPSON, D. W., *On Growth and Form*, Cambridge, 1942.
『生物のかたち』柳田友道訳、東京大学出版会 1973
●212 THOMSON, SIR J. A., *Heredity*, London, 1908.
●213 THORPE, W. H., *Learning and Instinct in Animals*, London, 1956.
●214 THORPE, W. H., in *Nature*, 14 May, 1966
●215 THORPE. W. H., in *Brain and Consious Experience*, →44,
●216 THORPE, W. H., in *Beyond Reductionism*, →124.
●217 THORPE, W. H., *Animal Nature and Human Nature*, Cambridge, 1974.
●218 TIFFANY, L. H., →191,
●219 TINBERGEN, N., *The Study of Instinct*, Oxford, 1951.
『本能の研究』永野為武訳、三共出版 1975
●220 TOYNBEE, A., KOESTLER, A., et al., *Life After Death*, London, 1976.

●162 NEEDHAM, J., *Time, the Refreshing River*, London, 1941.
●163 OLDS, J., in *Psychiatric Research Reports of the American Psychiatric Association*, January, 1960.
●164 OSGOOD, C. E., *Method and Theory in Experimental Psychology*, London and New York, 1953.
●165 PATTEE, H.H., in *Towards a Theoretical Biology*, →226.
●166 PAULI, W., →110.
●167 PEARL, in *Encyclopaedia Britannica*, 14th ed., Vol. VIII, pp. 110f.
●168 PENFIELD, W., and ROBERTS, L., *Speech and Brain Mechanisms*, Princeton, 1959.
『言語と大脳』上村忠雄ほか訳、誠信書房　1965
●169 PITTENDRIGH, G. S., →191.
●170 POLANYI, M., *The Tacit Dimension*, New York, 1966.
『暗黙知の次元』佐藤敬三訳、紀伊國屋書店　1980
●171 POPPER, SIR K., *in Br. J. Phil. Sci.*, Part I and II, 1950.
●172 POPOER, SIR K., in *Problems of Scientific Revolution*, →79.
●173 PORTEUS, S. D., →245.
●174 PRESCOTT, O., *The Conquest of Mexico*, New York, 1964.
●175 PRIBRAM, K. H., →155.
●176 PRICE, H. H., in *Hibbert* J., Vol. XLVII, 1949.
●177 PRZIBRAM, H., in *Monistische Monatshefte*, November, 1926.
●178 RJZZO, N. D., →69.
●179 ROBERTS, L., →168.
●180 RUSSELL, B., *An outline of Philosophy*, London, 1927.
『現代哲学』高村夏樹訳、ちくま学芸文庫　2014
●181 RUSSELL, B., *Unpopular Essays*, 1950.
●182 RUYER, R., *La Gnose de Princeton*, Paris, 1974.
●183 SAGAN, C., ed., *Communication with Extraterrestrial Intelligences (CETI)*, Cambridge, Mass. and London, 1973.
『異星人との知的交信』金子務ほか訳、河出書房新社　1976
●184 DE ST HILAIRE, G., *Philosophie Anatomique*, Paris, 1818.
●185 SCHLOSBERG, H., →248.
●186 SCHOPENHAUER, A., *Sämtliche Werke*, Vol. VIII, Stuttgart, 1859.
●187 SCHRÖDINGER, E., *What is Life?* Cambridge, 1944.
『生命とは何か』岡小天ほか訳、岩波新書　1951
●188 SHANIN, T., ed., *The Rules of the Game*, London, 1972.
●189 SIMON, H. J., in *Proc. Am. Philos.* Soc., Vol. 106, No. 6, December 1962.
●190 SIMPSON, G. G., *The Meaning of Evolution*. New Haven, Conn., 1949, and Oxford, 1950.
『進化の意味』平沢一夫ほか訳、草思社　1977

●135 KRINOV, E. L., *Principles of Meteoritics*, tr. I. Vidziunas, Oxford, London, New York, Paris, 1960.

●136 KUHN, T., *The Structure of Scientific Revolutions*, Chicago, 1962.
『科学革命の構造』中山茂訳、みすず書房 1971

●137 LAMARCK, J. P., *Philosophie Zoologique*, 2 vols., ed. C. Martins, 2nd ed., Paris, 1873.
『動物哲学』小泉ほか訳、岩波書店 1954

●138 LASHLEY, K. S., *The Neuro-Psychology of Lashley : Selected Papers*, New York, 1960.

●139 LOOFBOURROW, G. N., →60.

●140 LORENZ, K., *On Aggression*, London, 1966,
『攻撃』日高敏隆ほか訳、みすず書房 1970

●141 MACBETH, N., *Darwin Retried*, London and Boston, 1971.
『ダーウィン再考』長野敬ほか訳、草思社 1977

●142 MCCONNELL, J. V., *The Worm Re-Turns*, Englewood Cliffs, N. J., 1965.

●143 MACKAY, D. M., in *Brain and Conscious Experience*, →44.

●144 MACLEAN, P. D., in *Psychosom. Med.*, Vol. II, pp. 338-53, 1949.

●145 MACLEAN, P. D., in *Am. J. of Medicine*, Vol. XXV, No. 4, pp. 611-26, October 1958.

●146 MACLEAN, P. D., in *Handbook of Physiology : Neurophysiology*, Vol. III, →48.

●147 MACLEAN, P. D., in *J. of Nervous and Mental Disease*, Vol. 135, No. 4, October 1962.

●148 MACLEAN, P. D., in *A Triune Concept of the Brain and Behaviour*, →14.

●149 MARGENAU, H., in *Science and ESP*, →200.

●150 MAYR, E., *Animal Species and Evolution*, Harvard, 1963.

●151 MENDEL, G., in *Proc, of the Natural History Society of Brüm*, 1865.

●152 MICHEL, A., in *The Humanoids*, →19.

●153 MILGRAM, S., *Obedience to Authority*, New York, 1974.
『服従の心理』岸田秀訳、河出書房新社 1980

●154 MILGRAM, S., in *Dialogue*, Vol. 8, No. 3/4, Washington, 1975.

●155 MILLER, G. A., GALANTER, E., and PRIBRAM, K. H., *Plans and the Structure of Behaviour*, New York, 1960.
『プランと行動の構造』十島雍蔵ほか訳、誠信書房 1980

●156 DELLA MIRANDOLA, PICO, *Opera Omnia*, Basle, 1557.

●157 MONOD, J., *Chance and Necessity*, New York, 1971.
『偶然と必然』渡辺格ほか訳、みすず書房 1972

●158 MORRIS, D., *The Naked Ape*, London, 1967.
『裸のサル』日高敏隆訳、角川文庫 1979

●159 MULLER, H. J., *Science and Criticism*, New Haven, Conn., 1943.

●160 MURCHISON, C., ed., *A Handbook of Child Psychology*, Worcester, Mass., 1933.

●161 NEEDHAM, J., *Order and Life*, New Haven, Conn, 1936.

●110 JUNG, C. G., and PAULI, W., *Naturerklärung und Psyche, Studien aus dem G. G. Jung-Institut, Zürich, IV*, 1952.
『自然現象と心の構造』河合隼雄訳、海鳴社 1976
●111 JUNG, C. G., *The Structure and Dynamics ef the Psyche. Collected Works*. Vol. VIII, tr. R. F. C.Hull , London,1960.
●112 KAMMERER, P. *Das Gesetz der Serie*, Stuttgart, 1919.
●113 KLUEVER, O., in *A Handbook of Child Psychology*, →160.
●114 KOESTLER, A., *Twilight Bar*, London, 1945.
●115 KOESTLER, A., *Insight and Outlook*, London, 1948.
●116 KOESTLER, A., *Dialogue with Death*, London, 1954.
●117 KOESTLER, A., *The Invisible Writing*, London, 1954.
『ケストラー自伝　目に見えぬ文字』甲斐弦訳、彩流社 1993
●118 KOESTLER, A., *The Sleepwalkers*, London, 1959.
（部分訳）『コペルニクス　人とその体系』有賀寿訳．すぐ書房 1977／『ヨハネス・ケプラー』小尾信弥ほか訳、河出書房新社 1971→ちくま学芸文庫 2008
●119 KOESTLER, A., in *Control of the Mind*, →47.
●120 KOESTLER, A., *The Act of Creation*, London, 1964.
『創造活動の理論』上下　大久保直幹訳、ラティス 1975
●121 KOESTLER, A., and JENKINS, J., in *Psychon. Sci.*, Vol. 3, 1965.
●122 KOESTLER, A., *The Ghost in the Machine*, London, 1967.
『機械の中の幽霊』日高敏隆・長野敬訳、ぺりかん社 1969→ちくま学芸文庫 1995
●123 KOESTLER, A., *Drinkeres of Infinity*, London, 1968.
●124 KOESTLER, A., and SMYTHIES, J. R., eds., *Beyond Reductionism — The Alpbach Symposium*, London, 1969
『還元主義を超えて』池田善昭監訳、工作舎 1984
●125 KOESTLER, A., in *The Pathology of Memory*, →208.
●126 KOESTLER, A., *The Case of the Midwife Toad*, London, 1971.
『サンバガエルの謎』石田敏子訳、サイマル出版会 1975→岩波現代文庫 2002
●127 KOESTLER, A., *The Roots of Coincidence*, London, 1972.
『偶然の本質』村上陽一郎訳、蒼樹書房 1974→ちくま学芸文庫 2006
●128 KOESTLER, A., in *The Challenge of Chance*, →77.
●129 KOESTLER, A., 'Humour and Wit' in *Encyclopaedia Britannica*, 15th ed., 1974.
●130 KOESTLER, A., *The Heel of Achilles*, London, 1974.
●131 KOESTLER, A., in *Life After Death*, →220.
●132 KÖHLER, W., *The Mentality of Apes*, London, 1925.
●133 KOLTSOV, N., *The Organisation of the Cell* (in Russian), Moscow, 1936.
●134 KRETSCHMER, E. A., *A Textbook of Medical Psychology*, London, 1934.

『行動の機構』白井常訳、岩波書店　1957
●084　HEBB, D. O., A *Textbook of Psychology*, Philadelphia and London, 1958.
●085　HEISENBERG, W., *The Physicist's Conception of Nature*, London, 1958.
●086　HEISENBERG, W., Der *Teil und das Ganze*, Munich, 1969. English tr. *Physics and Beyond*, London, 1971.
『部分と全体』山崎和夫訳、みすず書房　1974
●087　HERRICK, C. J., *The Evolution of Human Nature*, New York, 1961.
●088　HILEY, B.,→16.
●089　HILGARD, E. R., and ATKINSON, *Introduction to Psychology*, 4th ed., 1967.
●090　HIMMELFARB, G., *Darwin and the Darwinian Revolution*, London, 1959.
●091　HORNEY, K., *New Ways in Psychoanalysis*, London, 1939.
『精神分析の新しい道』安田一郎訳、誠信書房　1975
●092　HOYLE, SIR F., *October the First is Too Late*, London, 1966
『一〇月一日では遅すぎる』伊藤典夫訳、早川書房　1976
●093　HUXLEY, A., in *Control of the Mind*, →47.
●094　HUXLEY, SIR J., HARDY, SIR A., and FORD, E. B., eds., *Evolution as a Process*, New York, 1954.
●095　HUXLEY, SIR J., *Evolution in Action*, New York, 1957.
●096　HUXLEY, SIR J., *Man in the Modern World*, New York, 1964.
●097　HYDEN, H., in *Control of the Mind*, →47.
●098　HYNEK, J. A., *The UFO Experience*, London, 1972.
『UFOとの遭遇』南山宏訳、大陸書房　1977
●099　JAENSCH, E. R., *Eidetic Imagery*, London, 1930
●100　JAMES, W., *The Varieties of Religious Experience*, London, 1902.
『宗教的経験の諸相』桝田啓三郎訳、日本教文社　1962
●101　JAYNES, J., *The Origin of Consciousness in the Breakdown of the Bicameral Mind*, Boston, 1976
『神々の沈黙　意識の誕生と文明の興亡』柴田裕之訳、紀伊國屋書店　2005
●102　JEANS, SIR J., *The Mysterious Universe*, Cambridge, 1937.
『神秘な宇宙』世界教養全集31　鈴木敬信訳、平凡社　1974
●103　JEFFRESS, L. A., ed., *Cerebral Mechanisms in Behaviour — The Hixon Symposium*, New York, 1951.
●104　JENKIN, 'Fleeming', in *North British Review*, June 1867.
●105　JENKINS, J. J., →121.
●106　JEVONS, F. R., in *The Rules of the Game* →188.
●107　JOHANNSEN, W., in *Hereditas*, Vol. IV, p.140, 1923.
●108　JOKEL, V., 'Epidemic：Torture', Amnesty International, London, n.d., c. 1975.
●109　JONES, E., *Sigmund Freud*, Vols. I and III, London, 1953-7.

『フロイト全集』全22巻別巻1　中村靖子ほか訳、岩波書店　2006-20
●055 GALANTER, E.,→155.
●056 GARSTANG, W., in *J. Linnean Soc. London, Zoology*, 35, 81, 1922.
●057 GARSTANG, W., in *Quarterly J. Microscopical Sci.*, 72, 51, 1928.
●058 GASKELL, W. H., *The Origin of Vertebrates*, 1908.
●059 GELLHORN, E., *Autonomic Imbalance*, New York, 1957.
●060 GELLHORN, E., and LOOFBOURROW, G. N., *Emotions and Emotional Disorders*, New York, 1963.
『情動と情動障害』金子仁郎ほか訳、医学書院　1965
●061 GERARD, R. W., in *Science*, Vol. 125, pp, 429-33, 1957.
●062 GERARD, R. W., in *Hierarchical Structures*, →239.
●063 GIBBS-SMITH, C. H., in *Flying Saucer Review*, July/August 1970.
●064 GODDARD, SIR V., *Flight Towards Reality*, London, 1975.
●065 GOLDING, W., *The Inheritors*, London, 1955.
『後継者たち』小川和夫訳、中央公論社　1983
●066 GOMBRICH, SIR E., *Art and Illusion*, London, 1962.
『芸術と幻影』瀬戸慶久訳、岩崎美術社　1979
●067 GORINI, L., *in Scientific American*, April 1966.
●068 GRASSÉ, P., *L' Évolution du Vivant*, Paris, 1973.
●069 GRAY, W., and RIZZO, N. D., eds., *Unity through Diversity — A Festschrift for Ludwig von Bertalanffy*, New York, London, Paris, 1973.
●070 HADAMARD, J., *The Psychology of Invention in the Mathematical Field*, Princeton, 1949.
『数学における発明の心理』伏見康治ほか訳、みすず書房　1990
●071 HAECKEL, E., *Dei Welträtsei*, 1899.
●072 HALDANE, J. B. S., *Possible Worlds*, 1940.
●073 HAMBURGER, V., in *Encyclopaedia Britannica*, Vol. 19, 78c, 1973.
●074 HARDY, SIR A.,→94.
●075 HARDY, SIR A., *The Living Stream*, London, 1965.
●076 HARDY, SIR A., *The Divine Flame*, London, 1966.
●077 HARDY, SIR A., HARVIE, R., and KOESTLER, A., *The Challenge of Chance*, London, 1973.
●078 HARDY, SIR A., *The Biology of God*, London, 1975.
『神の生物学』長野敬ほか訳、紀伊國屋書店　1979
●079 HARRÉ, R., ed., *Problems of Scientific Revolution*, Oxford, 1975
●080 HARRIS, H., ed., *Astride the Two Cultures*, London, 1975.
●081 HARVIE, R.,→77.
●082 VON HAYEK, F. A., in *Studies in Philosophy, Politics and Economics*, London, 1966.
●083 HEBB, D. O., *Organization of Behaviour*, New York, 1949.

●026 BUTTERFIELD, SIR H., *The Origins of Modern Science*, London, 1924.
『近代科学の誕生』上下　渡辺正雄訳、講談社　1978
●027 CALDER, N., *The Human Conspiracy*, London, 1976.
『人間、この共謀するもの』田中淳訳、みすず書房　1980
●028 CALDER, in *The Times, London*, 25 February 1976a.
●029 CAMPBELL, D.,→14.
●030 CANNON, H. GRAHAM, *The Evolution of Living Things*, Manchester, 1958.
●031 CAPRA, F., *The Tao of Physics*, London, 1975.
『タオ自然学』吉福伸逸・田中三彦ほか訳、工作舎　1979
●032 CHASE, L. B., in *University, A Princeton Quarterly* Summer, 1972.
●033 CHILD, C. M., *Physiological Foundations of Behaviour*, New York, 1925.
●034 CHOMSKY, N., in *Language*, Vol. 35, No. 1, pp. 26-58, 1959.
●035 CHOMSKY, N., *Aspects of the Theory of Syntax*, Cambridge, Mass., 1965.
『文法理論の諸相』安井稔訳、研究社出版　1970
●036 COBB, S., *Emotions and Clinical Medicine*, New York, 1950.
●037 COGHILL, G. E., *Anatomy and the Problem of Behaviour*, Cambridge, 1929.
●038 DARLINGTON, C.D., in preface to *On the Origin of Species*, reprint of 1st ed., London, 1950.
●039 DARWIN, C., *The Variation of Animals and Plants under Domestication*, 2vols., London,1868
『家畜・栽培植物の変異』上下　永野為武ほか訳、白揚社　1938, 39
●040 DARWIN, C., On the *Origin of Species*, reprint of 1st ed., London, 1950.
『種の起原』上中下　八杉龍一訳、岩波書店　1963, 68, 71
●041 DOBBS, A., in *Science and ESP*,→200.
●042 EASTMAN, M., *The Enjoyment of laughter*, New York, 1936.
●043 ECCLES, SIR J., *The Neurophysiological Basis of Mind*, Oxford, 1953.
●044 ECCLES, SIR J., ed., *Brain and Conscious Experience*, New York, 1966a.
『脳と意識的経験の統一』土居健郎・吉田哲雄訳、医学書院　1967
●045 EISLEY, L., *The Immense Journey*, New York, 1958.
●046 EISLEY, L., *Darwin's Century*, New York, 1961.
●047 FARBER, S. M., and WILSON, R. H. L., eds., *Control of the Mind*, New York, 1961.
●048 FIELD, J., ed., *Handbook of Physiology : Neurophysiology*, vol. III, Washington D.C., 1961.
●049 FIRSOFF, V. A., *Life, Mind and Galaxies*, Edinburgh and London, 1967.
●050 FORD, E. B.,→94.
●051 FOSS, B., in *New Scientist*, 6 July 1961.
●052 FRANKL, V. E., in *Beyond Reductionism*, →124.
●053 FREUD, S., *Jenseits des Lustprinzips*, 1920.
●054 FREUD, S., *Gesammelte Werke*, Vols. I-XVIII, London, 1940-52.

参考文献

●001 ALLPORT, F. H., *Social Psychology*, New York, 1924.

●002 ATKINSON,→89.

●003 AVERBACH, E., in *J. Verb. Learn. Verb. Behav.*, Vol. 2, pp.60-4, 1963.

●004 BARTLETT, F. C., *Thinking*, London, 1958.

●005 BATESON, W., *Mendel's Principles of Heredity : A Defence*, Cambridge, 1902.

●006 BATESON, W., *Problems of Genetics*, London, 1913.

●007 BEADLE, G. W., *Genetics and Modern Biology*, Philadelphia, 1963.

●008 DE BEER, G., *Embryos and Ancestors*, Oxford, 1940.

●009 BERGSON, H. L., *Le Rire*, 15th ed. Paris, 1916.
『笑い』林達夫訳、岩波書店 1976

●010 VON BERTALANFFY, L., *Problems of Life*, New York, 1952.
『生命』飯島衛ほか訳、みすず書房 1954

●011 VON BERTALANFFY, L., in *Scientific Monthly*, January 1956.

●012 VON BERTALANFFY, L., in *Beyond Reductionism*,→124.

●013 VON BERTALANFFY, L., *Festschrift*,→69.

●014 BOAG, T. J., and CAMPBELL, D., eds., *A Triune Concept of the Brain and Behaviour*, Toronto, 1973.

●015 BOHM, D., *Quantum Theory*, London, 1951.
『量子論』高林武彦ほか訳、みすず書房 1964

●016 BOHM, D., and HILEY, B., 'On the Intuitive Understanding of Non-Locality as Implied by Quantum Theory', Preprint, Birkbeck College, Univ. of London, 1974.

●017 BOLK, J., *Das Problem der Menschwerdung*, Jena, 1926.

●018 BONNER, J., *The Molecular Biology of Development*, Oxford, 1965.

●019 BOWEN, C., *The Humanoids*, London, Futura ed., 1974.

●020 DE BOULOGNE, D., *Le Mécanisme de la Physionomie Humaine*, Paris, 1862.

●021 BROADBENT, D. E., in *J. Verb. Learn. Verb.Behav.*, Vol. 2, pp. 34-9, 1963.

●022 BURT, SIR C., in *Science and ESP*, London, 1967.→200.

●023 BURT, SIR C., *Psychology and Psychical Research. The Seventeenth Frederick W. H. Myers Memorial Lecture*, London, 1968.

●024 BUTLER, S., *Evolution Old and New*, 1879.

●025 BUTLER, S., *Notebooks*, ed. G. Keynes and B. Hill, New York, 1951.

●著者紹介

アーサー・ケストラー〔Arthur Koestler（1905–1983）〕

ユダヤ系ハンガリー人の父とオーストリア人の母のもと、ブダペストに生まれる。ウィーン工科大学を中退後、シオニズムに関心を寄せてパレスチナへ入植。二〇代半ばから後半にかけてはウルシュタイン社のフランス支局特派員やベルリン本社での科学欄編集長として活躍するも、共産党に入党して同社を解雇される。その後、ソ連や内乱中のスペインに身を置いて後に作品として発表することになる諸事象を体験する。

フランコ政権批判の書『スペインの遺書』（1938：新泉社 1991）に続いて発表したスターリンの粛正裁判をテーマにした小説『真昼の暗黒』（1940：角川文庫 1960：岩波文庫 2009）で世界的な注目を浴びる。

一九四八年、イギリスに帰化。『夢遊病者たち』（1959：第四章邦訳『ヨハネス・ケプラー』河出書房新社 1971：ちくま学芸文庫 2008）では創造プロセスと科学と宗教の綾に光をあてる。

一九六八年、オーストリアのアルプバッハで、心理学者のJ・ピアジェ、V・フランクル、経済学者のF・ハイエク、生物学者のC・H・ウォディントンをはじめとする各界の先鋒を集めたシンポジウム『還元主義を超えて』を開催し、その成果を刊行（1969：工作舎 1983）。新しい人間学への視点を示し、次世代に多大な影響をおよぼした。

邦訳された著書は前出のほかに、『神は躓く』（ぺりかん社 1969）、『機械の中の幽霊』（ぺりかん社 1969：ちくま学芸文庫 2008）、『創造活動の理論』上下（ラティス 1966/67）、『偶然の本質』（蒼樹書房 1974：ちくま学芸文庫 1995）、『サンバガエルの謎』（サイマル出版会 1975：岩波現代文庫 2002）、『ケストラー自伝　目に見えぬ文字』（彩流社 1993）など。

一九八三年三月、シンシア夫人とともに自殺。

●訳者略歴

田中三彦〔TANAKA, Mitsuhiko〕

一九四三年、日光市生まれ。一九七七年に原発設計技師として九年間勤務した民間会社を退社後、吉福伸逸主宰のC＋Fコミュニケーションズに席を置き、主として「ニューサイエンス」の海外書籍の翻訳や、米国の科学雑誌*Popular Science*や*OMNI*の日本語版の編集や執筆に携わる。八八年C＋F解散後は、科学系の翻訳、評論、執筆活動を展開。二〇一一年一二月〜一二年七月、福島原発事故に対する国会事故調委員として原因調査にあたった。二〇一三年、居を東京から八ヶ岳北横岳山麓に移す。

著書に『原発はなぜ危険か』（岩波新書1990）、『科学という考え方』（晶文社1992）など。

訳書（含共訳）にF・カプラ『タオ自然学』（工作舎1979）、J・グリビン『タイムワープ』（講談社ブルーバックス1981）、C・ウィルソン『スターシーカーズ』（平河出版社1982）、F・カプラ『ターニング・ポイント』（工作舎1984）、B・スウィム『宇宙はグリーンドラゴン』（TBSブリタニカ1988）、M・ワールドロップ『複雑系』（新潮社1993）、A・ダマシオ『感じる脳』（ダイヤモンド社2005）、同『デカルトの誤り』（ちくま学芸文庫2010）、同『意識と自己』（講談社学術文庫2018）、L・ムロディナウ『たまたま』（ダイヤモンド社2009）などがある。

吉岡佳子〔YOSHIOKA,Yoshiko〕

一九五二年、滋賀県生まれ。京都大学農学部食品工学科卒業後、生物学を基軸として翻訳業に従事。また、手話学習および通訳活動を経て一橋大学大学院言語社会研究科博士課後期課程修了。博士（学術）。

著書に『ろう理容師たちのライフストーリー』（ひつじ書房2019）。

訳書にA・モンタギュー＋F・マトソン『愛としぐさの行動学』（海鳴社1982）、A・ケストラー編著『還元主義を超えて』（共訳、工作舎1983）、W・H・ソープ『生命＝偶然を超えるもの』（海鳴社1984）、などがある。

JANUS *A summing up* by Arthur Koestler

translation——TANAKA, Mitsuhiko +YOSHIOKA, Yoshiko
editing——SOGAWA, Harue
editorial design——MIYAGI, Azusa + OGURA, Sachiko
printing——Chuo Seihan Printing Co., Ltd.
publisher——OKADA, Sumie
Kousakusha
Shinjuku Lambdax bldg. 12F, 2-4-12 Okubo, Shinjuku-ku, Tokyo 169-0072 Japan

ホロン革命

発行日——一九八三年三月一日初版　二〇二一年六月一〇日新装版
著者——アーサー・ケストラー
訳者——田中三彦＋吉岡佳子
編集——十川治江
エディトリアル・デザイン——宮城安総＋小倉佐知子
印刷・製本——中央精版印刷株式会社
発行者——岡田澄江
発行——工作舎　editorial corporation for human becoming
〒169-0072　東京都新宿区大久保2-4-12　新宿ラムダックスビル12F
phone : 03-5155-8940　fax : 03-5155-8941
URL : www.kousakusha.co.jp
e-mail : saturn@kousakusha.co.jp
ISBN978-4-87502-528-3

タオ自然学

◆F・カプラ　吉福伸逸＋田中三彦＋島田裕巳ほか＝訳
気鋭の理論物理学者による、東洋と西洋の自然観を結ぶ壮大かつ魅力的な試み。世界一八か国語に翻訳され、ニューサイエンスの口火を切った名著。
●A5判変型上製●386頁●定価　本体2200円＋税

新ターニング・ポイント

◆F・カプラ　吉福伸逸＋田中三彦＋上野圭一ほか＝訳
政治経済の混迷、指針をうちだせない経済モデル、薬とテクノロジーの濫用に暴走する医療など、二一世紀における機械論的な世界観の限界を徹底的に洗いだす。
●四六判上製●336頁●定価　本体1900円＋税

ガイアの時代

◆J・ラヴロック　星川 淳＝訳
地球の病気は誰が癒すのか？　四〇億年のガイアの進化・成長史を豊富な事例によって鮮やかに検証。ガイアの病の原因を究明し、人類の役割を問う。
●四六判上製●392頁●定価　本体2330円＋税

三つの脳の進化

◆ポール・D・マクリーン　法橋 登＝編訳・解説
人間の脳は長い生物進化の歴史を内臓し、爬虫類脳、哺乳類脳、人間脳の相互作用で働くとするマクリーンの「三位一体脳モデル」。各界を震撼させた理論の全貌。
●四六判上製●316頁●定価　本体3400円＋税

生物への周期律

◆A・リマ＝デ＝ファリア　松野孝一郎＝監修　土 明文＝訳
飛行、発光、水生への回帰など、類似の機能と形態が進化の途上で繰り返されるのはなぜか？　ネオダーウィニズム批判の急先鋒が、その周期のメカニズムに挑む。
●A5判上製●448頁●定価　本体4800円＋税

身体化された心

◆フランシスコ・ヴァレラほか　田中靖夫＝訳
世界はわれわれから独立して存在するのか？　「オートポイエーシス」のヴァレラが仏教思想をもとに、認知を「身体としてある行為」と見るエナクティブ・アプローチを提唱。
●四六判上製●400頁●定価　本体2800円＋税